Alberto Pio Fiori
Romualdo Wandresen

Tensões e deformações em Geologia

Oficina de Textos

© Copyright 2014 Oficina de Textos

Grafia atualizada conforme o Acordo Ortográfico da Língua Portuguesa de 1990, em vigor no Brasil desde 2009.

CONSELHO EDITORIAL Cylon Gonçalves da Silva; Doris C. C. K. Kowaltowski; José Galizia Tundisi; Luis Enrique Sánchez; Paulo Helene; Rozely Ferreira dos Santos; Teresa Gallotti Florenzano

CAPA E PROJETO GRÁFICO Malu Vallim
FOTO CAPA Núcleo da falha de Moab, uma falha normal com cerca de 800 metros de rejeito em sequência sedimentar carbonífera-jurássica próxima a Moab, Utah, EUA. Cortesia de Haakon Fossen.
PREPARAÇÃO DE TEXTOS Max Welcman
DIAGRAMAÇÃO Medlar
PREPARAÇÃO DE FIGURAS Maria Lúcia Rigon
REVISÃO DE TEXTOS Hélio Hideki Iraha
IMPRESSÃO E ACABAMENTO

Dados Internacionais de Catalogação na Publicação (CIP)
(Câmara Brasileira do Livro, SP, Brasil)

Fiori, Alberto Pio
  Tensões e deformações em geologia / Alberto Pio Fiori.
-- São Paulo : Oficina de Textos, 2014.

Bibliografia.
ISBN 978-85-7975-109-7

1. Geologia I. Título.

14-03365   CDD-551

Índices para catálogo sistemático:
1. Geologia estrutural 551

Todos os direitos reservados à **Oficina de Textos**
Rua Cubatão, 959
CEP 04013-043 – São Paulo – Brasil
Fone (11) 3085 7933   Fax (11) 3083 0849
www.ofitexto.com.br   e-mail: atend@ofitexto.com.br

Prefácio

O campo da Geologia Estrutural é bastante amplo e aborda uma diversidade de temas nem sempre de fácil domínio por parte de estudantes de graduação e mesmo de pós-graduação. Com a crescente tendência, manifesta em recentes publicações científicas, de aprofundamento dos conhecimentos das tensões aplicadas nas rochas e dos mecanismos de deformação, a caracterização das estruturas geológicas passa a requerer informações que não são obtidas apenas pelas análises geométricas, exigindo, para tanto, conhecimentos adicionais de mecânica das rochas e de resistência dos materiais. A transição dos estudos geométricos e qualitativos para estudos quantitativos sobre a natureza e a magnitude dos esforços e as consequentes deformações leva a uma crescente necessidade de incorporar à Geologia Estrutural a análise das tensões e das deformações, as propriedades físicas e mecânicas das rochas e uma adequada manipulação de princípios físicos e matemáticos.

Dentro dessa linha, é fundamental que os profissionais e estudantes interessados na história deformacional das rochas possam dispor de uma literatura adequada para o aprendizado dos conceitos básicos de mecânica das rochas, resistência dos materiais, análise da deformação, análise das tensões, entre outros temas importantes, e possam aplicá-los a estudos geológicos e geotécnicos. As obras disponíveis em português nessa área do conhecimento, de modo geral, carecem de conceitos atualizados, de ilustrações de boa qualidade e de textos claros e acessíveis, especialmente no que diz respeito a expressões matemáticas. Além disso, muitos temas envolvendo conhecimentos de Geologia Estrutural, especialmente no campo da mecânica das rochas e da resistência dos materiais, não são adequadamente abordados.

Salvo raras exceções, esses livros apresentam as equações de forma acabada, pouco se dedicando às suas deduções. Apesar de cansativa, essa atividade representa um processo importante no aprendizado e compreensão, especialmente na avaliação das limitações e de como e quando podem ser aplicadas corretamente. Uma vez entendido o procedimento dedutivo, o interessado poderá realizar modificações e adaptações, adequando-as às situações específicas, conforme as necessidades do estudo. Além disso, não raramente, as equações apresentam incorreções que podem induzir a erros grosseiros caso o usuário não disponha de meios para verificar sua correta formulação.

O presente livro é uma tentativa de superar essas deficiências e procura abordar de forma clara diversos temas que recaem na Geologia Estrutural, com ênfase nas tensões, nas deformações, na mecânica das rochas e na resistência dos materiais. O tratamento matemático é propositadamente detalhado, com as equações deduzidas passo a passo de forma a permitir ao leitor uma adequada compreensão dos procedimentos e o desenvolvimento de um raciocínio analítico compatível.

O livro foi subdividido em três partes, que compreendem 13 capítulos. A parte I, intitulada *Análise das tensões e ruptura das rochas*, compreende os Caps. 2 a 6 e se ocupa da deformação rúptil. A parte II trata da *Análise da deformação: modelos e superposição de deformações*, abrangendo os Caps. 7 a 12, nos quais se enfatiza a deformação dúctil ou plástica em diversos modelos. A parte III enfoca as *Tensões e deformações no campo elástico*, consubstanciadas no Cap. 13. Esse não é um campo de estudos usual em Geologia, mas encontra ampla aplicação em Geotecnia; associado a estudos de pressão de fluidos e de fraturamento das rochas, mostra-se um campo em franco desenvolvimento, com importantes aplicações práticas, especialmente na análise das tensões e das deformações de reservatórios de gás e de óleo.

O Cap. 1 trata de *Conceitos básicos* e representa a introdução necessária para a compreensão dos capítulos subsequentes sobre a análise das tensões e das rupturas das rochas. A *Análise das tensões* é tratada no Cap. 2 e enfoca diversos temas, como tensões uniaxial e biaxial, tensões principais, Círculo de Mohr, pressão de fluidos e esforço deviatórico. A compreensão desse capítulo é fundamental para o melhor entendimento dos Caps. 3, 4 e 5 subsequentes. No Cap. 3 enfoca-se a *Envoltória de ruptura composta e os campos de fraturamento*. No espaço de Mohr, a envoltória de ruptura composta compreende parte da parábola de Griffith e parte da reta de Coulomb, e, assim constituída, permite a análise das tensões e das rupturas das rochas nos campos de tração e de compressão, incluindo o papel preponderante das pressões de fluido e confinante no controle dos tipos de fraturamento. Nesse contexto são feitas as delimitações teóricas e as análises do fraturamento hidráulico, do fraturamento por cisalhamento tracional, do fraturamento por cisalhamento compressional e o limite de ocorrência de fraturas abertas na crosta. Já o Cap. 4 trata de *Profundidades máximas e campos de fraturamento*, em que são analisadas as profundidades máximas de ocorrência dos diversos campos de fraturamento relacionados aos sistemas de falhas normais, transcorrentes e de cavalgamento. A determinação dessas profundidades baseia-se no fato de um dos três eixos principais de tensão ser vertical e de magnitude igual à pressão litostática na profundidade considerada, tendo importante aplicação na pesquisa mineral, especialmente no que diz respeito a jazidas hidrotermais e à prospecção de água subterrânea.

Reativação de falhas e formação de novas estruturas é o tema enfocado no Cap. 5, no qual são analisadas as condições necessárias do campo de tensões para promover a reativação de rupturas preexistentes e/ou a formação de novas rupturas em uma massa rochosa já fraturada. A análise é feita levando em consideração duas envoltórias separadamente: a envoltória de ruptura composta e a reta de Coulomb. O Cap. 6 trata do *Fluxo de fluidos através de rochas fraturadas*, enfocando questões como fluxo vertical, fluxo horizontal, transporte de fluidos e atitude de falhas e o fluxo de fluidos em sistemas regulares de juntas.

A parte II do livro trata da *Análise da deformação: modelos e superposição de deformações*, iniciando, no Cap. 7, com *Conceitos básicos de deformação*. Modelos de deformação como *cisalhamento puro, cisalhamento simples e transtração e transpressão* são tratados nos Caps. 8, 9 e 10, respectivamente, os quais discutem as geometrias e as principais equações próprias de cada modelo. Muito importante do ponto de vista prático é a estimativa da deformação em perfis transversais às zonas de cisalhamento pela técnica da integração da deformação, que possibilita a avaliação indireta do deslocamento dúctil associado a essas zonas, a exemplo das grandes falhas do Pré-Cambriano do nosso território. A *Superposição sequencial de deformações em duas dimensões* é tratada no Cap. 11, e a *Superposição sequencial de deformações em três dimensões*, no Cap. 12. Nesses dois capítulos, o tratamento matemático é feito por meio de matrizes – ou, mais especificamente, matrizes de deformação – que são de compreensão e manuseio relativamente fáceis. As equações que permitem a quantificação da deformação, a exemplo da mudança de comprimento de linhas, modificações angulares, mudanças de área e de volume, rotação e magnitude dos eixos principais de deformação, razão de deformação e equações da elipse ou elipsoide da deformação finita, são desenvolvidas passo a passo, permitindo uma fácil manipulação e dedução de equações semelhantes, quaisquer que sejam as combinações e quantidades de deformações superpostas.

Na prática, a quantificação da deformação não é, de modo geral, tarefa fácil. No entanto, muitas informações importantes podem ser obtidas por observações no campo, em lâminas delgadas, em mapas geológicos de delexões de estruturas em zonas de cisalhamento e por meio do ângulo entre as foliações S e C, do achatamento de oólitos e seixos, do espessamento de ápices e do adelgaçamento de flancos de dobras, entre outros métodos que, com a ajuda das equações propostas e de técnicas de integração de deformação e de balanceamento de seções, permitem uma adequada avaliação do processo deformacional e um importante aprofundamento nos conhecimentos geológicos das áreas de estudo.

A parte III enfoca as *Tensões e deformações no campo elástico*. Nos materiais elásticos, as deformações, tanto de alongamento como de encurtamento, são muito pequenas (menos que 1%), porém, o que é muito importante, são linearmente relacionadas às tensões. Para a adequada descrição dessa relação de linearidade é necessário o conhecimento de diversos parâmetros, tais como módulo de Young – ou módulo de elasticidade –, módulo de rigidez, coeficiente de Poisson e diversos outros, como módulo de compressibilidade, coeficiente de Muskhelishvili e parâmetro de Lamé. As equações gerais de tensão e de deformação, a deformação devido à carga litostática, os efeitos da pressão confinante e da tensão diferencial são assuntos tratados nesse capítulo. Destaque é dado à energia acumulada na deformação elástica, campo de conhecimento praticamente inexplorado em Geologia, cujas equações fornecem as componentes da energia no processo de deformação relacionadas à mudança de volume e à distorção do corpo.

Este livro é abundantemente ilustrado para facilitar a compreensão das expressões matemáticas, dos elementos geométricos e dos modelos de deformação e de tensão enfocados. Foi especialmente escrito para estudantes dos cursos de graduação e pós-graduação em Geologia, Engenharia e Geografia e profissionais de diversas áreas de conhecimento interessados na aplicação de conceitos de mecânica das rochas e de resistência dos materiais no campo da Geologia Estrutural, buscando oferecer uma visão simples, prática e atualizada dos temas abordados.

Os autores desejam expressar agradecimentos aos professores doutores Eduardo Salamuni e Elvo Fassbinder, do Departamento de Geologia da Universidade Federal do Paraná, pelas profícuas discussões e importantes sugestões de revisão.

Curitiba, maio de 2013
Alberto Pio Fiori
Romualdo Wandresen

Apresentação

A movimentação de massas rochosas e a distribuição espacial das rochas na natureza, mais especificamente das estudadas pela Geologia Estrutural e pela Tectônica, sempre tiveram a reconstituição e o entendimento abordados em nível qualitativo. Foi há cerca de meio século que se começou a buscar mais ativamente subsídios na Resistência de Materiais, na Mecânica de Rochas e na Reologia para se avançar na quantificação de esforços e deformações e na modelagem de processos e mecanismos.

No Brasil, esse tema não tem se desenvolvido no volume e no nível mostrados por publicações internacionais, achando-se ainda aberto um vasto campo de investigação. Em alguns livros-texto de Geologia Estrutural, são encontrados resumos que dão apenas uma pálida ideia do assunto. Esta obra de Fiori e Wandresen, com enfoque pioneiro, entre nós, sobre tensões e deformação, vem contribuir para esse desenvolvimento e preencher a lacuna.

Assim, por exemplo, entre nós são familiares os elipsoides de tensão e deformação e os critérios para identificar suas orientações, mas não as magnitudes dos tensores que completam a caracterização dos campos envolvidos. Os autores desta obra mostram que, com base nesses parâmetros de caracterização e com o uso de equações apropriadamente desenvolvidas, é possível determinar com razoável segurança o comportamento de um corpo rochoso submetido a determinadas condições de tensão, temperatura, pressão, resistência mecânica, presença de fluidos, entre outras.

A primeira parte do livro trata da tensão e da deformação rúptil (Caps. 1 a 6). Um aspecto a destacar é o círculo de Mohr com uma envoltória composta pela parábola de Griffith e pela reta de Coulomb, permitindo a análise das tensões e rupturas das rochas nos campos de tração e de compressão. Ele possibilita delimitar três tipos de ruptura e os respectivos campos de tensão: fraturamento hidráulico, fraturamento por cisalhamento tracional e fraturamento por cisalhamento compressional. Também é possível definir o limite de ocorrência de fraturas abertas nos maciços rochosos. Em todos esses casos, é levado em conta o papel fundamental da pressão de fluidos no fraturamento. Além disso, o conhecimento dos campos de esforços associados aos tipos de fraturamento permite a determinação das profundidades de ocorrência desses fraturamentos na crosta, associados aos regimes de falhas normais, transcorrentes ou de cavalgamento, bem como prever as condições necessárias do campo de tensões para promover a reativação de rupturas preexistentes e/ou a formação de novas rupturas em uma massa rochosa já fraturada.

A segunda parte trata de modelos de deformações plásticas por cisalhamento puro, cisalhamento simples, transtração e transpressão, rotação e mudanças de volume, assim como de superposições em duas e três dimensões com caracterização de fases superpostas (Caps. 7 a 12).

A terceira parte aborda tensões e deformações no campo elástico (Cap. 13). Esse não é um campo de estudos usual em Geologia, mas encontra ampla aplicação na Geologia do Petróleo e em geotecnia de grandes obras de Engenharia. O desafio desse tema é a relação com os dois anteriores. Parâmetros como módulo de Young (módulo de elasticidade), módulo de rigidez, coeficiente de Poisson, módulo de compressibilidade, coeficiente de Muskhelishvili e parâmetro de Lamé são empregados nas equações gerais de tensão e de deformação, permitindo quantificar as deformações com base nas tensões ou determinar as tensões com base nas deformações. Nesse capítulo, vale destacar o cálculo da energia acumulada no processo de deformação elástica, campo de conhecimento com interessantes aplicações, mas ainda praticamente inexplorado na Geologia.

Pelas características dos temas abordados, o livro tem necessariamente um viés matemático, essencial para estudos nos campos da Matemática e da Física aplicadas à Geologia. Embora possa parecer tedioso em algumas partes e familiar em outras, esse aspecto matemático é apresentado de modo sequenciado para facilitar ao leitor o entendimento do raciocínio. De modo geral, a base matemática empregada pode ser encontrada em livros introdutórios de Física e de cálculos, com exceção da álgebra matricial, empregada em alguns capítulos por se tratar de uma poderosa e natural linguagem de vetores e tensores.

Estudantes de Geologia e de Engenharia, em nível de graduação ou pós-graduação, bem como profissionais dessas áreas e outros interessados em tensões e deformações das rochas, encontrarão uma coleção de conceitos, técnicas e equações úteis para aplicações práticas e soluções de problemas relacionados ao tema.

Prof. Dr. Yociteru Hasui
Professor de Geologia Estrutural e Geotectônica (aposentado)
Universidade Estadual Paulista Júlio de Mesquita Filho (Unesp)

Sumário

1 Conceitos básicos 13
    1.1 Conceituação de tensão (estresse) 14
    1.2 Convenções para sinais de tensões 16
    1.3 O elipsoide de deformação 16
    1.4 Tipos de deformação 17
    1.5 Resistência dos materiais 18
    1.6 Tensão e deformação 18
    1.7 Pressões hidrostática, litostática e confinante 19
    1.8 Fatores influenciadores no processo de deformação dos materiais rochosos ... 20
    1.9 Ensaios de tração e de compressão 23

Parte I | Análise das tensões e ruptura das rochas

2 Análise das tensões 27
    2.1 Tensão atuante em um plano 28
    2.2 Tensão uniaxial 29
    2.3 Tensão biaxial 31
    2.4 Estado bidimensional geral de tensões 34
    2.5 Tensões principais 38
    2.6 Tensões máximas de cisalhamento 40
    2.7 Tensões atuando em um corpo de prova 41
    2.8 O círculo de Mohr 43
    2.9 Noção de atrito entre os sólidos 44
    2.10 Envoltória de Mohr 46
    2.11 Materiais coesivos 47
    2.12 Polo do círculo de Mohr para tensões 50
    2.13 Efeitos da pressão de fluidos ou de poros 52
    2.14 Esforço deviatórico 53

3 Envoltória de ruptura composta e campos de fraturamento 57
    3.1 Envoltória de ruptura composta no diagrama de Mohr 57
    3.2 Condições para a ruptura no campo rúptil 61
    3.3 Esforços na crosta e a influência da pressão de fluidos 62
    3.4 Campos de fraturamento 65
    3.5 Estruturas híbridas e fluxo de fluidos 73

4 Profundidades máximas e campos de fraturamento 77
    4.1 Profundidades máximas de ocorrência do fraturamento hidráulico 78
    4.2 Profundidades máximas de ocorrência de fraturas por cisalhamento tracional 82
    4.3 Profundidades máximas de ocorrência de fraturas abertas 84
    4.4 Os campos de fraturamento nos diversos sistemas de falhas 86
    4.5 Influência da pressão de fluidos na permeabilidade secundária 90
    4.6 Influência das tensões na permeabilidade secundária ou estrutural 92

5 Reativação de falhas e formação de novas estruturas 95
    5.1   Reativação de falhas preexistentes.. 95
    5.2   Pressão de fluidos necessária para a reativação de falhas preexistentes 96
    5.3   Condição do campo de tensões para a reativação de falhas preexistentes... 100
    5.4   Reativação *versus* ruptura de rochas intactas 103
    5.5   Mudança no campo de tensões e redistribuição de fluidos 105

6 Fluxo de fluidos através de rochas fraturadas 109
    6.1   Fluxo vertical.. 112
    6.2   Fluxo horizontal 115
    6.3   Transporte de fluidos e atitude de falhas 115
    6.4   Sistema regular de juntas.. 115

Parte II | Análise da deformação: modelos e superposição de deformações

7 Conceitos básicos de deformação 123
    7.1   O elipsoide de deformação 123
    7.2   Tipos de deformação 124

8 Modelo de cisalhamento puro 129
    8.1 Variação no comprimento de linhas... 129
    8.2 Variação nos ângulos 131
    8.3 Linhas de elongação finita nula... 132
    8.4 Rotação interna... 133
    8.5 Valor máximo do cisalhamento simples 136
    8.6 Mudança de área... 136

9 Modelo de cisalhamento simples.. 139
    9.1 Extensão de uma linha qualquer... 140
    9.2 Orientação de uma linha qualquer.. 142
    9.3 Orientação das extensões principais.. 142
    9.4 Ângulo de rotação dos eixos principais de deformação 143
    9.5 Magnitude das extensões principais.. 144
    9.6 Modificação na espessura.. 145
    9.7 Mudança de direção de linhas.. 146
    9.8 O método de Thomson e Tait.. 147
    9.9 Integração da deformação em zonas de cisalhamento................... 151

10 Modelos de transtração e transpressão... 155
    10.1 Elementos geométricos.. 155
    10.2 Mudança de ângulo 156
    10.3 Mudança de comprimento de uma linha.................................. 158
    10.4 Orientação dos eixos principais de deformação 159
    10.5 Magnitude das extensões principais.. 160

11 Superposição sequencial de deformações em duas dimensões 163
  11.1 Tipos básicos de deslocamento 163
  11.2 Superposição sequencial de deformações 169
  11.3 Determinação de parâmetros da deformação superposta 174
  11.4 Mudança no comprimento de linhas 175

12 Superposição sequencial de deformações em três dimensões 181
  12.1 Modelos básicos de deformação 181
  12.2 Rotação 181
  12.3 Cisalhamento simples 183
  12.4 Cisalhamento puro 185
  12.5 Mudança de volume 186
  12.6 Superposição sequencial de deformações em três dimensões 187
  12.7 O elipsoide de deformação 193

Parte III | Tensões e deformações no campo elástico

13 Tensões e deformações no campo elástico 201
  13.1 Lei de Hooke 202
  13.2 Deformação longitudinal e de cisalhamento infinitesimais 203
  13.3 Tensões em seções transversais 205
  13.4 Tensões principais 206
  13.5 Tração ou compressão axial e o coeficiente de Poisson 207
  13.6 Tração ou compressão em duas direções ortogonais 210
  13.7 Cisalhamento puro 212
  13.8 Tração ou compressão em três direções ortogonais 214
  13.9 Equações gerais de tensão 216
  13.10 Equações gerais de deformação 218
  13.11 Casos especiais 220
  13.12 Materiais isotrópicos e ortotrópicos 226
  13.13 Efeito da pressão confinante 229
  13.14 Tensão diferencial 230
  13.15 Energia da deformação elástica 230

Anexo 1 – Derivação da Eq. 2.83 233

Anexo 2 – Coordenadas do ponto de tangência entre a parábola de Griffith e a reta de Coulomb 235
  1 Equação da parábola no sistema (τ, σ_n) 235
  2 Equação da reta tangente 235
  3 Ordenada do ponto de tangência τ_0 235
  4 Abscissa do ponto de tangência σ_0 235
  5 Equação da reta tangente (obtenção) 236

Anexo 3 – Círculo máximo de Mohr no fraturamento hidráulico......237
   1 Função de Lagrange..................237
   2 Condições necessárias de máximo.................238
   3 Conclusão...................239

Anexo 4 – Círculo máximo de Mohr para cisalhamento tracional.....240
   1 Raio do círculo..................240
   2 Equação da circunferência...............240
   3 Interseção da circunferência com o eixo σ_n.............240
   4 Diâmetro do círculo..................241

Anexo 5 – Círculo máximo de Mohr para fraturamento aberto.........242
   1 Equação da parábola..............242
   2 Equação da reta tangente...............242
   3 Ordenada do ponto de tangência τ_0............242
   4 Abscissa do ponto de tangência σ_0.............242
   5 Equação da reta tangente (obtenção)...............242
   6 Interseção do círculo de Mohr com o eixo (σ_n).............242

Anexo 6 – Derivação das Eqs. 3.25 e 3.26.................244

Anexo 7 – Condições de reativação de falhas.................245

Referências bibliográficas................249

Índice remissivo..................254

capítulo 1
Conceitos básicos

A análise dinâmica procura interpretar os esforços atuantes sobre um conjunto de rochas ao longo do tempo geológico sob regimes de deformação rúptil, dúctil e seus termos intermediários. São exemplos as bacias sedimentares, orógenos, maciços e cadeias de montanhas. Ela começa pela descrição de texturas e estruturas e seus aspectos geométricos (análise descritiva), passa pela leitura e interpretação dos indicadores cinemáticos (análise cinemática) e chega à compreensão final da relação entre as tensões e a deformação (objetivo deste livro).

A reconstituição da história geotectônica ou estrutural é útil para se conhecer, entre outros aspectos, o potencial de prospectos econômicos. O conhecimento da história tectônica de um terreno particular fornece valiosos argumentos para a reconstituição da geometria parcialmente exposta à visão do geólogo. Uma das dificuldades para essa reconstituição, porém, é a limitação dos dados estruturais disponíveis, que revelam apenas parte da geometria de uma estrutura. Informações adicionais podem vir da reologia, da história deformacional e do campo das paleotensões a que as rochas foram submetidas.

A Geotecnia, ramo importante da Geologia, ocupa-se especialmente do comportamento mecânico das rochas e sua resposta às escavações e operações de carregamentos em obras de engenharia e, por isso, o conhecimento do comportamento reológico e do campo de tensões atual a que estão submetidas é de fundamental interesse.

Translação, rotação, distorção e dilatação são respostas das rochas às tensões e forças que atuam sobre elas. Força é definida como uma grandeza física que muda, ou tende a mudar, o estado de repouso ou o estado de movimento de um corpo (*primeira lei de Newton*). Tensão é uma propriedade física que tende a deformar o corpo, permanentemente ou não, dependendo da sua resistência à deformação.

O estudo das deformações é, antes de tudo, o entendimento de magnitudes e orientações, e pode ser desenvolvido independentemente de qualquer consideração sobre as rochas afetadas. A descrição das forças e das tensões, por outro lado, requer conhecimentos das propriedades físicas e mecânicas dos materiais rochosos submetidos à tensão. Por exemplo, uma dada rocha pode responder às solicitações como um sólido elástico em determinadas condições reológicas e como um fluido viscoso em outras condições.

A descrição e a análise das tensões e deformações constituem a base da quantificação em Geologia Estrutural, úteis em contextos como restauração de seções geológicas de regiões deformadas e determinação da direção e distância do transporte de massas rochosas do sítio original até o estágio final de deformação, entre outros.

A análise de deformação diz respeito à geometria dos corpos no seu estágio final de deformação, mas é de interesse a reconstituição do estágio inicial ou pré-deformação. A análise das tensões trata dos esforços atuantes que levam à deformação das rochas. O estudo de tensão-deformação ocupa-se das relações entre os esforços e a consequente deformação das rochas, tratando-se de um campo de conhecimento ainda pouco explorado em Geologia.

É possível analisar, ainda, a história deformacional pela análise de deformações incrementais infinitesimais. Nesse caso, somente uma porção da história deformacional é considerada e avaliada por meio de uma sequência de pequenos incrementos de deformação.

A análise da deformação é tradicionalmente aplicada à deformação dúctil (*ductile strain*), ou seja, a um tipo de deformação em que estruturas originalmente contínuas, como estratificações, *sills*, diques e veios, permanecem contínuas após a deformação, a não ser em casos extremos de deformação.

Na deformação dúctil, as rochas fluem (sem se fraturar) sob a ação de esforços. A deformação rúptil, por sua vez, caracteriza-se pelo rompimento ou fraturamento das rochas e, portanto, os corpos perdem sua continuidade. Os geólogos atuais não restringem a análise da deformação ao campo dúctil, incluindo, em seus estudos, a deformação rúptil (*brittle strain*), com crescente importância.

A deformação dúctil está presente nos primeiros 10 km de profundidade da crosta terrestre, condicionando a geomorfologia, a recarga e o fluxo de água de aquíferos, o fraturamento dos maciços rochosos, a estabilidade de taludes e de obras de engenharia, entre outros.

1.1 Conceituação de tensão (estresse)

Forças que atuam em um corpo rochoso produzem tensões, e a quantidade de deformação causada por essas tensões é medida por mudanças nas dimensões do corpo e no volume, ou nos dois. Forças sempre existem em pares de igual intensidade e direções opostas, e a resultante do sistema de forças é encontrada por meio de equações de equilíbrio. Um corpo sob a ação de forças aplicadas estará em equilíbrio quando a soma vetorial de todas as forças que atuam sobre o corpo for igual a zero.

Definida de forma simples, tensão exprime a intensidade de uma força. Em termos matemáticos, tensão (σ) é expressa como o valor da força (F) aplicada dividida pela área em que ela está distribuída ou, em outras palavras, é a força que tende a deformar um corpo em uma dada direção dividida pela área em que é aplicada:

$$\sigma = \frac{F}{A} \tag{1.1}$$

Dependendo da intensidade, as tensões atuantes podem mudar a forma e até o volume de um corpo rochoso. Se esse corpo retoma sua forma primitiva após a retirada do esforço, é classificado como *elástico*, e a deformação é classificada como *elástica*. Em caso contrário, o corpo é dito *inelástico*, e a deformação, *plástica*.

Na prática, a tensão é calculada com base nas dimensões das seções longitudinal e transversal do corpo considerado. Para saber as magnitudes das forças ou das tensões que atuam em certo plano dentro de um corpo, devem-se determinar as componentes paralelas e perpendiculares ao referido plano. Assim, *força normal* (F_n) e *tensão normal* (σ_n) representam, respectivamente, componentes da força e da tensão aplicadas ao corpo e atuam *perpendicularmente* ao plano de interesse; *força cisalhante* (F_s) e *tensão cisalhante* (σ_s) representam, respectivamente, componentes da força e da tensão aplicadas ao corpo e atuam *paralelamente* à superfície em estudo (Fig. 1.1).

Em Geologia, trabalha-se com tensões em vez de forças, e as superfícies de interesse são estruturas como falhas, fraturas, xistosidades, entre outras.

A tensão tem as dimensões da força por unidade de área. No Sistema Internacional (SI) uma força de 1 newton atuando em 1 m² é igual a 1 pascal (1 N/m² = 1 Pa).

A mecânica das rochas costuma trabalhar com quantidades físicas de magnitudes extremas. Por exemplo, a viscosidade do manto superior é 10^{30} pascal/segundo (Pa/s), e seu módulo de elasticidade é 10^{10} Pa. Um pascal é um valor bastante pequeno. Em Geologia ou Geotecnia, é frequente o uso do quilopascal (1 kPa = 10^3 Pa) ou megapascal (1 MPa = 10^6 Pa). Um megapascal é equivalente a 1 N/mm², sendo este um múltiplo particularmente útil nas Geociências.

Em estudos geofísicos das partes mais profundas da crosta, gigapascal é uma grandeza apropriada (1 GPa = 10^9 Pa). No passado, grande parte da literatura geológica expressava a tensão em bars e quilobars. Os fatores de conversão desses para pascal são os seguintes:

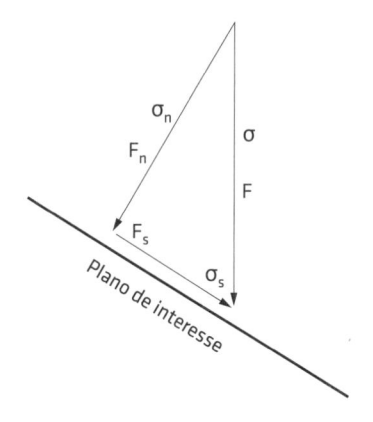

Fig. 1.1 Decomposição da força F e da tensão σ em suas componentes normal (F_n e σ_n) e paralela (F_s e σ_s) ao plano inclinado

$$1 \text{ bar} = 10^5 \text{Pa} = 0,1 \text{ MPa}; 1 \text{ kbar} = 100 \text{ MPa}; 1 \text{ MPa} = 100 \text{ t/m}^2; 1 \text{ MPa} = 10 \text{ kg/cm}^2;$$
$$1 \text{ Pa} = 1 \text{ N/m}^2$$

1.1.1 Elipsoide de tensões

Se a magnitude das tensões for igual em todas as direções, a representação do campo de tensão poderá ser feita por uma esfera, qualquer que seja a orientação da área em que a tensão atua. Se a tensão não for igual em magnitude e orientação, sua representação será feita por um elipsoide, conhecido como *elipsoide de tensões*, que possui três eixos principais, ortogonais entre si, denominados *eixo de tensão principal máxima* (σ_1), *eixo de tensão principal intermediária* (σ_2) e *eixo de tensão principal mínima* (σ_3), de modo que: $\sigma_1 > \sigma_2 > \sigma_3$ (Fig. 1.2).

Qualquer plano paralelo a dois dos três eixos principais é um plano principal e será solicitado apenas por uma tensão perpendicular, representada pela tensão do terceiro eixo. As seções do elipsoide nesses planos mutuamente perpendiculares desenham uma elipse conhecida como *elipse de tensão*. Os comprimentos dos eixos, no elipsoide e na elipse, são proporcionais às magnitudes das tensões.

Em qualquer outro plano arbitrário, as solicitações incluirão uma tensão normal, cuja magnitude é intermediária entre as tensões máxima e mínima atuantes naquele plano, e uma tensão cisalhante ou paralela ao plano arbitrário, como mostra a Fig. 1.2D. O plano de maior interesse em Geologia é aquele que contém os eixos σ_1 e σ_3, que definem o plano principal (σ_1 σ_3). Esse plano representa o palco de atuação da *tensão diferencial máxima* ($\sigma_1 - \sigma_3$), em que atuam as tensões máxima (σ_1) e mínima (σ_3).

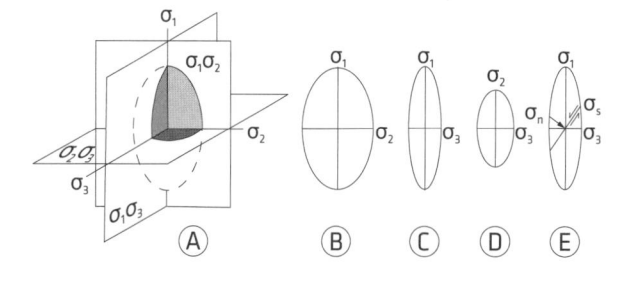

Fig. 1.2 Elipsoide de tensão (A) e respectivos planos de tensão (B), (C) e (D). σ_1, σ_2 e σ_3 são os eixos principais de tensão. Em (E) está representado um plano qualquer inclinado em relação a σ_3, no plano ($\sigma_1\sigma_3$) do elipsoide

As intensidades das tensões atuantes em qualquer plano de interesse serão funções não só dos valores das tensões principais, mas da disposição espacial do plano em relação aos eixos de tensão. A análise matemática das tensões e dos planos de ruptura será tratada em detalhes na parte I.

1.2 Convenções para sinais de tensões

As convenções para os sinais das tensões normais ou que atuam perpendicularmente aos planos seguem a usualmente empregada na Engenharia Mecânica: tensões normais trativas terão sinal positivo, e tensões normais compressivas, sinal negativo. Em manuais de Geologia é empregada uma notação contrária, em que tensões normais trativas têm sinal negativo, e tensões normais compressivas, sinal positivo. Empregaremos as convenções de Ramsay e Huber (1983) e Ramsay e Lisle (1987), entre outros.

Segundo os referidos autores, a notação de Engenharia é mais adequada para associar as tensões trativas positivas com elongações positivas nos processos de deformação e compressões negativas com elongações contracionais negativas. Para as tensões cisalhantes, considera-se o sinal positivo para movimentação lateral esquerda e o negativo para movimentação lateral direita.

1.3 O elipsoide de deformação

Uma maneira de visualizar o processo deformativo é imaginar uma esfera no interior do corpo de prova ou rocha e acompanhar sua mudança de forma durante o processo. Suponha uma esfera constituída de material homogêneo e elástico sendo deformada homogeneamente aquém do limite de elasticidade.

A esfera pode continuar como tal, apenas se expandindo por dilatação, ou, como é mais natural, deformar-se em um elipsoide, que poderá ter dois de seus três eixos ortogonais iguais e o terceiro maior ou menor que os anteriores. Cada um dos diâmetros ortogonais da esfera poderá assumir dimensões desiguais entre si, originando-se um elipsoide triaxial. Assim, o sólido mais geral proveniente da deformação de uma esfera é um elipsoide designado *elipsoide de deformação* (strain elipsoid), com três eixos principais: *máximo X, intermediário Y* e *mínimo Z*.

As medidas de deformação nesses eixos são referidas simplesmente como elongações $(1 + e_1)$, $(1 + e_2)$ e $(1 + e_3)$ ou então como elongações quadráticas $\sqrt{\lambda_1}, \sqrt{\lambda_2}$ e $\sqrt{\lambda_3}$, e medem as deformações ao longo dos eixos principais de deformação. Assim, $(1 + e_1)$ ou $\sqrt{\lambda_1}$ é uma medida de deformação ao longo do eixo X representando alongamento máximo; $(1 + e_2)$ ou $\sqrt{\lambda_2}$ é uma medida de deformação ao longo do eixo Y representando geralmente uma direção de não deformação (deformação plana); e $(1 + e_3)$ ou $\sqrt{\lambda_3}$ é uma medida de deformação ao longo do eixo Z representando uma direção de encurtamento.

Muitos materiais geológicos apresentam deformações que se processam segundo uma *deformação plana* (plane strain), em que todos os movimentos ocorrem ao longo de planos paralelos e o eixo intermediário do elipsoide de deformação permanece invariável ou com um valor unitário. O estudo da deformação pode ser simplificado para o plano que contém os eixos máximo $\sqrt{\lambda_1}$ e mínimo $\sqrt{\lambda_3}$ de deformação. A seção do elipsoide segundo esse plano é conhecida como plano $\sqrt{\lambda_1}\sqrt{\lambda_3}$.

1.4 Tipos de deformação

1.4.1 Deformação homogênea e deformação heterogênea

Quando a deformação é aplicada em todas as partes por um corpo, com a mesma magnitude e direção, é designada *deformação homogênea*. Um corpo com dada orientação, geometricamente regular, deforma-se mantendo a orientação e as relações geométricas regulares e similares. Assim, as linhas retas permanecem retas, e as paralelas mantêm-se paralelas; um quadrado se transforma em retângulo ou losango; um círculo, em elipse; uma esfera, em elipsoide; e assim por diante.

Se a deformação não for igual em todos os pontos, é dita *heterogênea*, e suas linhas retas tornam-se curvas e suas linhas paralelas perdem seu paralelismo.

1.4.2 Cisalhamento puro e cisalhamento simples

Quando um corpo se deforma de modo homogêneo, de maneira que os eixos principais de deformação não mudam sua posição, mas apenas o comprimento, a deformação é descrita como *irrotacional* e o processo é conhecido como *cisalhamento puro* (*pure shear*). O cisalhamento puro, quando analisado no plano principal de deformação (plano XZ), constitui-se de uma extensão uniforme em uma direção e de uma contração uniforme e proporcional numa direção ortogonal à primeira (deformação planar), para que o volume do material seja conservado.

No *cisalhamento simples* (*simple shear*), todos os pontos se deslocam paralelamente em uma direção fixa – por exemplo, o eixo X do sistema de coordenadas cartesianas –, de modo que a ordenada de qualquer ponto *antes* da deformação se encontra deslocada de um determinado ângulo *após* a deformação, conhecido como *cisalhamento angular*. A deformação, nesse caso, é dita *rotacional*, e o processo, cisalhamento simples.

Nesse modelo, os deslocamentos dos pontos em relação ao eixo das abscissas são proporcionais às distâncias medidas ao longo do eixo das ordenadas. Ao contrário do modelo de cisalhamento puro, os eixos máximo e mínimo do elipsoide de deformação rotacionam no espaço tanto mais quanto maior for a deformação cisalhante, sendo essa propriedade utilizada na quantificação da deformação sofrida pelo corpo.

O cisalhamento simples, em termos matemáticos, corresponde ao cisalhamento puro mais uma rotação dos eixos de deformação. Por causa da rotação dos eixos de deformação é que o cisalhamento simples é designado deformação rotacional (*rotational strain*).

A análise matemática da deformação, inclusive com deformações superpostas, será tratada em detalhe na parte II.

1.4.3 Comportamentos frágil e plástico

Quando as tensões aplicadas a um corpo superam o limite de elasticidade do material ocorre a sua ruptura e a perda da coesão pelo desenvolvimento de um plano de fratura, em que a continuidade do material é perdida. É a chamada *deformação frágil* ou *rúptil*, que governa, principalmente, a formação de juntas e de falhas.

O comportamento plástico produz *deformação permanente* ou *plástica*, com mudanças graduais e sutis ao longo da rocha, sem descontinuidades evidentes. A rocha acumula deformação permanente ou flui sem fraturamentos macroscópicos até quando o limite de resistência é excedido (Fig. 1.3).

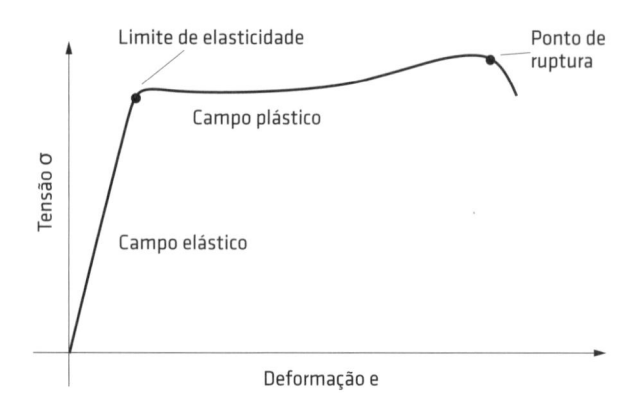

Fig. 1.3 Diagrama genérico de tensão-deformação e os campos de deformação

Muitos materiais rochosos mostram evidências de deformação frágil e plástica, e essa condição depende de diversos fatores, como o valor da tensão diferencial ($\sigma_1 - \sigma_3$); a pressão hidrostática ou litostática; a temperatura; a taxa ou velocidade de deformação; a pressão de fluidos, entre outros.

Há a possibilidade de superposição da deformação rúptil sobre a deformação plástica, bastante comum na reativação de falhas profundas alçadas posteriormente a níveis estruturais superiores.

1.5 Resistência dos materiais

A *resistência (strength)* dos materiais é o valor da tensão necessária para o rompimento de um corpo. As *resistências compressivas* e *tracionais* têm valores diferentes quando os corpos são submetidos a *ensaios de compressão* ou *de tração*. Observa-se que, em esforços compressivos, as tensões necessárias para a ruptura dos corpos são maiores (de duas a 30 vezes) do que para ensaios de tração. Isto é, são necessárias tensões duas a 30 vezes maiores do que sob tração para romper corpos sob compressão.

1.6 Tensão e deformação

Os fundamentos dos estudos de tensão-deformação advêm das investigações experimentais sobre as deformações elásticas, isto é, aquelas em que os corpos submetidos a tensões se deformam, mas que, uma vez cessada a tensão, recuperam sua forma e seu volume originais.

Tratando-se de materiais dúcteis ou plásticos, se a tensão for aplicada de modo contínuo e crescente, chega-se a um limite além do qual o corpo de prova se deforma definitivamente, não mais retornando à sua forma original ao se suprimir a tensão.

Tensão e deformação são fenômenos consequentes, isto é, quando a tensão se transmite pelo corpo se sucede, ao mesmo tempo, a propagação da deformação pelo corpo.

1.6.1 Diagrama de tensão-deformação

Curvas de tensão-deformação representam a base teórica para os estudos das relações entre as tensões aplicadas aos materiais e as correspondentes deformações. Exemplos dessas curvas podem ser encontrados em muitos textos que tratam da mecânica dos materiais: Timoshenko e Gere (1982); Farmer (1983); Timoshenko (1985); Jaeger e Cook (1969); Jaeger, Cook e Zimmerman (1979); Hibbler (2008); e Riley, Sturges e Morris (2003), entre outros.

Colocando-se, em um gráfico cartesiano, os valores das cargas a que são submetidos os materiais em ensaios de laboratório contra a deformação, obtém-se o chamado diagrama tensão-deformação (Fig. 1.3). Os padrões dessas curvas, traçadas para uma variedade muito grande de rochas e/ou minerais, aproximam-se das curvas dos ensaios de metais, e o vocabulário usado para descrever os fenômenos foi emprestado de ensaios metalúrgicos.

O início da curva no diagrama geralmente é uma reta inclinada, mostrando uma relação linear entre a tensão e a deformação (Fig. 1.3). Esse primeiro estágio tipifica a região de deformação elástica, pois, quando eliminadas as forças solicitantes, o corpo recupera a forma e o volume iniciais. A reta termina em um ponto denominado *limite de elasticidade*.

Desse ponto, a deformação aumenta rapidamente com o esforço, o material adquire uma deformação permanente, adentra o campo plástico e tem um comportamento dúctil. O material continua a se deformar até um máximo, denominado *ponto de ruptura*.

As rochas sob tensão se rompem dentro do domínio elástico, em um ponto denominado *ruptura frágil* (*brittle failure*), e a tensão correspondente é chamada de *resistência frágil* (*brittle strength*). Se a rocha não se romper, atinge-se um ponto na curva, o *limite de elasticidade*, a partir do qual a declividade da curva decresce progressivamente, delineando um patamar em que a rocha se deforma permanentemente.

Nesse caso, ao se removerem as forças solicitantes, o corpo não mais recupera sua forma inicial, permanecendo deformado. O patamar é, portanto, o domínio da deformação plástica. O limite de elasticidade pode estar bem-definido, marcado por uma brusca mudança de inclinação da curva tensão-deformação, porém, na prática, a transição entre esses dois campos é feita de maneira suave, sendo mais difícil ser marcado com precisão.

Os estudos das tensões aplicadas e das consequentes deformações dos corpos são feitos com base no diagrama tensão-deformação. No campo elástico, tensão e deformação têm uma relação linear ou uma constante de proporcionalidade que permite conhecer o estado de deformação de um corpo quando conhecida a tensão aplicada, ou conhecer a tensão aplicada quando conhecida a deformação.

A equação da linha reta que descreve a proporcionalidade entre a tensão aplicada (σ) e a deformação (e) do corpo no campo elástico (Fig. 1.3) é conhecida como *lei de Hooke*, ou seja, $\sigma = Ee$.

A constante de proporcionalidade (E) é própria de cada material, sendo denominada *módulo de Young* ou *módulo de elasticidade*, e descreve a magnitude da tensão requerida para alcançar certa quantidade de deformação elástica de uma amostra ou de uma rocha.

Um segundo módulo elástico, conhecido como *coeficiente de Poisson*, descreve a razão da deformação lateral em relação à deformação longitudinal. Quando ocorre a deformação por cisalhamento (*shear strain*), o *módulo de rigidez* ou *módulo de cisalhamento* (*shear modulus*) intervém nessa relação de proporcionalidade. Se a deformação for reversível, é denominada *deformação elástica*. Caso contrário, a deformação será *permanente* ou *não elástica*, ou ainda *plástica*. Na dilatação, a constante de proporcionalidade é designada *módulo de dilatação volumétrica*.

A análise das tensões e das deformações no campo elástico e os diversos módulos de elasticidade serão tratados mais detalhadamente na parte III.

1.7 Pressões hidrostática, litostática e confinante

Um corpo imerso em um fluido é submetido a uma pressão exercida igualmente em todos os seus pontos, designada de *pressão hidrostática*, que corresponde ao estado de tensão de um fluido.

Uma partícula de rocha situada a grandes profundidades na crosta, em virtude da carga das rochas que a cerca, experimenta uma pressão semelhante à hidrostática, embora não idêntica, porque a densidade das rochas é superior à dos líquidos e existem rochas ou litologias de densidades diferentes até a profundidade considerada. Essa pressão é denominada *litostática* ou *de carga* ou *geostática*. Em profundidade, na crosta ou em ensaios de laboratório, por ser exercida em todos os sentidos, com valores idênticos, é designada *pressão confinante*.

Em sistemas com tensões desiguais σ_1, σ_2 e σ_3 é conveniente subdividir o *esforço total* em *médio* e *deviatórico*. O esforço médio descreve um estado de tensão isotrópico e representa um componente da pressão hidrostática ou da litostática. É responsável pela mudança de volume para mais ou para menos, mas não pela forma de um corpo rochoso. O esforço deviatórico é um componente anisotrópico do esforço total e é obtido pela diferença entre o esforço médio e o esforço total. É responsável pela distorção ou mudança de forma de um corpo e, em geral, é menor que o esforço médio.

1.8 Fatores influenciadores no processo de deformação dos materiais rochosos

1.8.1 Influência das pressões confinante e litostática

As rochas localizadas em profundidade na crosta sofrem a ação da carga da coluna de rochas sobrejacente. Essa carga é conhecida como *pressão litostática* ou *pressão confinante*. Ela está relacionada à espessura e à densidade média do material sobrejacente. A pressão confinante causa mudanças de volume no campo elástico, dependendo da compressibilidade do material, mas, talvez, sua consequência mais importante é o aumento da resistência à deformação do material. Assim, com o aumento da pressão confinante, o ponto de ruptura e o limite de elasticidade são alçados, conferindo ao material maior resistência mecânica à deformação.

A influência da pressão confinante nas rochas foi investigada e demonstrada por numerosos experimentos, nos quais se observou que: a) induz o aumento do limite de ruptura das rochas; b) aumenta a resistência à ruptura; c) facilita o escoamento plástico antes do colapso; d) favorece a cicatrização de superfícies de fraturas e de microfissuras dos cristais pela íntima justaposição de suas paredes opostas.

Dados de ensaios comparados com estruturas naturais inferem que o limite de ruptura da rocha aumenta com a profundidade na crosta e com a pressão litostática, tornando-a mais plástica – mas, por outras razões (por exemplo, tectonometamórficas), esse limite pode novamente diminuir e voltar a ter sua antiga resistência.

Conforme a aumenta, ocorre um decréscimo no volume das rochas e um acréscimo em suas respectivas densidades; um decréscimo na pressão litostática induz a um incremento no volume e a uma diminuição na densidade das rochas.

Os materiais se mostram frágeis sob valores normais ou baixos de temperatura e pressão confinante. Se as condições de pressão e temperatura aumentam progressivamente, eles se tornam mais dúcteis e capazes de manter mais e mais a deformação permanente.

A cicatrização ou restauração constante de superfícies de descontinuidades, sem perda de coesão ou liberação da energia deformativa, desempenha papel proeminente na deformação contínua sob severas condições de pressão e temperatura na maioria das rochas.

1.8.2 Influência da temperatura

A influência da temperatura na resistência dos materiais está bem-estabelecida por inúmeros experimentos desenvolvidos por diversos autores. Os resultados obtidos não são surpreendentes, porque concordam com as expectativas que se têm do comportamento dos materiais. Assim, conforme a temperatura aumenta, mantendo-se os outros parâmetros constantes, a resistência da rocha diminui.

Rochas que têm comportamento frágil ou rúptil em baixas temperaturas comportam-se como plásticas em temperaturas elevadas. No ponto de fusão, passam a ter comportamento de líquido. O primeiro a utilizar a taxa de deformação nas rochas foi Heard (1963), que conduziu experimentos em temperaturas entre 15 °C e 500 °C e, em alguns casos, até de 800 °C em espécimes do calcário Yule.

As tensões plotadas contra as deformações indicaram que as amostras primeiro se deformaram elasticamente e, depois, passaram pelo limite de elasticidade, chegando a um campo no qual a deformação não é mais proporcional à tensão. Autores como Heard e Raleigh (1972), Price (1966, 1975) e Fife, Price e Thompson (1978) desenvolveram experimentos nesse sentido.

Pode-se afirmar que o principal efeito do aumento de temperatura nas rochas e agregados cristalinos é o alargamento do campo de deformação plástica e a elevação do ponto de ruptura. Isto é, quanto maior for a temperatura, maior será a capacidade de o material se deformar antes do ponto de ruptura. Embora isso seja válido para rochas como calcário e anidrita, outras, como os dolomitos, são pouco influenciadas pela temperatura no processo de deformação.

Em quase todos os agregados policristalinos, os efeitos da temperatura, sob pressão confinante elevada e constante, são os seguintes: a) inibição do fraturamento; b) redução do limite de escoamento (ou de cedência); e c) aumento da plasticidade. Essas observações são consistentes com as observações de rochas metamórficas deformadas a elevadas temperaturas e pressões, que se mostram muito mais deformadas plasticamente do que rochas equivalentes próximas à superfície.

As relações de pressão e temperatura dependem, igualmente, dos tipos de tensões solicitantes. Assim, um mesmo incremento de temperatura pode ser suficiente para transformar o comportamento de uma rocha frágil em comportamento plástico, se o teste for compressivo, mas não terá o mesmo efeito se o ensaio for de tração, indicando que a temperatura exerce maior influência nos processos compressivos do que nos trativos.

Uma comparação de resistências de rochas sedimentares a testes compressivos e trativos pode ser vista em Johnson e DeGraff (1988), reproduzida de Hobbs (1964). Na tabela apresentada por aqueles autores pode ser observado que a resistência à compressão uniaxial das rochas varia de 2 a 5 vezes em relação à resistência à tração uniaxial.

Segundo Price e Cosgrove (1994), considerando o critério de ruptura de Griffith, a resistência à tração de rochas homogêneas e isotrópicas é cerca de 1/8 da resistência à compressão, podendo chegar a 1/30 no caso de filitos e outras rochas anisotrópicas.

Uma tabulação mais completa de resistência à tração das rochas foi preparada por Kulhawy (1975), enquanto uma relação entre resistência à tração e outras propriedades das rochas foi apresentada por D'Andrea, Fisher e Fogelson (1965).

Um aspecto importante da elevação de temperatura é que ela propicia o desaparecimento de rupturas ou imperfeições prévias através de sua cicatrização. Temperaturas muito elevadas destroem completamente antigas feições estruturais na rocha e em seus cristais, favorecendo o escoamento.

1.8.3 Influência da pressão de fluidos

A presença de fluidos nas rochas em processo de deformação é importante em dois aspectos. Primeiro, porque promove reações mineralógicas, particularmente em temperaturas elevadas que, por sua vez, afetam as propriedades mecânicas das rochas. Segundo, porque reduz os efeitos da pressão litostática ou confinante pelo efeito da pressão de poros, reduzindo a pressão litostática à pressão efetiva.

Para rochas saturadas, nas quais a pressão de fluidos pode ser bastante elevada comparada com a pressão confinante, os efeitos da pressão litostática podem ser anulados e a resistência da rocha à deformação pode ser reduzida a condições existentes próximo à superfície, como será visto mais adiante.

O fluido presente nas rochas é geralmente a água, que pode ter origem diversa, podendo ser congênita, subterrânea, metamórfica etc. Outros fluidos presentes incluem o petróleo e o gás, que se encontram sob pressões elevadas e podem alcançar 95% do valor da pressão litostática e até ultrapassá-la, como no caso de ambientes tectônicos compressionais.

Experimentos comprovaram que a água pode alterar as propriedades mecânicas não só das rochas, mas até de cristais individuais (Turner; Weiss, 1963). Isso ocorre com o quartzo, um dos minerais mais resistentes e menos dúcteis, mesmo sob severas condições de pressão e temperatura; porém, na presença da água, torna-se fraco e dúctil sob determinadas condições de pressão e temperatura (Griggs; Turner; Heard, 1960).

Rehbinder e Lichtman (1957) observaram que a água causa a diminuição da resistência de um cristal a um décimo do valor que possuía quando seco. Isso explica porque certos materiais normalmente resistentes, mesmo a altas temperaturas, podem fluir sob condições metamórficas na presença de fluidos aquosos.

Ensaios efetuados em calcários evidenciam que, quanto maior seu conteúdo em água, maior sua deformabilidade. Price (1960) e Colback e Wild (1965), em testes que incluíam efeitos químicos e mecânicos, concluíram que a resistência de rochas completamente saturadas equivalia a 45% de sua resistência quando secas.

1.8.4 Influência da anisotropia e heterogeneidades

As rochas, em geral, não são isotrópicas, isto é, suas propriedades não se mantêm uniformes em todas as direções, em função de heterogeneidades composicionais ou de estruturas. Feições estruturais – como superfícies de acamamento, foliação, clivagem, juntas etc. – introduzem nas rochas uma anisotropia.

Estudos demonstram que a resistência de rochas anisotrópicas depende da orientação das tensões aplicadas em relação às superfícies de descontinuidades que elas possuem, obtendo-se curvas de tensão de deformação distintas. Aspectos detalhados desse tema são abordados no Cap. 5.

1.8.5 Influência do tempo na deformação

Um dos problemas do estudo da mecânica das rochas é a dificuldade de incluir o fator tempo nos ensaios de laboratório. A evolução dos processos geológicos ocorre ao longo de milhões de anos – em contraste com a duração usualmente empregada de dias, semanas, meses ou até um ano ou mais, nos ensaios laboratoriais.

Na resistência dos materiais, a deformação permanente e dependente do tempo é denominada *fluência* (*creep*). As taxas que caracterizam a deformação natural ou geológica são muito mais lentas que as observadas nos experimentos de deformação de rochas, sendo, por isso, um desafio a transposição dos resultados experimentais para rochas deformadas naturalmente na crosta.

Em muitos casos, a temperatura é aumentada com o objetivo de acelerar os mecanismos de deformação plástica nos experimentos e, assim, aumentar a taxa de deformação. Isso significa aumentar o nível do esforço e, consequentemente, uma menor deformação plástica poderá se acumular, com a rocha se fraturando precocemente durante o experimento. É sabido que partes da litosfera apresentam comportamento viscoso por causa das baixas taxas de deformação. O aumento dessa taxa leva a um incremento na resistência à deformação, diferenciando o comportamento dos materiais em laboratório em relação aos processos naturais.

Os resultados dos ensaios laboratoriais são apresentados na forma de gráficos, projetando a deformação contra o tempo em condições de esforço constante (Fig. 1.4). Ao aplicar a carga no tempo t_0, a rocha sofre uma deformação elástica, seguindo-se três estágios ou fases caracterizados pelas taxas de deformação em função do tempo.

No primeiro estágio, *fluência primária* (*primary creep*) ou *fluência retardada* (*delayed elastic creep*), a deformação se acelera, mas logo decresce com o tempo. Se nesse estágio for retirada a tensão compressiva (ponto t_1) ocorre uma recuperação instantânea, porém incompleta da rocha, seguindo-se uma recuperação retardada que se completa no tempo t_2.

O segundo estágio é de *fluência secundária* (*secondary creep* ou *steady state creep*), em que a taxa de deformação d_e/d_t é aproximadamente constante e a rocha se deforma plasticamente. Ao se suprimir a tensão nesse estágio (tempo t_3), embora haja uma recuperação elástica e retardada, ainda restará uma deformação permanente no tempo t_4. Finalmente, segue-se o estágio de *fluência terciária* ou *acelerada* (*tertiary creep* ou *accelerating creep*), quando a curva assume forte declividade antes de o material atingir a ruptura franca, no tempo t_5.

Não se deve considerar o escoamento permanente como sobrevindo, restritamente, no domínio da deformação plástica, conforme mostram os testes em metais sob condições de pressão e temperatura ambientais e em curto intervalo de tempo. Para que os dados sejam aplicáveis às estruturas geológicas, os testes devem ser feitos em rochas e ter duração da ordem de meses ou anos, com o objetivo de evidenciar a correta influência do *creep*.

1.9 Ensaios de tração e de compressão

São empregados para se conhecer o comportamento de um material no campo dúctil submetido a tensões e deformações grandes e permanentes, ou para se analisar o comportamento do material no campo rúptil. Procuram simular situações existentes em diferentes profundidades na crosta e em ambientes tectônicos compressivos ou trativos.

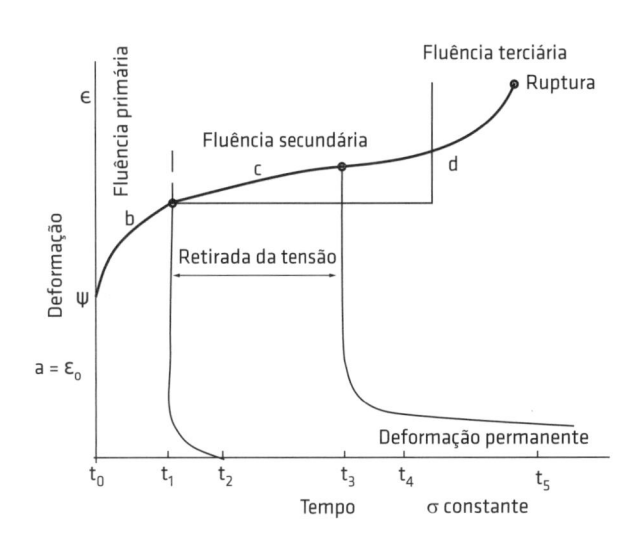

Fig. 1.4 Curva genérica de tempo-deformação para um ensaio de fluência em um material elastoplástico
Fonte: Ramsay (1967).

1.9.1 Ensaios de tração

Consistem na aplicação de uma força uniaxial crescente em um corpo de prova, de modo a alongá-lo até o momento de sua ruptura. Na maioria das vezes, os corpos de prova são cilíndricos, com seção circular, podendo ser retangulares em seção.

O corpo de prova, padronizado por normas técnicas, é fixado por suas extremidades nas garras de fixação da máquina de tração e então submetido a uma tração aplicada ao longo de sua direção axial de forma gradativa. Durante o carregamento são medidos, em diversos intervalos de tempo, o acréscimo de tensão axial aplicada e a correspondente deformação do corpo de prova, medida por meio de um extensômetro, elaborando-se assim um gráfico de tensão-deformação.

Esse ensaio permite avaliar o comportamento dos materiais sob tensões de tração, quais são os limites de esforços trativos que os materiais suportam e o momento em que se rompem, sendo muito útil no estudo da influência da pressão de fluidos na ruptura das rochas. O ensaio termina quando o material se rompe.

1.9.2 Ensaios de compressão

São conduzidos de maneira semelhante aos de tração, exceto que a força é compressiva e o corpo de prova se contrai ao longo da direção da tensão. Ensaios desse tipo são mais comuns, porque são fáceis de executar, e têm o objetivo de determinar a resistência à compressão das rochas.

Esse ensaio consiste em colocar o corpo de prova numa prensa, para que ele seja comprimido até se verificar a ruptura. O equipamento registra a força aplicada sobre o corpo de prova e a deformação correspondente, obtendo a resistência à compressão do material em um gráfico de tensão-deformação.

As máquinas usadas para realizar esses ensaios são denominadas *máquinas universais para ensaio de materiais*, pelo fato de se prestarem à realização de diversos tipos de ensaios, tais como os de compressão, tração, flexão, torção, dureza, entre outros.

Parte I | Análise das tensões e ruptura das rochas

capítulo 2
Análise das tensões

Neste capítulo, o enfoque recai sobre a análise das tensões aplicadas às rochas. Serão examinados diversos temas, como tensão atuante em um ponto, tensões uniaxial e biaxial, tensões principais, tensões máximas de cisalhamento, círculo de Mohr, atrito entre sólidos e atrito interno, envoltória de Mohr, materiais coesivos e não coesivos, polo do círculo de Mohr e esforço deviatórico.

A força de gravidade terrestre está sempre presente e depende da posição de uma massa de rocha ou de um ponto qualquer no campo gravitacional. A força gravitacional é dada pela equação $F = mg$, em que m é a massa, e g, a aceleração da gravidade. Para aplicações em Geologia, pode ser considerada constante e igual a 10 m/s^2.

Outras importantes forças que atuam nos solos ou nas rochas são denominadas forças superficiais, porque atuam em superfícies ou em planos dentro desses materiais. São "empurrões" ou "puxões" exercidos em um grão mineral ou em um bloco de falha ou, ainda, em uma placa litosférica. A magnitude da força superficial depende da área da superfície afetada, e não implica necessariamente que a superfície em questão deva ser um limite de material de qualquer espécie. Ela é classificada como força superficial se atua ou não sobre uma superfície no material. Assim, uma força através de qualquer plano dentro de um grão mineral ou de uma placa litosférica é uma força superficial exatamente igual à força atuante nas porções limítrofes desses objetos.

Dependendo das distorções que as forças causam em um corpo ou objeto, podem ser classificadas como compressivas ou trativas. Se as partes de um plano tendem a se aproximar segundo a direção da força aplicada, a força é compressiva; caso contrário, a força é trativa.

As forças atuantes em um plano podem ter qualquer direção relativamente ao plano. Se uma força atua perpendicularmente ao plano, é dita *força normal*; se atua paralelamente ao plano, é chamada de *força cisalhante*. Geralmente, as forças aplicadas não são direcionadas nem paralelamente nem perpendicularmente ao plano que se pretende analisar e, nesse caso, devem ser decompostas em suas componentes normal e de cisalhamento, designadas como F_n e F_s, respectivamente.

A componente normal pode ser classificada como compressiva ou trativa, mas a força cisalhante não é nem compressiva nem trativa. É denominada *força cortante*, por ser responsável pela ruptura ou corte dos materiais.

As forças normais trativas, segundo o uso tradicional em Engenharia Mecânica, têm sinal positivo e são representadas por vetores apontando em sentido contrário ao plano em que são aplicadas. As forças normais compressivas têm sinal negativo e são representadas por vetores apontando em direção à superfície em que a força é aplicada.

Para componentes de cisalhamento, o sinal adotado é positivo, se o par de vetores opostos de atuação dessas forças em um plano indicar sentido de movimento anti-horário, e negativo, se o sentido for horário.

2.1 Tensão atuante em um plano

A compreensão do significado de tensão (estresse) passa pela *terceira lei de Newton*, ou seja: toda força aplicada em um corpo em repouso ou em movimento uniforme produz uma reação de igual intensidade e de sentido oposto.

Assim, tensão é entendida como um par de forças iguais e de sentidos opostos atuando em uma unidade de área de um determinado corpo. Ela resulta de uma força aplicada a uma superfície, nos limites ou dentro do corpo, e compreende a força aplicada e a reação do material no outro lado da superfície.

A magnitude da tensão depende da magnitude da força aplicada e da dimensão da área afetada. Assim, a tensão, definida pela letra grega sigma (σ), é igual a:

$$\sigma = \frac{F}{A} \tag{2.1}$$

Em que:
F = força;
A = área em que a força F é aplicada.

Na análise do estado de tensões, é necessário descrever as tensões em termos de um sistema de coordenadas. Em uma situação bidimensional, com eixos cartesianos X e Y, as tensões normais atuantes nos planos X e Y são descritas como σ_x e σ_y, respectivamente. As tensões cisalhantes atuantes no plano X, com direção paralela ao eixo Y, são descritas como σ_{xy}; a tensão cisalhante atuante no plano Y e paralela a X é descrita como σ_{yx}.

Assim como a força, a tensão é um vetor e pode ser decomposta em componentes paralelas a quaisquer direções de referência que sejam mais convenientes. A Fig. 2.1 mostra o vetor da tensão σ decomposto em suas componentes normal (σ_n) e paralela ou de cisalhamento (σ_s) relativamente ao plano AB.

A tensão normal compressiva tende a inibir o movimento ao longo do plano; a tensão normal distensiva tende a separar os blocos de rocha; a tensão cisalhante tende a promover

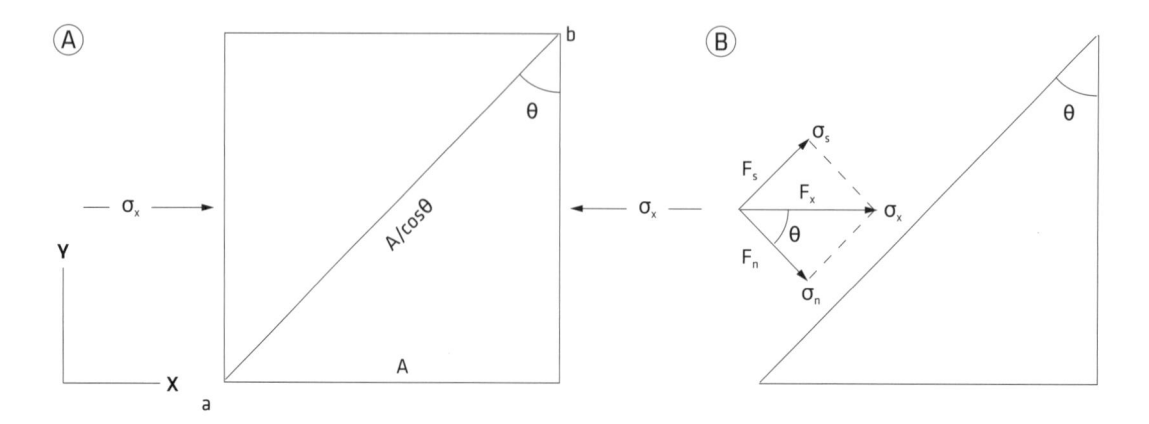

Fig. 2.1 Tensões em planos inclinados ao esforço principal

o movimento diferencial dos blocos ao longo do plano. Os planos de deslizamento em solos e rochas são planos seletivos, nos quais se verifica uma relação ótima das magnitudes das tensões cisalhante e normal. O sinal convencional para a tensão é o mesmo dado para as forças.

2.2 Tensão uniaxial

Quando um objeto é submetido a somente um eixo principal de tensão, diz-se que está submetido a um estado uniaxial de tensão. Considere-se a distribuição das forças e das tensões em um plano AB de um elemento quadrado de lado A, disposto em um ângulo θ com direção Y do sistema de coordenadas. O plano está submetido a uma compressão uniforme σ_x atuando na direção X. Inicialmente, a força F_x deve ser decomposta em duas componentes, F_n e F_s, que são, respectivamente, normal e tangencial ao plano inclinado.

A magnitude da força F_x que atua no lado do quadrado paralelo à direção Y, com base na Eq. 2.1, é igual a:

$$F_x = \sigma_x A \qquad (2.2)$$

No plano inclinado ab, as forças atuantes perpendicularmente e paralelamente ao plano são:

$$F_n = F_x \cos\theta \qquad (2.3)$$

$$F_s = F_x \sen\theta \qquad (2.4)$$

Na Fig. 2.1, a área da seção inclinada é igual a A/cosθ e, considerando a Eq. 2.1, obtêm-se:

$$F_n = \frac{A\sigma_n}{\cos\theta} \qquad (2.5)$$

$$F_s = \frac{A\sigma_s}{\cos\theta} \qquad (2.6)$$

Substituindo-se essas duas expressões nas Eqs. 2.3 e 2.4 e o termo F_x pela Eq. 2.2 obtêm-se, após simplificação:

$$\sigma_n = \sigma_x \cos^2\theta \qquad (2.7)$$

$$\sigma_s = \sigma_x \sen\theta \cos\theta \qquad (2.8)$$

As tensões σ_n e σ_s são, respectivamente, normal e tangencial ao plano inclinado ab, sendo uniformemente distribuídas sobre esse plano.

A Eq. 2.8 pode ser escrita da seguinte forma, tendo-se em conta que senθ cosθ = sen2θ/2 (fórmula de ângulos duplos):

$$\sigma_s = \frac{\sigma_x \sen 2\theta}{2} \qquad (2.9)$$

Essa equação mostra que a tensão de cisalhamento σ_s é nula quando θ = 0 e θ = 90, atingindo um valor máximo quando θ = 45. Assim:

$$\sigma_{s\max} = \frac{\sigma_x}{2} \tag{2.10}$$

As tensões em um ponto qualquer no interior de um corpo podem ser analisadas isolando-se uma parte elementar do material. Por exemplo, dois elementos, A e B, cortados do corpo estão representados na Fig. 2.2A,B. O elemento A está orientado em relação à tensão σ_x de forma tal que $\theta = 0$ e, assim, a única tensão que atua sobre ele é $\sigma_x = F_n/A$, já que $\sigma_s = 0$ (Fig. 2.2B). O segundo elemento sofreu uma rotação definida pelo ângulo θ e, portanto, as tensões nos lados bc e ad são σ_n e σ_s, definidas pelas Eqs. 2.7 e 2.8. A normal ao lado ab do elemento situa-se a um ângulo de $(90 + \theta)$ em relação ao eixo X, e, portanto, é possível determinar as tensões nesse plano substituindo-se θ por $(90 + \theta)$ nas Eqs. 2.7 e 2.8.

Se $\text{sen}(90 + \theta) = \cos\theta$ e $\cos(90 + \theta) = -\text{sen}\theta$ (fórmulas de redução), obtêm-se:

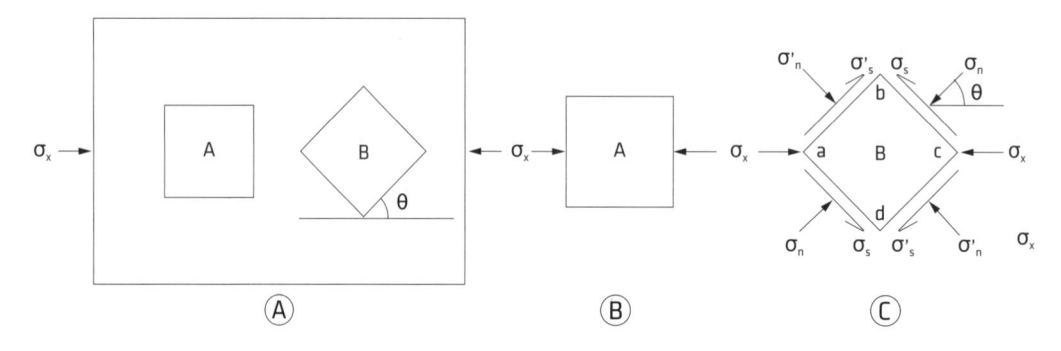

Fig. 2.2 Tensões atuantes nos elementos A e B isolados de um corpo maior, sob compressão. Em A, os lados são paralelos e perpendiculares à tensão compressiva σ_x; em B, os lados são inclinados em relação a σ_x

$$\sigma'_n = \sigma_x \cos^2(90 + \theta) = \sigma_x \text{sen}^2\theta \tag{2.11}$$

$$\sigma'_s = \sigma_x \text{sen}(90 + \theta)\cos(90 + \theta) = -\sigma_x \text{sen}\theta \cos\theta \tag{2.12}$$

Comparando-se as Eqs. 2.7 e 2.8 com as Eqs. 2.11 e 2.12 obtêm-se duas interessantes relações:

$$\sigma_n + \sigma'_n = \sigma_x \tag{2.13}$$

$$\sigma_s = -\sigma'_s \tag{2.14}$$

A Eq. 2.13 mostra que a soma das tensões normais atuantes em dois planos perpendiculares é constante e igual a σ_x; a Eq. 2.14 mostra que as tensões de cisalhamento em planos perpendiculares entre si são iguais em valor absoluto, porém com sinais opostos.

Com o mesmo procedimento, é possível determinar as tensões atuantes nos lados ad e cd do elemento representado na Fig. 2.2C. Para o lado ad, basta substituir, nas Eqs. 2.7 e 2.8, o ângulo $(\theta + 270)$. Calculadas assim, elas mostram que as tensões normal e de cisalhamento atuantes em lados opostos são de igual magnitude, porém com sentidos opostos.

2.3 Tensão biaxial

Considere-se agora um elemento sobre o qual atuam tensões nas direções X e Y do sistema de coordenadas (Fig 2.3A). Essas tensões são conhecidas como *biaxiais*.

Para determinar as tensões atuantes em um plano inclinado AB, considere-se primeiro o efeito da decomposição da tensão uniaxial em suas componentes normal e tangencial ao plano, na direção Y, e, depois, na direção X do elemento. Sendo A a área da seção inclinada, as forças atuantes sobre os lados do corpo livre, nas direções Y e X, admitindo-se que $F_y > F_x$, são:

$$F'_y = \sigma_y \cos\theta A \cos\theta$$
$$F''_y = \sigma_y \sen\theta A \cos\theta$$
$$F'_x = \sigma_x \sen\theta A \sen\theta$$
$$F''_x = \sigma_x \cos\theta A \sen\theta$$
$$F_n = \sigma_n A$$
$$F_s = \sigma_s A$$

O ângulo θ é definido como aquele entre o plano no qual se pretende analisar as tensões e o eixo de tensão mínima. Considerando-se que as forças que atuam em uma direção são equilibradas pelas que atuam na mesma direção, porém em sentido oposto, no caso de um corpo em equilíbrio tem-se que:

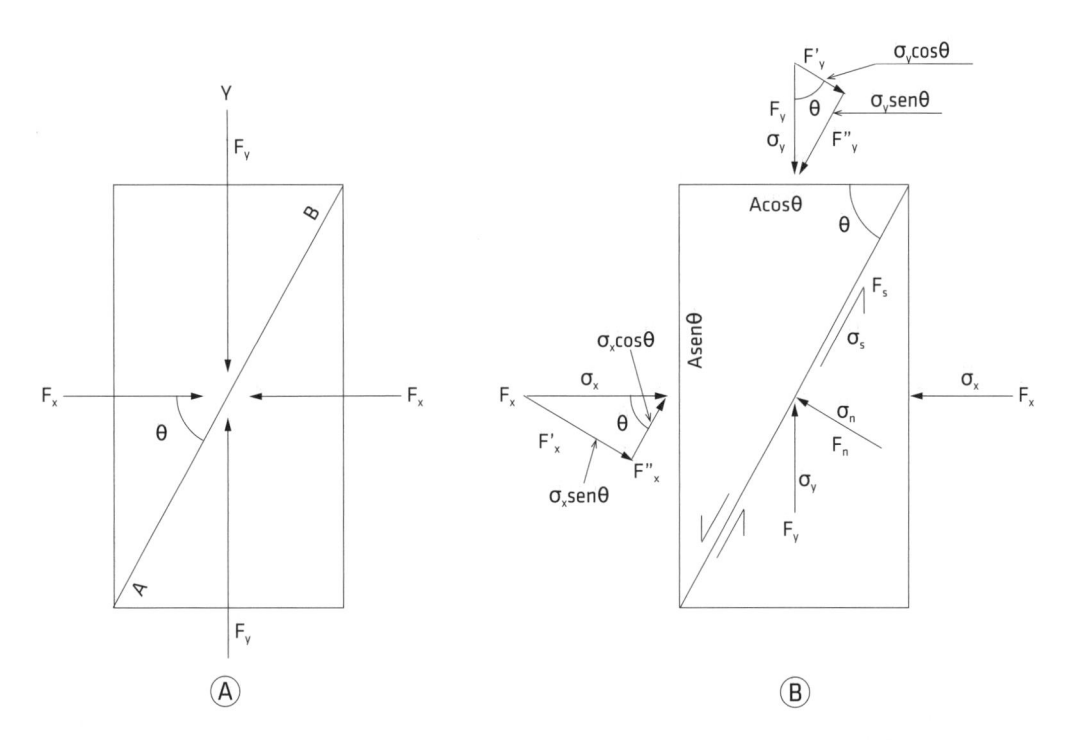

$$F_n = F'_x + F'_y$$

Fig. 2.3 Elementos sob tensão biaxial. (A) Tensões atuantes nas direções X e Y. (B) Decomposição das forças e tensões (F_x, σ_x) e (F_y, σ_y) nas direções normal e tangencial ao plano AB

Substituindo-se pelos valores encontrados anteriormente:

$$\sigma_n A = \sigma_x \operatorname{sen}\theta A \operatorname{sen}\theta + \sigma_y \cos\theta A \cos\theta$$

Portanto:

$$\sigma_n = \sigma_x \operatorname{sen}^2\theta + \sigma_y \cos^2\theta \qquad (2.15)$$

Tendo-se em conta que (fórmulas de ângulos duplos):

$$\cos^2\theta = \frac{1+\cos 2\theta}{2}; \quad \operatorname{sen}^2\theta = \frac{1-\cos 2\theta}{2}; \quad \operatorname{sen}\theta\cos\theta = \frac{\operatorname{sen} 2\theta}{2}$$

Substituindo-se na equação acima e após simplificação, obtém-se:

$$\sigma_n = \frac{\sigma_y + \sigma_x}{2} + \frac{\sigma_y - \sigma_x}{2}\cos 2\theta \qquad (2.16)$$

Da mesma forma:

$$F''_y = F''_x + F_s$$

Substituindo-se os valores acima determinados, tem-se:

$$\sigma_y \operatorname{sen}\theta A \cos\theta = \sigma_x \cos\theta A \operatorname{sen}\theta + \sigma_s A$$

Portanto:

$$\sigma_s = (\sigma_y - \sigma_x)\operatorname{sen}\theta\cos\theta \qquad (2.17)$$

Levando a:

$$\sigma_s = \frac{\sigma_y - \sigma_x}{2}\operatorname{sen} 2\theta \qquad (2.18)$$

As Eqs. 2.16 e 2.18 fornecem os valores algébricos da tensão normal (σ_n) e de cisalhamento (σ_s) em qualquer plano inclinado em função das tensões σ_x e σ_y aplicadas nas direções X e Y do sistema de coordenadas, respectivamente, em que $\sigma_y > \sigma_x$.

No caso em que $\sigma_x > \sigma_y$, o sentido de movimento ao longo do plano AB na Fig. 2.3 deve ser invertido, e as Eqs. 2.16 e 2.18 passam a ser:

$$\sigma_n = \frac{\sigma_x + \sigma_y}{2} + \frac{\sigma_x - \sigma_y}{2}\cos 2\theta \qquad (2.19)$$

$$\sigma_s = \frac{\sigma_x - \sigma_y}{2}\operatorname{sen} 2\theta \qquad (2.20)$$

Substituindo-se θ por ($\theta + 90°$) nas Eqs. 2.19 e 2.20 obtém-se as tensões σ'_n e σ'_s, que atuam no plano normal ao plano AB, uma vez que $\operatorname{sen}(180 + \theta) = -\operatorname{sen}\theta$ e $\cos(180 + \theta) = -\cos\theta$, ou seja (Fig. 2.4):

$$\sigma'_n = \frac{\sigma_x + \sigma_y}{2} - \frac{\sigma_x - \sigma_y}{2}\cos 2\theta \qquad (2.21)$$

$$\sigma'_s = -\frac{\sigma_x - \sigma_y}{2}\sen 2\theta \qquad (2.22)$$

Somando-se a Eq. 2.21 com a Eq. 2.17, obtém-se:

$$\sigma_n + \sigma'_n = \sigma_x + \sigma_y$$

Somando-se a Eq. 2.22 com a Eq. 2.17, obtém-se:

$$\sigma_s = -\sigma'_s$$

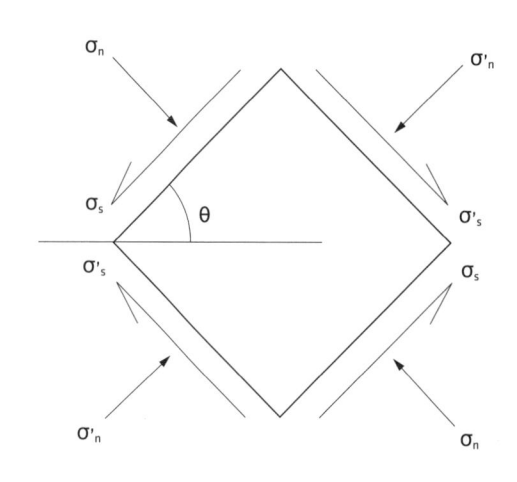

Fig. 2.4 Tensões normal e de cisalhamento atuantes em planos ortogonais

Essas duas equações mostram que a soma das tensões normais em dois planos perpendiculares é constante e que as tensões de cisalhamento em dois planos perpendiculares são iguais, porém com sentidos opostos.

A tensão de cisalhamento σ_s é nula quando $\theta = 0$ e alcança um valor máximo quando $\theta = 45$. A tensão de cisalhamento máxima é dada por:

$$\sigma_{s\max} = \frac{\sigma_x - \sigma_y}{2} \qquad (2.23)$$

A tensão de cisalhamento máxima é igual à semi-diferença entre as tensões principais. Se σ_x e σ_y forem iguais, não haverá tensões cisalhantes em nenhum plano inclinado.

Resta analisar os efeitos das tensões cisalhantes no plano inclinado do corpo (Fig. 2.5A). Considerando-se cada par de tensões $\sigma_x \sigma_y$ separadamente, constroem-se dois triângulos de força (Fig. 2.5C), representados pelos algarismos 1 e 2.

Com base no triângulo 1, por relações trigonométricas, as contribuições das tensões normal e cisalhante no plano inclinado são dadas por:

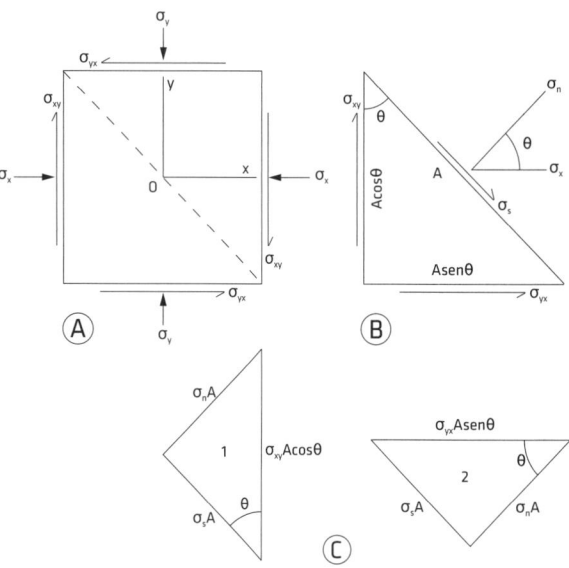

Fig. 2.5 Elemento sujeito a tensões cisalhantes

$$\sigma_n = \sigma_{xy}\sen\theta\cos\theta \qquad (2.24)$$

$$\sigma_s = \sigma_{xy}\cos^2\theta \qquad (2.25)$$

Com base no triângulo 2, as contribuições são dadas por:

$$\sigma_n = \sigma_{yx}\sen\theta\cos\theta \qquad (2.26)$$

$$\sigma_s = \sigma_{yx}\sen^2\theta \qquad (2.27)$$

Uma vez que as contribuições das tensões normais, pelo fato de atuarem no mesmo sentido, devem ser somadas para a obtenção da tensão normal resultante, enquanto as tensões cisalhantes σ_{xy} e σ_{yx} devem ser subtraídas, por atuarem em planos perpendiculares, e, como visto, $\sigma_{xy} = \sigma_{yx}$ em magnitude (o sinal negativo já foi considerado na subtração das tensões), têm-se:

$$\sigma_n = 2\sigma_{xy} \, \text{sen}\theta \cos\theta \tag{2.28}$$

$$\sigma_s = \sigma_{xy}(\cos^2\theta - \text{sen}^2\theta) \tag{2.29}$$

2.4 Estado bidimensional geral de tensões

As tensões, para sua adequada descrição matemática, devem ser referidas a um sistema de coordenadas. Há dois tipos de tensões: normais e cisalhantes.

Os eixos das tensões que atuam perpendicularmente aos planos principais de tensão são indicados pelo símbolo σ e um único subscrito para indicar o plano no qual a tensão atua, geralmente 1, 2, 3 ou n. Qualquer plano paralelo a dois dos três eixos principais é um plano principal e será solicitado apenas por uma tensão perpendicular, representada pela tensão do terceiro eixo.

Quando os eixos de tensão são considerados em relação à crosta terrestre, um deles é tomado como vertical, e os outros dois, posicionados no plano horizontal. Por convenção, o subscrito z é usado para indicar a tensão σ_z atuando verticalmente.

As outras duas tensões principais, orientadas *perpendicularmente* aos planos X e Y, são rotuladas de σ_x e σ_y, podendo ser equivalentes a σ_1, σ_2 e σ_3, conforme será visto nos Caps. 2, 3, 4 e 5.

Os eixos principais de tensão são referidos como σ_1, σ_2 e σ_3, sendo $\sigma_1 > \sigma_2 > \sigma_3$. As tensões normais atuam nos planos principais de tensão, nos quais não ocorrem tensões tangenciais ou cisalhantes.

Quando a terminologia apresenta a tensão rotulada com os subscritos x, y ou z, com exceção do caso acima, geralmente não se refere a planos principais de tensão, apesar de atuar perpendicularmente a planos arbitrários dentro do corpo.

As tensões cisalhantes são indicadas pelo símbolo σ_s, como no diagrama de Mohr, ou pelos símbolos σ e τ, seguidos de dois subscritos. O primeiro subscrito se refere à perpendicular ao *plano* em que a tensão cisalhante atua; o segundo indica a *direção* em que atua contida nesse mesmo plano. Assim, σ_{xy} ou τ_{xy} refere-se à tensão cisalhante que, no plano X (disposto perpendicularmente à direção X), atua paralelamente à direção do eixo Y.

A nomenclatura usada (Fig. 2.6) segue a representação como em Farmer (1983); Ramsay e Lisle (2000); Price e Cosgrove (1994); Goodman (1989); Park (1983); Tiab e Donaldson (2004); Twiss e Moores (1992); entre outros (há autores que usam notação diferente).

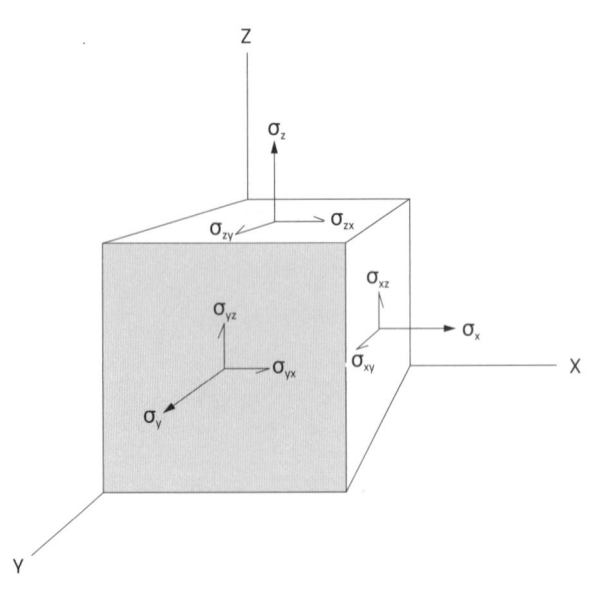

Fig. 2.6 Componentes de tensão em um cubo alinhado com os eixos do sistema de coordenadas. O plano frontal cinza é o plano Y, perpendicular ao eixo Y

Resumindo: uma notação do tipo σ_1 indica a tensão principal máxima que atua perpendicularmente ao plano principal 1, no qual não atuam tensões cisalhantes. Uma notação do tipo σ_3 indica a tensão principal mínima que atua perpendicularmente ao plano principal 3, no qual não atuam tensões cisalhantes. Uma notação do tipo σ_x indica uma tensão que atua perpendicularmente a um plano arbitrário X, mas, não se tratando de um plano principal de tensão, atuam tensões cisalhantes paralelamente a esse plano X. A componente da tensão cisalhante cuja notação é σ_{xy} ou τ_{xy} atua no plano X, mas é direcionada paralelamente ao eixo Y, assim como σ_{xz} ou τ_{xz} atua no plano X, mas é direcionada paralelamente ao eixo Z.

O sinal convencional para as tensões normais é aqui usado como no sentido da Engenharia Mecânica: tensões normais trativas são positivas e tensões normais compressivas são negativas. Em Geologia normalmente é usada uma notação inversa, mas, segundo Ramsay e Huber (1987), a notação aqui adotada é mais lógica pelo fato de relacionar diretamente tensões trativas positivas com elongações positivas e tensões compressivas negativas com elongações negativas. Já o sentido do cisalhamento é positivo se o par de setas indicativas do movimento estiver no sentido anti-horário, e é negativo se o par de setas indicar sentido de movimento horário.

O tensor de tensão tridimensional é expresso da seguinte forma:

$$\begin{bmatrix} \sigma_x & \sigma_{xy} & \sigma_{xz} \\ \sigma_{xy} & \sigma_y & \sigma_{yz} \\ \sigma_{xz} & \sigma_{yz} & \sigma_z \end{bmatrix}$$

A matriz mostra que os três componentes da tensão na face x do cubo formam a primeira coluna do tensor, enquanto a segunda e a terceira colunas contêm as tensões nas direções Y e Z, respectivamente. Quando as faces do cubo são paralelas aos planos principais de deformação, de modo que os eixos das coordenadas são paralelos aos eixos principais de tensão e as tensões normais nas faces x, y e z têm magnitudes iguais aos eixos principais de tensão σ_1, σ_2 e σ_3, então:

$$\begin{bmatrix} \sigma_1 & 0 & 0 \\ 0 & \sigma_2 & 0 \\ 0 & 0 & \sigma_3 \end{bmatrix}$$

Essa matriz mostra que as colunas correspondem a uma orientação dos eixos das coordenadas, porque não há tensões cisalhantes atuando nas faces x, y e z do cubo, mas somente as tensões principais normais σ_1, σ_2 e σ_3.

Na Fig. 2.7, com as relações geométricas apresentadas, é possível determinar a tensão que atua na superfície de área A do corpo, disposta em um ângulo θ em relação ao eixo principal menor, de tensão Y. Essa tensão é resultante das tensões aplicadas na parte externa do corpo de forma retangular. Assim, nas direções X e Y atuam duas forças normais às laterais do corpo, respectivamente σ_x e σ_y, e duas forças tangenciais, ou cisalhantes, paralelamente aos lados σ_{xy} e σ_{yx}.

O plano de interesse intercepta os eixos das coordenadas com comprimentos Asenθ e Acosθ, respectivamente:

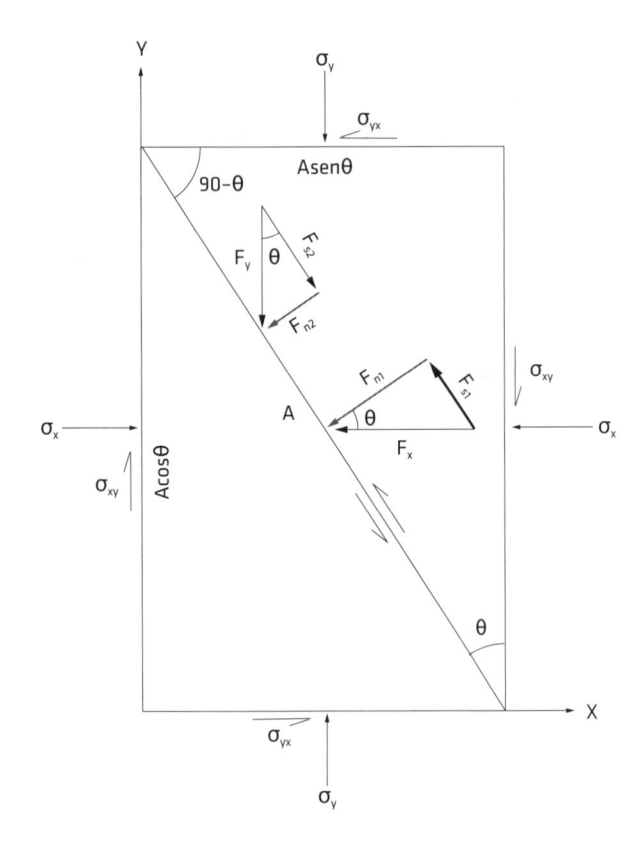

Fig. 2.7 Análise das tensões no plano inclinado a um ângulo θ do eixo principal menor de tensão, que atua paralelamente ao eixo Y do sistema de coordenadas

$$F_x = \sigma_x A\cos\theta + \sigma_{yx} A\sen\theta \quad (2.30)$$

$$F_y = \sigma_{xy} A\cos\theta + \sigma_y A\sen\theta \quad (2.31)$$

Essas duas forças podem ser descritas em termos da força normal F_n e da força cisalhante F_s com respeito à superfície oblíqua (Fig. 2.7). Para o caso em que $F_x > F_y$, o movimento do plano de ruptura é como indicado na figura.

Considerando-se os efeitos das forças atuantes nos eixos X e Y, têm-se:

$$F_{n1} = F_x \cos\theta \quad (2.32)$$

$$F_{n2} = F_y \sen\theta \quad (2.33)$$

Em que F_{n1} e F_{n2} são as contribuições da força normal atuante no plano resultantes das decomposições das forças F_x e F_y, respectivamente.

Assim, o valor da força normal é igual à soma dessas duas contribuições, ou seja:

$$F_n = F_{n1} + F_{n2} \quad (2.34)$$

Substituindo-se pelos valores obtidos nas equações anteriores, tem-se:

$$F_n = F_x \cos\theta + F_y \sen\theta \quad (2.35)$$

Para a força cisalhante, procede-se da mesma maneira:

$$F_{s1} = F_x \sen\theta \quad (2.36)$$

$$F_{s2} = F_y \cos\theta \quad (2.37)$$

Portanto, para o caso em que $F_x > F_y$, a força cisalhante F_s é igual a:

$$F_s = F_{s1} - F_{s2} \quad (2.38)$$

$$F_s = F_x \sen\theta - F_y \cos\theta \quad (2.39)$$

O sinal negativo que aparece nas Eqs. 2.38 e 2.39 é devido ao fato de que a força F_{s1} tem sentido contrário à força F_{s2}, como indicam os sentidos das setas na Fig. 2.7. Combinando-se a Eq. 2.35 com as Eqs. 2.30 e 2.31, sendo $F_n = \sigma_n A$, tem-se:

$$\sigma_n = (\sigma_x \cos\theta + \sigma_{yx} \sen\theta)\cos\theta + (\sigma_{xy}\cos\theta + \sigma_y \sen\theta)\sen\theta$$

E uma vez que $\sigma_{xy} = \sigma_{yx}$ em magnitude, tem-se:

$$\sigma_n = \sigma_x \cos^2\theta + \sigma_y \sen^2\theta + 2\sigma_{xy}\sen\theta\cos\theta \tag{2.40}$$

É importante mencionar que a equação anterior aparece em algumas publicações da seguinte forma, levando em conta ângulos duplos no último termo:

$$\sigma_n = \sigma_x \cos^2\theta + \sigma_y \sen^2\theta + \sigma_{xy}\sen 2\theta$$

Substituindo-se por ângulos duplos, a Eq. 2.40 pode ser escrita da seguinte forma:

$$\sigma_n = \sigma_x \left(\frac{1+\cos 2\theta}{2}\right) + \sigma_y \left(\frac{1-\cos 2\theta}{2}\right) + 2\sigma_{xy}\left(\frac{\sen 2\theta}{2}\right)$$

E, finalmente:

$$\sigma_n = \frac{\sigma_x + \sigma_y}{2} + \frac{\sigma_x - \sigma_y}{2}\cos 2\theta + \sigma_{xy}\sen 2\theta \tag{2.41}$$

Substituindo-se, na Eq. 2.39, as Eqs. 2.30 e 2.31, sendo $F_s = \sigma_s A$, tem-se:

$$\sigma_s = (\sigma_x \cos\theta + \sigma_{yx}\sen\theta)\sen\theta - (\sigma_{xy}\cos\theta + \sigma_y \sen\theta)\cos\theta$$

Portanto:

$$\sigma_s = (\sigma_x - \sigma_y)\sen\theta\cos\theta - \sigma_{xy}(\cos^2\theta - \sen^2\theta)$$

Fazendo-se as substituições por ângulos duplos, sendo $(\cos^2\theta - \sen^2\theta) = \cos 2\theta$, obtém-se:

$$\sigma_s = \left(\frac{\sigma_x - \sigma_y}{2}\right)\sen 2\theta - \sigma_{xy}\cos 2\theta \tag{2.42}$$

As Eqs. 2.41 e 2.42 fornecem o valor das tensões normal e de cisalhamento em função das tensões σ_x, σ_y e σ_{xy} atuantes em um plano inclinado de ângulo θ em relação ao eixo de menor tensão. Note-se que, quando θ = 0°, as equações fornecem $\sigma_n = \sigma_y$ e $\sigma_s = \sigma_{xy}$, e quando θ = 90°, fornecem $\sigma_n = \sigma_x$ e $\sigma_s = \sigma_{xy}$.

Quando $\sigma_{xy} = 0$, as Eqs. 2.41 e 2.42 reduzem-se às Eqs. 2.15 e 2.16, respectivamente, que são as equações das tensões biaxiais.

Fazendo-se as coordenadas cartesianas coincidirem com esses dois eixos principais de tensões, tem-se:

$$\sigma_x = \sigma_1; \quad \sigma_y = \sigma_3 \quad \text{e} \quad \sigma_{xy} = 0$$

Que, substituídas nas Eqs. 2.41 e 2.42, fornecem:

$$\sigma_n = \frac{\sigma_1 + \sigma_3}{2} + \frac{\sigma_1 - \sigma_3}{2}\cos 2\theta \qquad (2.43)$$

$$\sigma_s = \frac{\sigma_1 - \sigma_3}{2}\operatorname{sen} 2\theta \qquad (2.44)$$

2.5 Tensões principais

Quando o ângulo θ varia de 0° a 360°, as tensões σ_n e σ_s também variam e os valores máximos e mínimos de σ_n igualam-se às tensões principais σ_1 e σ_3. Os valores máximos e mínimos podem ser determinados derivando-se a Eq. 2.40 com respeito ao ângulo θ e igualando-se a derivada a zero, ou seja:

$$\frac{\partial \sigma_n}{\partial \theta} = -(\sigma_x - \sigma_y)\operatorname{sen} 2\theta + 2\sigma_{xy}\cos 2\theta$$

Quando $\left(\dfrac{\partial \sigma_n}{\partial \theta}\right)$ é igualado a zero, o valor de θ_p é dado por:

$$\operatorname{tg} 2\theta_{p1} = \frac{2\sigma_{xy}}{\sigma_x - \sigma_y} \qquad (2.45)$$

Nessa equação, θ_p substitui θ para indicar os ângulos que definem os planos principais. Dois ângulos satisfazem essa equação, 2θ e 2θ + 180° ou θ e θ + 90°. Os valores máximos e mínimos ocorrem, portanto, em dois planos mutuamente perpendiculares.

Esses dois valores extremos são denominados tensões principais e rotulados como σ_1 e σ_3, em que $\sigma_1 > \sigma_2 > \sigma_3$, sendo σ_2 o eixo intermediário das tensões, perpendicular aos outros dois. Para um estado de tensão plana, $\sigma_2 = 1$.

Pode-se também fazer, com base na Eq. 2.45:

$$\operatorname{tg} 2\theta_{p3} = \operatorname{tg} 2(90 + \theta_{p1}) = -\operatorname{cotg}\theta_{p1} = -\frac{\sigma_x - \sigma_y}{2\sigma_{xy}} \qquad (2.46)$$

Entrando-se com os valores de θ_p da Eq. 2.42 na Eq. 2.41, encontram-se os valores das duas tensões principais para qualquer caso particular. Procedendo-se algebricamente, é possível obter fórmulas gerais para as tensões principais. Observe-se que, da Eq. 2.45, obtém-se:

$$\frac{\operatorname{sen} 2\theta_{p1}}{\cos 2\theta_{p1}} = \frac{2\sigma_{xy}}{\sigma_x - \sigma_y}$$

Elevando-se os dois membros ao quadrado, lembrando que $\operatorname{sen}^2 2\theta_{p1} = 1 - \cos^2 2\theta_{p1}$, efetuando-se a multiplicação e colocando-se em evidência, obtém-se, finalmente:

$$\cos 2\theta_{p1} = \pm \frac{\sigma_x - \sigma_y}{\sqrt{(\sigma_x - \sigma_y)^2 + 4\sigma_{xy}^2}} \qquad (2.47)$$

Procedendo-se da mesma forma com a Eq. 2.45, sendo $\cos^2 2\theta_{p1} = 1 - \operatorname{sen}^2 2\theta_{p1}$, obtém-se:

$$\operatorname{sen} 2\theta_{p1} = \pm \frac{2\sigma_{xy}}{\sqrt{(\sigma_x - \sigma_y)^2 + 4\sigma_{xy}^2}} \qquad (2.48)$$

Substituindo-se essas expressões na Eq. 2.41, obtêm-se:

$$\sigma_1 = \frac{\sigma_x + \sigma_y}{2} + \sqrt{\left(\frac{\sigma_x - \sigma_y}{2}\right)^2 + \sigma_{xy}^2} \qquad (2.49)$$

$$\sigma_3 = \frac{\sigma_x + \sigma_y}{2} - \sqrt{\left(\frac{\sigma_x - \sigma_y}{2}\right)^2 + \sigma_{xy}^2} \qquad (2.50)$$

Em algumas publicações, essas duas equações aparecem escritas da seguinte forma:

$$\sigma_1 \text{ ou } \sigma_3 = \frac{1}{2}\left(\sigma_x + \sigma_y \pm \sqrt{(\sigma_x - \sigma_y)^2 + 4\sigma_{xy}^2}\right) \qquad (2.51)$$

Pode-se chegar a um resultado similar porque, em uma variação de 360°, a Eq. 2.42 fornece duas soluções (θ_{p1} e θ_{p3}) com $2\theta_{p1} - 2\theta_{p3} = 180°$, implicando que essas duas direções são perpendiculares entre si. Elas representam os eixos máximo e mínimo da elipse de tensões e são conhecidas como eixos principais de tensões, ao passo que as magnitudes das tensões normais representam as tensões principais σ_1 e σ_3.

Ao longo dessas duas direções não há tensões cisalhantes ($\sigma_s = 0$). Por causa dessa ausência, F_x e F_y (Eq. 2.30 e 2.31) podem ser resolvidas em termos de tensões principais σ_1 ou σ_3 e de direções θ_{p1} ou θ_{p3}. Assim, com base na Fig. 2.7, considerando-se que $F_y > F_x$ e que, portanto, σ_1 atua na face superior da figura (ou no plano Y), tem-se:

$$F_y = A\sigma_1 \operatorname{sen} \theta \qquad (2.52)$$

Combinando-se a Eq. 2.52 com a Eq. 2.31, obtém-se:

$$\sigma_1 \operatorname{sen}\theta_{p1} = \sigma_y \operatorname{sen}\theta_{p1} + \sigma_{xy} \cos\theta_{p1}$$

que resulta em:

$$\operatorname{tg}\theta_{p1} = \frac{\sigma_{xy}}{\sigma_1 - \sigma_x} \qquad (2.53)$$

Essa equação fornece a direção de σ_1 em relação ao eixo Y do sistema de coordenadas. É importante lembrar que σ_1 atua perpendicularmente ao plano Y.

O outro eixo de tensão situa-se a 90° deste, ou seja: $\theta_{p3} = (90 + \theta_{p1})$. Da trigonometria sabe-se que $\operatorname{tg}(90 + \theta) = -\cot g\theta$.

Assim:

$$\operatorname{tg}(90 + \theta_{p1}) = -\cot g\theta_{p3}$$

Em que:

$$\operatorname{tg}\theta_{p3} = -\frac{\sigma_1 - \sigma_y}{\sigma_{xy}} \qquad (2.54)$$

A Eq. 2.54 fornece, portanto, a direção do eixo menor de tensão σ_3 em relação ao eixo Y do sistema de coordenadas.

Da mesma forma, utilizando-se a Eq. 2.30:

$$\sigma_3 \cos\theta_{p3} = \sigma_x \cos\theta + \sigma_{yx} \text{sen}\theta$$

Em que:

$$\text{tg}\theta_{p3} = \frac{\sigma_3 - \sigma_x}{\sigma_{yx}} \quad (2.55)$$

e

$$\text{tg}\theta_{p1} = -\frac{\sigma_{yx}}{\sigma_3 - \sigma_x} \quad (2.56)$$

As Eqs. 2.55 e 2.56 fornecem as direções de σ_3 e de σ_1, respectivamente, em relação ao eixo X do sistema de coordenadas. É importante lembrar que σ_3 atua perpendicularmente ao plano X. Combinando-se as Eqs. 2.53 e 2.54, tem-se:

$$(\sigma_1 - \sigma_x)(\sigma_1 - \sigma_y) = \sigma_{xy}^2$$

E, após a multiplicação:

$$\sigma_1^2 - (\sigma_x + \sigma_y)\sigma_1 + \sigma_x\sigma_y - \sigma_{xy}^2 = 0$$

As duas raízes dessa equação quadrática fornecem os valores das tensões principais. Como a equação do segundo grau tem as duas raízes dadas por:

$$x = \frac{-b \pm \sqrt{b^2 - 4ac}}{2a}$$

Aplicando-se essa condição à equação acima, obtém-se:

$$\sigma_1 = \frac{\sigma_x + \sigma_y \pm \sqrt{(\sigma_x + \sigma_y)^2 - 4(\sigma_x\sigma_y - \sigma_{xy}^2)}}{2}$$

Desenvolvendo-se, na equação, o termo sob o radical, tem-se, finalmente:

$$\sigma_1 \text{ ou } \sigma_3 = \frac{\sigma_x + \sigma_y \pm \sqrt{(\sigma_x - \sigma_y)^2 + 4\sigma_{xy}^2}}{2} \quad (2.57)$$

2.6 Tensões máximas de cisalhamento

As tensões máximas de cisalhamento podem ser obtidas tomando-se a derivada da Eq. 2.41 com respeito ao ângulo θ e igualando-a a zero. Dessa forma, obtém-se:

$$\frac{\sigma_x - \sigma_y}{2} \cos 2\theta + \sigma_{xy} \text{sen} 2\theta = 0$$

E, logo:

$$\cot 2\theta_s = \frac{-2\sigma_{xy}}{\sigma_x - \sigma_y} \quad (2.58)$$

ou:

$$\text{tg} 2\theta_s = -\frac{\sigma_x - \sigma_y}{2\sigma_{xy}} \quad (2.59)$$

Nessa equação, θ_s indica o ângulo correspondente ao plano de tensões de cisalhamento máximo. Comparando-se as Eqs. 2.45 e 2.58 observa-se que $\cotg 2\theta_s = -\tg 2\theta_p$, concluindo-se que $2\theta_s$ e $2\theta_p$ diferem em 180°. Substituindo-se o valor de $2\theta_s$ da Eq. 2.18 na Eq. 2.42 obtém-se:

$$\sigma_{smax} = \sqrt{\left(\frac{\sigma_x - \sigma_y}{2}\right)^2 + \sigma_{xy}^2} \qquad (2.60)$$

Fazendo-se coincidir as coordenadas cartesianas com os eixos principais de tensões, tem-se:

$$\sigma_{smax} = \frac{\sigma_1 - \sigma_3}{2} \qquad (2.61)$$

Nos planos de tensões máximas de cisalhamento, partindo-se da Eq. 2.41 e sabendo-se que, ao longo dessas direções, as tensões de cisalhamento são nulas e que $\theta = 45$, as tensões normais são:

$$\sigma_n = \frac{\sigma_1 + \sigma_3}{2} \qquad (2.62)$$

2.7 Tensões atuando em um corpo de prova

Para analisar detalhadamente as tensões em diferentes planos dentro de elementos homogêneos de um corpo, é importante referir os valores das tensões normal σ_n e de cisalhamento σ_s em relação aos valores das tensões principais σ_1 e σ_3 e definir o ângulo θ entre o plano que se pretende analisar e o eixo X das coordenadas, coincidente com σ_3.

Considere as tensões atuantes sobre um plano A disposto a um ângulo θ com o eixo principal mínimo σ_3 (Fig. 2.8). O eixo de tensão principal máxima σ_1 é vertical, e o eixo de tensão principal mínima σ_3, horizontal.

No caso em exame, a força F_1 e a correspondente tensão σ_1 são aplicadas na face superior do corpo de prova, cuja área é igual a $A\cos\theta$, enquanto a força F_3 e a tensão σ_3 são aplicadas na face lateral do mesmo corpo de prova, cuja área é igual a $A\sen\theta$. A tensão σ_3 representa a tensão confinante de um corpo soterrado.

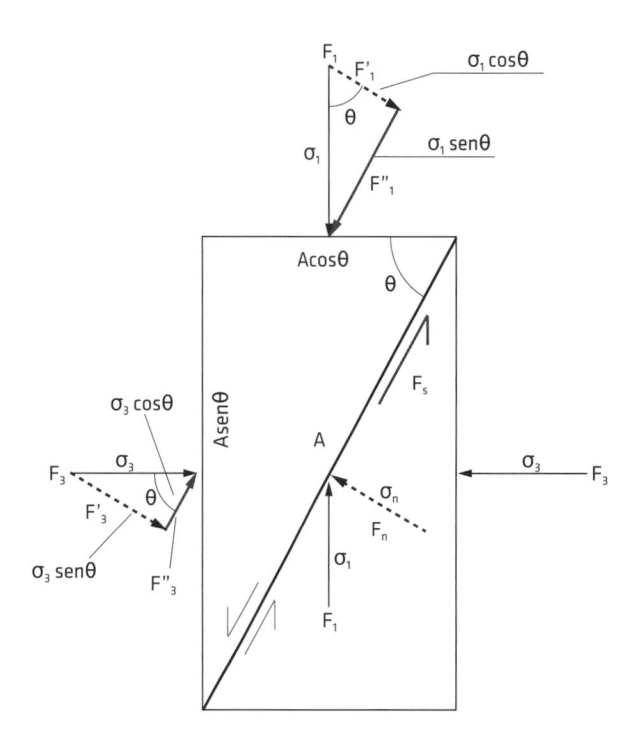

Fig. 2.8 Decomposição das forças F_1 e F_3 e das tensões σ_1 e σ_3 em um corpo de prova

Para determinar as tensões atuantes em um plano qualquer dentro do corpo, inclinado a um ângulo θ em relação a σ_3, o procedimento normal é a decomposição das forças F_1 e F_3 e das tensões principais correspondentes σ_1 e σ_3 nas suas componentes perpendicular e paralela ao plano de interesse.

Assim, aplicando-se a Eq. 2.1 e decompondo-se as forças principais F_1 e F_3 nas suas componentes paralela e normal ao plano inclinado de um ângulo θ em relação a σ_3, têm-se:

$$F'_1 = \sigma_1 \cos\theta A \cos\theta$$
$$F''_1 = \sigma_1 \mathrm{sen}\theta A \cos\theta$$
$$F'_3 = \sigma_3 \mathrm{sen}\theta A \mathrm{sen}\theta$$
$$F''_3 = \sigma_3 \cos\theta A \mathrm{sen}\theta$$
$$F_n = \sigma_n A$$
$$F_s = \sigma_s A$$

Estando o corpo em equilíbrio, isto é, não havendo movimento ao longo do plano, a somatória das forças paralelas ao plano e a somatória das forças perpendiculares a ele deverão ser iguais a zero:

$$F_n = F'_1 + F'_3 \quad (2.63)$$

$$F''_1 = F''_3 + F_s \quad (2.64)$$

Tomando-se inicialmente a igualdade expressa na Eq. 2.63 e nela se inserindo os valores anteriormente determinados, tem-se:

$$\sigma_n A = \sigma_1 \cos\theta A \cos\theta + \sigma_3 \mathrm{sen}\theta A \mathrm{sen}\theta$$

Portanto:

$$\sigma_n = \sigma_1 \cos^2\theta + \sigma_3 \mathrm{sen}^2\theta \quad (2.65)$$

As equações acima podem ser colocadas em uma forma mais fácil de ser interpretada, pela substituição das equações trigonométricas padrões de ângulos duplos abaixo representadas:

$$\cos^2\theta = \frac{1+\cos2\theta}{2}; \mathrm{sen}^2\theta = \frac{1-\cos2\theta}{2}$$

Substituindo-se as equações acima na Eq. 2.65, e após o rearranjo dos termos, obtém-se uma das equações fundamentais da mecânica dos solos e das rochas:

$$\sigma_n = \frac{\sigma_1+\sigma_3}{2} + \frac{\sigma_1-\sigma_3}{2}\cos2\theta \quad (2.66)$$

Nessa equação, o termo $(\sigma_1+\sigma_3)/2$ representa a tensão normal média, enquanto $(\sigma_1-\sigma_3)/2$ representa o valor máximo da tensão cisalhante.

Tomando-se agora a igualdade expressa na Eq. 2.64 e nela se substituindo os valores encontrados anteriormente, tem-se:

$$\sigma_1 \mathrm{sen}\theta A \cos\theta = \sigma_3 \cos\theta A \mathrm{sen}\theta + \sigma_s A$$

Portanto:

$$\sigma_s = (\sigma_1-\sigma_3)\mathrm{sen}\theta\cos\theta \quad (2.67)$$

Substituindo-se a Eq. 2.67 por ângulos duplos, em que $\text{sen}\theta\cos\theta = \dfrac{\text{sen}2\theta}{2}$, tem-se a segunda equação fundamental da mecânica dos solos e das rochas:

$$\sigma_s = \dfrac{\sigma_1 - \sigma_3}{2}\text{sen}2\theta \qquad (2.68)$$

As Eqs. 2.66 e 2.68 são equações paramétricas do círculo de Mohr, com σ_n e σ_s como variáveis e o ângulo θ como parâmetro, sendo fundamentais nos estudos de mecânica dos solos e das rochas.

2.8 O círculo de Mohr

As Eqs. 2.64 e 2.68 são, respectivamente, em termos matemáticos, da seguinte forma:

$$x = c + r\cos\theta \quad e \quad y = r\text{sen}\theta$$

Essas duas igualdades são conhecidas como *equações paramétricas de um círculo* de raio r, centrado no eixo X, a uma distância c da origem. Com as equações anteriores e a Fig. 2.9, obtêm-se das equações paramétricas do círculo:

$$c = \dfrac{\sigma_1 + \sigma_3}{2} \quad e \quad r = \dfrac{\sigma_1 - \sigma_3}{2}$$

Assim, substituindo-se os termos acima nas equações paramétricas do círculo:

$$x = \dfrac{\sigma_1 + \sigma_3}{2} + \dfrac{\sigma_1 - \sigma_3}{2}\cos\theta \quad e \quad y = \dfrac{\sigma_1 - \sigma_3}{2}\text{sen}\theta$$

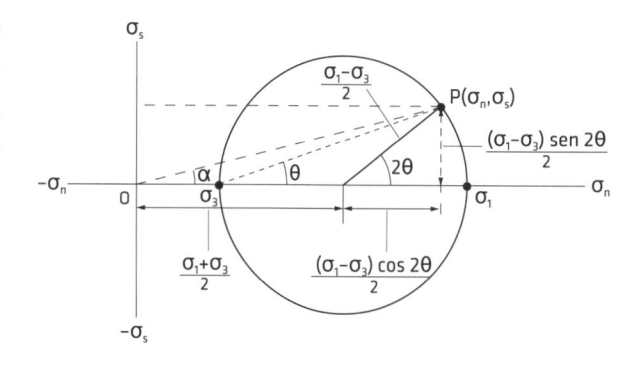

Fig. 2.9 Círculo de Mohr. O ponto P representa um plano qualquer, orientado a um ângulo θ em relação ao eixo σ_3

O círculo assim definido representa o *locus* de todos os possíveis pares de valores σ_n e σ_s para um dado estado de tensão que atua em um plano qualquer.

Sua construção gráfica foi apresentada pela primeira vez pelo engenheiro alemão Otto Mohr, em 1882, sendo conhecido como *círculo de Mohr*. Representa as expressões gráficas das Eqs. 2.66 e 2.68 e permite a rápida determinação das magnitudes das tensões normal e de cisalhamento atuantes sobre um plano de orientação θ.

Considere-se um sistema de eixos cartesianos com a origem em O e com sentido positivo dos eixos, como representado na Fig. 2.9. Os valores de σ_s são plotados ao longo do eixo das ordenadas e os valores de σ_1 e σ_3 representam pontos situados no eixo das abscissas; a razão $(\sigma_1 - \sigma_3)/2$ é o raio do círculo de Mohr, e a razão $(\sigma_1 + \sigma_3)/2$ é a distância da origem O ao centro do círculo.

O ponto $(\sigma_1 + \sigma_3)/2$ representa a origem de um raio-vetor de comprimento $(\sigma_1 - \sigma_3)/2$ e perfaz um ângulo de 2θ com o eixo positivo σ_n, contado em sentido anti-horário. Para cada valor de θ, as coordenadas das extremidades desse vetor fornecem os valores de σ_n e σ_s. Se $(\sigma_1 - \sigma_3)/2$ for constante, conforme o ângulo θ é modificado o raio-vetor descreve um círculo que representa o *locus* de todos os valores de σ_n e σ_s em função do ângulo θ.

Algumas relações importantes podem ser obtidas pela observação do círculo de Mohr. Por exemplo, quando θ é igual a zero, $\sigma_n = \sigma_1$ e $\sigma_s = 0$. Isso significa dizer que, sobre a superfície perpendicular ao eixo principal de tensão, a tensão normal σ_n é igual a σ_1 e o esforço cisalhante σ_s é nulo. Assim, quando a superfície é perpendicular ao eixo de menor tensão σ_3, ou seja, quando θ = 90° ou 2θ = 180°, então $\sigma_n = \sigma_3$ e $\sigma_s = 0$. Verifica-se também que a tensão cisalhante é máxima quando o ângulo 2θ = ±90° ou quando θ = ±45°. Nesse caso, a magnitude da tensão cisalhante máxima é dada por:

$$\sigma_{smax} = \frac{\sigma_1 - \sigma_3}{2}$$

Nesse mesmo ponto, a tensão normal coincide com o centro do círculo e, portanto, é igual a:

$$\sigma_n = \frac{\sigma_1 + \sigma_3}{2}$$

Outra interessante observação em relação à tensão cisalhante diz respeito a duas superfícies mutuamente perpendiculares θ e θ + 90°. Os pontos no círculo de Mohr para esses dois planos estarão a 2θ e 2θ + 180°, posicionando-se de modo diametralmente oposto. Consequentemente, $\sigma_s(\theta) = -\sigma_s(\theta + 90°)$, o que demonstra que as duas tensões são de igual magnitude, mas de sinal invertido.

Ligando-se a origem das coordenadas ao ponto P na Fig. 2.9, obtém-se a tensão resultante no plano θ correspondente, cujo valor é igual a:

$$R = \sqrt{\sigma_n^2 + \sigma_s^2} \qquad (2.69)$$

A sua inclinação α em relação a X é igual a:

$$\alpha = \text{arctg}\frac{\sigma_s}{\sigma_n} \qquad (2.70)$$

2.9 Noção de atrito entre os sólidos

O conceito de atrito entre os sólidos está ligado ao conceito de movimento: o atrito somente surge quando se verifica tendência ao movimento. Como só há movimento por ação de forças, pode-se entender o atrito como uma força resistente, oposta à força responsável pelo movimento.

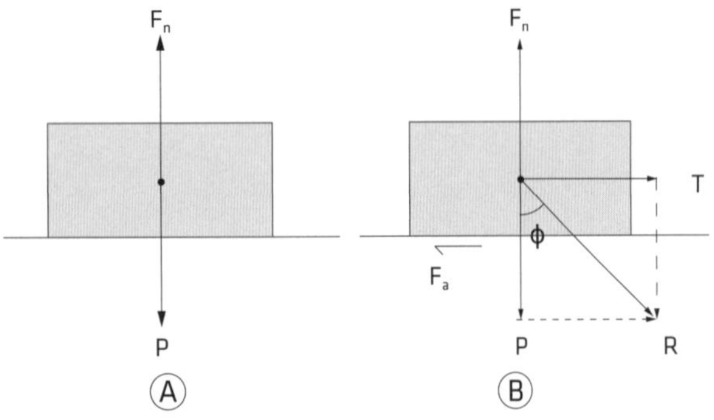

A Fig. 2.10 representa um corpo sólido apoiado sobre uma superfície horizontal, também sólida. As forças atuantes sobre o corpo são a força P, vertical, que corresponde ao peso do corpo, e a reação a essa força R_n, também vertical, de igual magnitude, mas de sentido contrário. O corpo está em equilíbrio e se encontra em repouso, de forma que $P + R_n = 0$.

A aplicação de uma força inicial de tração T, de pequena magnitude, disposta paralelamente ao plano tende a provocar o deslocamento do corpo sólido ao longo da superfície de contato. O deslocamento, entre-

Fig. 2.10 Noções de atrito entre sólidos. (A) Corpo em repouso. (B) Aplicação de uma força de tração T paralela ao plano de apoio, que mobiliza uma força de atrito F_a

tanto, não irá ocorrer, porque a força T induz o surgimento da força de atrito F_a, de igual magnitude e sentido contrário à força T. O equilíbrio das forças paralelas ao plano, nesse caso, será $T - F_a = 0$, e o corpo estará em equilíbrio e em repouso.

Aumentando-se progressivamente a força T, aumentará proporcionalmente a força de atrito F_a, até ela atingir um limite máximo $F_{amáx}$. Desse momento em diante, o movimento do corpo sólido é iminente e irá ocorrer quando $T > F_a$.

Conhecendo-se o peso P do corpo e a força de tração T aplicada, pode-se, num experimento, registrar a razão T/P. A seguir, repete-se o experimento, aumentando-se o peso do corpo sem, entretanto, aumentar a área de atrito. Para isso, basta apoiar outro objeto sobre o primeiro e novamente registrar a razão T/P no exato momento do início do movimento.

Verifica-se, após algumas repetições do experimento, que a razão T/P permanece aproximadamente constante. Considerando-se que a força normal ao plano de deslizamento F_n é igual ao peso P e a força de tração T é igual a F_s, essa razão pode ser relacionada assim:

$$\frac{T}{P} = \frac{F_s}{F_n}$$

Como as duas forças atuam sobre a área A, tem-se, com a aplicação da Eq. 2.1, que:

$$\frac{F_s}{F_n} = \frac{\sigma_s}{\sigma_n} = \text{tg}\phi \qquad (2.71)$$

O ângulo ϕ, no experimento de atrito dos sólidos, é conhecido como *ângulo de atrito entre os sólidos*.

Repetindo-se o experimento anterior, agora com areia dentro de uma caixa de madeira previamente cortada ao longo de AB, como na Fig. 2.11, a força F_s desloca a parte superior da caixa e gera o plano de cisalhamento na areia. Sobre um grão de areia posicionado no plano de cisalhamento atuam a força normal F_n, que é igual ao peso P da areia sobrejacente a esse grão, e a

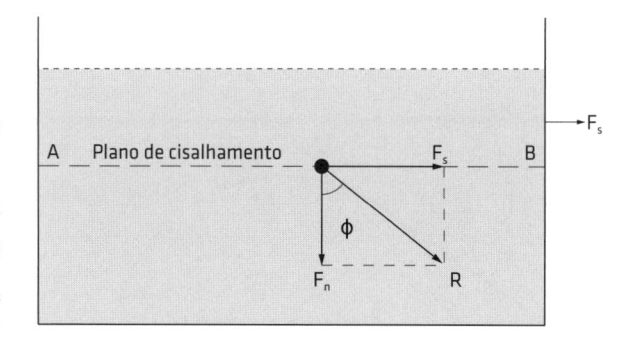

Fig. 2.11 Repetição do experimento da figura anterior, porém com uma caixa de madeira cheia de areia e cortada ao longo de AB

força F_s, transferida da borda da caixa e disposta paralelamente ao plano de cisalhamento.

Anota-se a razão F_s/F_n quando do início do movimento da caixa. Acrescenta-se outra camada de areia sobre a anterior e repete-se a experiência, anotando-se a razão T/P no início do movimento. Após algumas repetições do mesmo experimento, verifica-se que a razão F_s/F_n permanece aproximadamente constante:

$$\frac{F_s}{F_n} = \frac{\sigma_s}{\sigma_n} \cong \text{constante}$$

Logo, com base na geometria da Fig. 2.11:

$$\frac{\sigma_s}{\sigma_n} = \text{tg}\phi \qquad (2.72)$$

O ângulo ϕ é conhecido como *ângulo de atrito interno*, e como o material do ensaio foi a areia, é dito *ângulo de atrito interno da areia*, e vale especificamente para o tipo de areia utilizada. O ângulo de atrito interno não é constante, variando de material para material.

2.10 Envoltória de Mohr

Como no momento da ruptura ou do deslocamento *a resistência ao cisalhamento* τ é igual à tensão cisalhante σ_s, a Eq. 2.72 pode ser reescrita da seguinte forma:

$$\tau = \sigma_n \text{tg}\phi \qquad (2.73)$$

A Eq. 2.73 representa a equação de uma reta que passa pela origem das coordenadas cartesianas do tipo Y = aX, sendo Y = τ e X = σ_n, enquanto tgϕ representa o *coeficiente angular* a *da reta*.

Quando colocada no diagrama de Mohr, essa reta demarca o limite entre a região estável e instável, e é conhecida como *envoltória de Mohr* ou *linha de ruptura*. Também é chamada de *reta de Coulomb*, em homenagem ao seu descobridor (Coulomb, 1776).

No experimento descrito anteriormente, a reta representa a condição de equilíbrio-limite entre o estado estático e o início da movimentação. Qualquer estado de tensão (σ_1, σ_3) cujo círculo representativo estiver situado abaixo dessa envoltória estará em condição estável, como é o caso do círculo I da Fig. 2.12. Se for mantido constante o valor de σ_3 e aumentado gradativamente o valor de σ_1, o círculo irá aumentar gradativamente até tangenciar a envoltória de Mohr, quando, então, será atingida a condição de ruptura (círculo II).

Um hipotético círculo III, maior que o círculo II, não poderá existir, pois não é possível ocorrerem tensões cisalhantes maiores que a resistência ao cisalhamento sem ocorrer a ruptura do material.

O plano que irá se transformar em fratura corresponde àquele representado pelo ponto P, de tangência do círculo com a envoltória de Mohr, como representado na Fig. 2.13.

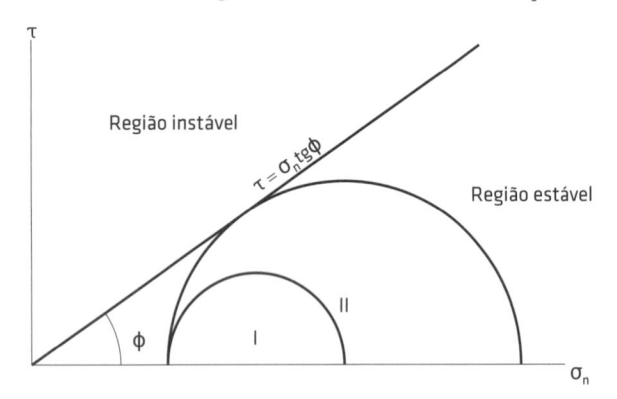

Fig. 2.12 A envoltória de Mohr separa as regiões estável e instável no diagrama de Mohr

A ruptura ocorrerá quando o ângulo $2\theta = 90° + \phi$, como se pode observar na Fig. 2.13, ou quando $\theta = 45° + \phi/2$, valendo essa relação para materiais incoerentes ou não coesivos. Com base no triângulo OPC, pode-se deduzir o ângulo reto em P:

$$\text{sen}\phi = \frac{\dfrac{\sigma_1 - \sigma_3}{2}}{\dfrac{\sigma_1 + \sigma_3}{2}} = \frac{\sigma_1 - \sigma_3}{\sigma_1 + \sigma_3}$$

Logo:

$$\frac{\sigma_1}{\sigma_3} = \frac{1 + \text{sen}\phi}{1 - \text{sen}\phi} \qquad (2.74)$$

A razão expressa pela Eq. 2.74 é algumas vezes chamada de *fator de esforço triaxial* ou *fator de fluxo* e é numericamente igual ao *coeficiente de pressão passiva* da crosta. Na Engenharia, é conhecida como *fator de capacidade de suporte* de fundações.

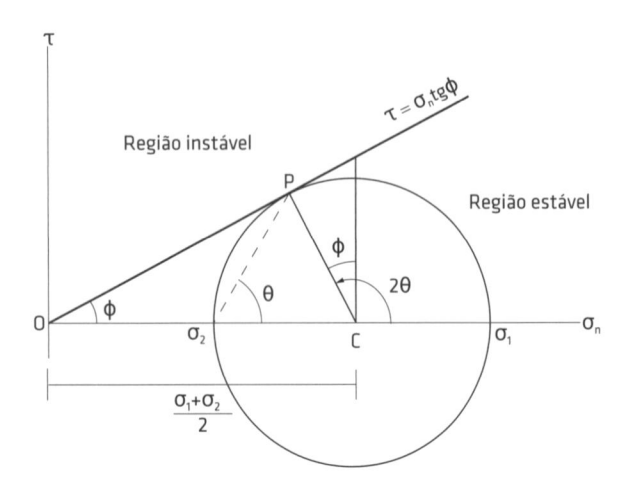

Fig. 2.13 O círculo de Mohr e o plano P, que irá se transformar em fratura

2.11 Materiais coesivos

A teoria até aqui desenvolvida considerou apenas materiais não coesivos ou com coesão nula. O efeito da coesão pode ser incluído no experimento da movimentação de um corpo sólido apoiado sobre uma superfície horizontal. Basta, para isso, simular o efeito colando-se o corpo ao plano de cisalhamento (superfície AB da Fig. 2.11). A resistência da cola até a sua ruptura irá definir o valor da coesão.

Repetindo-se o experimento, com o gradativo aumento da tensão σ_s aumenta-se proporcionalmente a resistência ao atrito. No entanto, mesmo quando a tensão σ_s atingir, e até superar, a resistência ao atrito τ, o corpo não se moverá em razão da coesão (ou efeito de cola entre o corpo e a superfície).

Continuando-se a aumentar a tensão σ_s, alcança-se um valor em que se dará o movimento, significando a superação do efeito da coesão, que, na prática, representa o descolamento entre o corpo e a superfície.

No experimento anterior, até o momento da ruptura o comportamento geral é como se o ângulo de atrito entre o sólido e a superfície de apoio fosse maior. No entanto, após ter ocorrido o movimento, o valor da coesão se anula ($c = 0$), restando o atrito entre o corpo e a superfície de movimentação. É o que ocorre na movimentação de uma falha pela primeira vez, quando a tensão cisalhante terá de superar os efeitos somados da coesão e da resistência ao cisalhamento.

A renovação do movimento ou *reativação da falha* após a perda do efeito de coesão é por isso facilitada, bastando apenas superar a resistência ao atrito.

Para materiais coesivos, portanto, é necessário introduzir uma modificação na Eq. 2.73, acrescentando o parâmetro c para englobar o efeito da coesão no estudo da ruptura do material, ou seja:

$$\tau = c + \sigma_n \text{tg}\phi \tag{2.75}$$

Ou, ainda, fazendo-se $\text{tg}\phi = \mu$:

$$\tau = c + \mu\sigma_n \tag{2.76}$$

No momento da ruptura, a resistência ao cisalhamento τ é igual a σ_s, como já visto.

A equação de Coulomb representa uma reta da forma $Y = aX + b$ em que o intercepto b corta o eixo da ordenada Y. O efeito da coesão na ruptura pode ser visualizado na Fig. 2.14, ao deslocar-se para cima a envoltória de Mohr. Assim, quando a coesão for nula, o corpo deverá se romper sob os efeitos combinados das tensões σ_1 e σ_3 a que está submetido, uma vez que o círculo de Mohr é tangente à envoltória (representada pela linha tracejada). Porém, nas mesmas condições de tensões, mas com $c > 0$, o corpo não se romperá, porque o círculo de Mohr estará situado no campo estável.

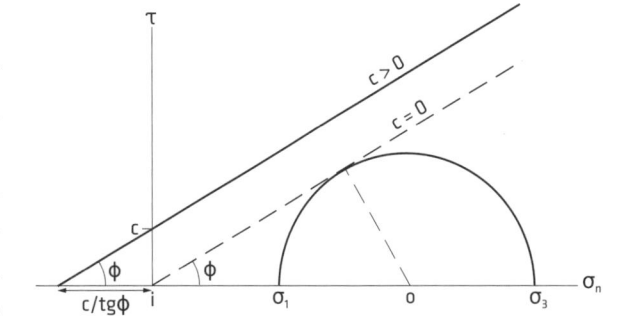

Fig. 2.14 Efeito da coesão na ruptura de um solo coesivo ou rocha

Da Fig. 2.14, pode-se deduzir:

$$\text{raio do círculo} = \frac{\sigma_1 - \sigma_3}{2}$$

Distância OI:

$$OI = \frac{\sigma_1 + \sigma_3}{2}$$

$$\text{sen}\phi = \frac{\text{raio do círculo}}{\dfrac{c}{\text{tg}\phi} + OI}$$

Substituindo-se os valores anteriores:

$$\text{sen}\phi = \frac{\dfrac{\sigma_1 - \sigma_3}{2}}{\dfrac{c}{\text{tg}\phi} + \left(\dfrac{\sigma_1 + \sigma_3}{2}\right)}$$

E, finalmente:

$$\sigma_1 = \sigma_3 \left(\frac{1 + \text{sen}\phi}{1 - \text{sen}\phi}\right) + 2c \left(\frac{\cos\phi}{1 - \text{sen}\phi}\right) \tag{2.77}$$

Outras relações importantes podem ser obtidas com a Fig. 2.15:

$$\text{tg}\left(45 + \frac{\phi}{2}\right) = \frac{\dfrac{\sigma_1 - \sigma_3}{2}\cos\phi}{\left(\dfrac{\sigma_1 - \sigma_3}{2}\right) - \left(\dfrac{\sigma_1 - \sigma_3}{2}\right)\text{sen}\phi} = \frac{(\sigma_1 - \sigma_3)\cos\phi}{(\sigma_1 - \sigma_3)(1 - \text{sen}\phi)}$$

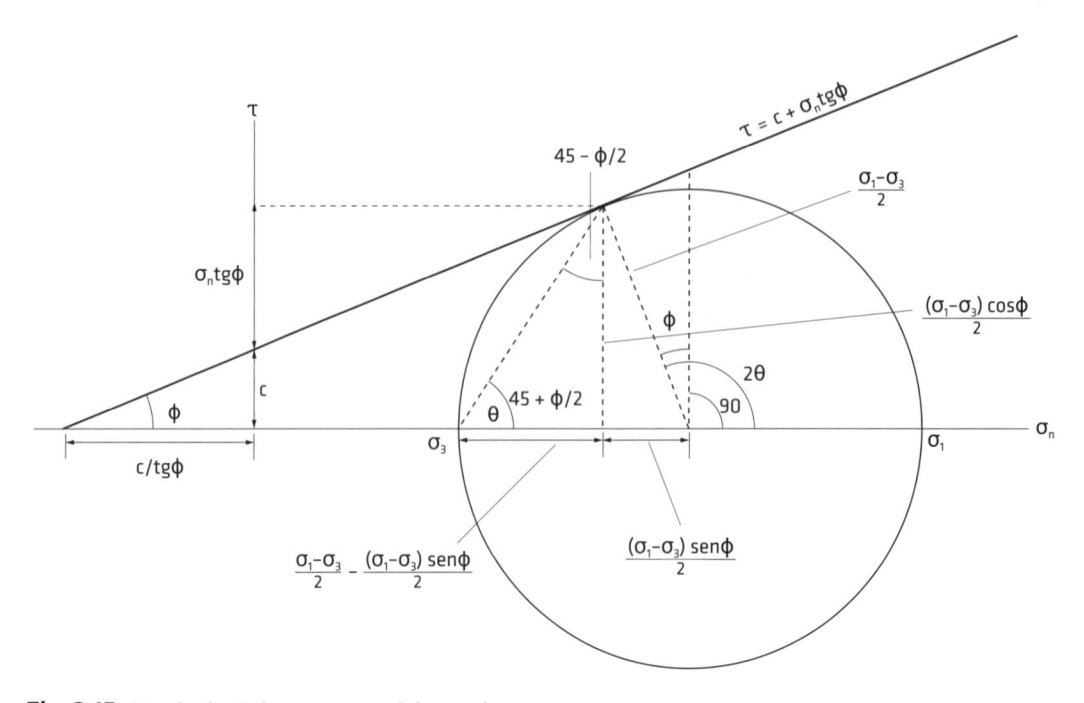

Fig. 2.15 Círculo de Mohr para materiais coesivos

E, após a simplificação, obtém-se:

$$\text{tg}\left(45+\frac{\phi}{2}\right) = \frac{\cos\phi}{1-\text{sen}\phi} \qquad (2.78)$$

Da mesma forma, pode-se fazer:

$$\text{tg}\left(45-\frac{\phi}{2}\right) = \frac{\left(\frac{\sigma_1-\sigma_3}{2}\right)-\left(\frac{\sigma_1-\sigma_3}{2}\right)\text{sen}\phi}{\left(\frac{\sigma_1-\sigma_3}{2}\right)\cos\phi}$$

E, após as simplificações:

$$\text{tg}\left(45-\frac{\phi}{2}\right) = \frac{1-\text{sen}\phi}{\cos\phi} \qquad (2.79)$$

Fica evidente, com base na Fig. 2.15, que:

$$2\theta = 90+\phi \qquad (2.80)$$

Das Eqs. 2.78 e 2.79 obtém-se:

$$\text{tg}\left(45+\frac{\phi}{2}\right) = \frac{1}{\text{tg}\left(45-\frac{\phi}{2}\right)} \qquad (2.81)$$

Elevando-se os membros da Eq. 2.78 ao quadrado:

$$\text{tg}^2\left(45+\frac{\phi}{2}\right) = \frac{\cos^2\phi}{(1-\text{sen}\phi)^2} = \frac{1-\text{sen}^2\phi}{(1-\text{sen}\phi)(1-\text{sen}\phi)}$$

Mas, como $(1-\text{sen}^2\phi) = (1+\text{sen}\phi)(1-\text{sen}\phi)$, substituindo-se acima e após simplificação, obtém-se:

$$\text{tg}^2\left(45+\frac{\phi}{2}\right) = \frac{1+\text{sen}\phi}{1-\text{sen}\phi} \qquad (2.82)$$

Substituindo-se as Eqs. 2.78 e 2.82 na Eq. 2.77, obtém-se:

$$\sigma_1 = 2\,\text{cotg}\left(45+\frac{\phi}{2}\right)+\sigma_3\,\text{tg}^2\left(45+\frac{\phi}{2}\right) \qquad (2.83)$$

Substituindo-se agora as Eqs. 2.66 e 2.68 na equação de Coulomb (Eq. 2.75), sendo $\text{tg}\phi = \mu$, obtém-se uma expressão que descreve os esforços da seguinte forma (para mais detalhes, ver Anexo 1):

$$\sigma_1\left(\sqrt{1+\mu^2}-\mu\right)-\sigma_3\left(\sqrt{1+\mu^2}+\mu\right) = 2c \qquad (2.84)$$

E, depois:

$$\sigma_1 = 2c\left[\sqrt{1+\mu^2}+\mu\right]+\sigma_3\left[\sqrt{1+\mu^2}+\mu\right]^2 \qquad (2.85)$$

No caso em que $\sigma_1 = 0$ e $\sigma_3 = -T$ (campo tensional), sendo T a resistência uniaxial à tração do material, tem-se:

$$T\left(\sqrt{1+\mu^2}+\mu\right) = 2c \quad \text{(2.86)}$$

No campo compressivo, em que $\sigma_3 = 0$ e $\sigma_1 = \sigma_{1c}$ (tensão compressiva), tem-se:

$$\sigma_{1c}\left(\sqrt{1+\mu^2}-\mu\right) = 2c \quad \text{(2.87)}$$

O ângulo θ que os planos de cisalhamento formam com a direção da tensão principal mínima pode ser determinado em relação ao ângulo de atrito interno ϕ substituindo-se as Eqs. 2.66 e 2.68 na Eq. 2.73:

$$|\tau| = c + \mu\sigma_n$$

E, após as substituições:

$$c + \mu\left(\frac{\sigma_1+\sigma_3}{2} + \frac{\sigma_1-\sigma_3}{2}\cos 2\theta\right) = \pm\frac{(\sigma_1-\sigma_3)}{2}\operatorname{sen} 2\theta$$

Donde:

$$c = \pm\frac{(\sigma_1-\sigma_3)}{2}\operatorname{sen} 2\theta - \mu\left(\frac{\sigma_1+\sigma_3}{2} + \frac{\sigma_1-\sigma_3}{2}\cos 2\theta\right)$$

O valor máximo do membro direito dessa equação é determinado diferenciando-se em relação a θ e igualando-se a zero, ou seja:

$$0 = \mu(\sigma_1-\sigma_3)\operatorname{sen} 2\theta \pm (\sigma_1-\sigma_3)\cos 2\theta$$

E, finalmente:

$$\operatorname{tg} 2\theta = \pm\frac{1}{\mu} \quad \text{(2.88)}$$

Ou ainda:

$$\operatorname{tg} 2\theta = \pm\frac{1}{\operatorname{tg}\phi} = \operatorname{cotg}\phi \quad \text{(2.89)}$$

A Eq. 2.89 é interessante para a análise das tensões ao relacionar diretamente o ângulo θ, que os planos de cisalhamento formam com a direção da tensão principal mínima, com o ângulo de atrito interno ϕ.

2.12 Polo do círculo de Mohr para tensões

A geometria de planos físicos e os planos no círculo de Mohr podem ser relacionados com a ajuda de um ponto especial no círculo chamado *polo*. Esse ponto tem uma propriedade extremamente útil: uma linha que passa pelo polo e que intersecta o círculo no ponto P´ é paralela à linha correspondente no plano físico, cujos parâmetros de esforços são dados pelas coordenadas do ponto P´.

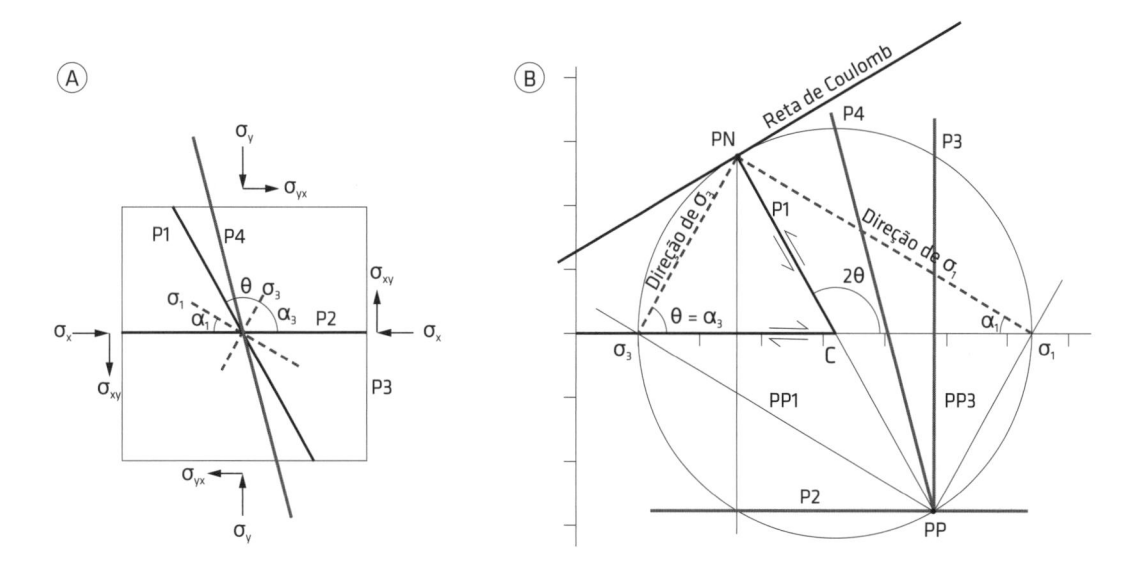

Fig. 2.16 (A) Planos físicos e (B) polos PN e PP no espaço de Mohr

O polo pode ser locado no círculo de várias maneiras. A mais simples é desenhar uma linha paralela ao eixo σ_1 ou σ_3 para intersectar o círculo no polo. Essas linhas são ortogonais e representam os *eixos da elipse*. Há duas versões para a utilização do polo do círculo de Mohr. Uma delas é o polo para normais (Ducker, 1967) ou para origem das normais (Ragan, 2009), que define as normais de todos os planos que passam pelo polo e será aqui indicado como PN (Fig. 2.16). Esse ponto sobre o círculo de Mohr tem uma propriedade útil: qualquer linha traçada através de PN e um ponto P no círculo é paralela à normal ao plano no qual as componentes de esforço atuam, as quais correspondem às coordenadas do ponto P (Fig. 2.16).

Outra versão é o polo para planos. Esse ponto sobre o círculo de Mohr representa a origem dos planos (Lambe; Whitman, 1979) porque os traços de todos os planos físicos são desenhados passando por esse ponto no espaço do diagrama de Mohr. Denotado como PP (Fig. 2.16), tem uma propriedade útil: uma linha passando por PP e qualquer ponto no círculo de Mohr será paralela ao traço do plano no qual as componentes de esforço são dadas pelas coordenadas de P.

Os dois polos podem ser usados indistintamente, mas cada um tem suas vantagens. O primeiro identifica a orientação de um plano pela sua normal; o segundo enfatiza o plano em si. Eles são diametralmente opostos, e, quando conhecida a locação de um, o outro pode ser imediatamente locado. Para problemas envolvendo as direções principais, é vantajoso o uso do polo PN. Para problemas envolvendo componentes do esforço, a utilização do polo PP é mais vantajosa.

A Fig. 2.16 ilustra a aplicação dos dois casos. Conhecendo-se os valores de σ_1 e de σ_3 no momento da ruptura, desenha-se o círculo de Mohr, que tangencia a envoltória de Coulomb no ponto PN. Esse é o polo para normais e também o ponto de ruptura.

Unindo-se σ_1 e σ_3 a esse polo, obtêm-se as direções dos eixos maior e menor da elipse de esforços. Pode-se observar na Fig. 2.16 que o eixo da tensão principal máxima bissecta o ângulo agudo entre as duas falhas, enquanto o eixo da tensão principal mínima bissecta o ângulo 2θ.

O ponto diametralmente oposto é o ponto PP (polo para planos). As coordenadas dos planos P1, P2, P3 e P4, por exemplo, são diretamente obtidas no diagrama.

Ainda de interesse na análise das tensões são os dois planos principais, PP1 e PP3. O plano PP1 é o plano perpendicular a σ_3 ou o que contém o esforço principal máximo σ_1, enquanto o plano PP3 contém o esforço principal mínimo. Traçando-se uma reta paralela às direções σ_1 e σ_3 pelo polo PP, observa-se que, para o plano principal máximo, $\sigma_{nmáx} = \sigma_1$, e, para o plano principal mínimo, $\sigma_{nmín} = \sigma_3$. É importante observar que, nos dois casos, $\sigma_s = 0$.

2.12.1 Convenções no diagrama de Mohr

As convenções empregadas no diagrama de Mohr são as seguintes: *tensões normais compressivas*, que são consideradas positivas e plotadas no lado direito da origem das coordenadas; *tensões normais tracionais*, que são consideradas negativas e plotadas à esquerda da origem; *tensões cisalhantes anti-horárias*, que são consideradas positivas e plotadas acima da origem; *tensões cisalhantes horárias*, que são consideradas negativas e plotadas abaixo da origem; *ângulos 2θ*, que são plotados em sentido *anti-horário* no diagrama em relação ao eixo das abscissas.

2.13 Efeitos da pressão de fluidos ou de poros

Em uma rocha saturada, os espaços vazios entre os grãos, chamados de poros, são totalmente preenchidos por água. Dentro desses poros, a água está sob pressão, conhecida como *pressão neutra*, *pressão de fluido* P_f ou, ainda, *pressão intersticial*. Por se tratar de uma pressão hidrostática, atua em todas as direções com igual intensidade, do centro do poro para fora. Assim, os esforços principais σ_1, σ_2 e σ_3, qualquer que seja a direção em que atuam, deverão ser diminuídos de um valor correspondente à pressão de fluido P_f, e a pressão resultante, conhecida como *pressão efetiva* σ_e, será igual a:

$$\sigma_e = \sigma - P_f \tag{2.90}$$

A pressão de fluido afeta os valores de σ_n e τ das Eqs. 2.66 e 2.68 da seguinte maneira:

$$\sigma_n = \frac{\sigma_1 - P_f + \sigma_3 - P_f}{2} + \frac{\sigma_1 - P_f - (\sigma_3 - P_f)}{2}\cos2\theta$$

Obtendo-se:

$$\sigma_n = \frac{\sigma_1 + \sigma_3}{2} + \frac{\sigma_1 - \sigma_3}{2}\cos2\theta - P_f \tag{2.91}$$

E, da mesma forma:

$$\tau = \frac{\sigma_1 - P_f - (\sigma_3 - P_f)}{2}\operatorname{sen}2\theta$$

No que resulta:

$$\tau = \frac{\sigma_1 - \sigma_3}{2}\operatorname{sen}2\theta$$

Nas relações apresentadas, observa-se que o valor de σ_n, em qualquer plano, é reduzido em quantidade igual ao valor da pressão de fluido P_f, enquanto o valor de τ *não é afetado* pela pressão de fluido. Em termos de círculo de Mohr, o efeito da pressão de fluido é equivalente ao deslocamento do círculo para a esquerda, sem mudança de tamanho, como na Fig. 2.17.

A Eq. 2.75 deve ser modificada para contemplar o efeito da pressão de fluido:

$$\tau = c + (\sigma_n - P_f)\text{tg}\phi \qquad (2.92)$$

Deve-se observar que, na Eq. 2.92, a pressão de fluido não afeta o valor da coesão c nem o valor do ângulo de atrito interno ϕ, mas somente a tensão normal σ_n. Assim, a redução da resistência ao cisalhamento τ se dá pela diminuição da pressão normal, correspondente a $\sigma_n - P_f$.

O efeito corresponde a uma diminuição do peso do corpo sólido do experimento, representada na Fig. 2.10, ou seja, mantendo-se ϕ e c constantes com a diminuição do peso P e, consequentemente, da reação normal N, a tensão T necessária para a movimentação do corpo também diminuirá.

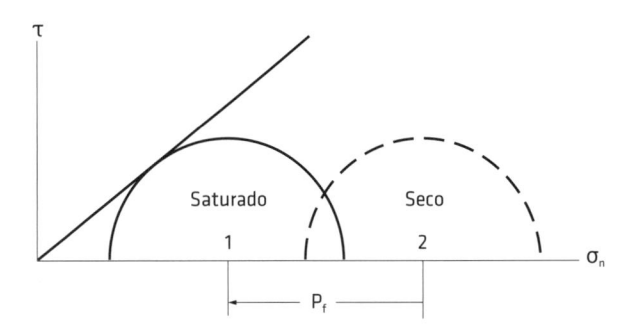

Fig. 2.17 Efeito da pressão neutra e o deslocamento do círculo para a esquerda. O círculo 2 representa a amostra seca, e o círculo 1, a mesma amostra, porém saturada, quando surge o efeito da pressão de fluido

2.14 Esforço deviatórico

Nas situações em que as tensões principais são iguais, conforme referido no Cap. 1, o estado de tensões é dito isotrópico ou hidrostático, correspondendo ao estado de tensão de um fluido. Nessa situação, a tensão cisalhante é zero, como pode ser observado pela aplicação da Eq. 2.68 ao se fazer $\sigma_1 = \sigma_3$.

Em sistemas com tensões principais σ_1, σ_2 e σ_3 desiguais, é conveniente considerar a *tensão média* $\bar{\sigma}$, que descreve o estado de esforço isotrópico e representa a *componente da pressão hidrostática do estado de tensão total de um corpo*:

$$\bar{\sigma} = (\sigma_1 + \sigma_2 + \sigma_3)/3 \qquad (2.93)$$

A outra componente do estado de tensão total de um corpo, referida como *esforço deviatórico* σ_{dev}, é a diferença entre a tensão média e as correspondentes tensões principais e representa quanto cada uma das tensões principais desvia-se da tensão média ou hidrostática. Na realidade, compreende três esforços deviatóricos, resultantes de cada uma das tensões principais.

Assim:

$$\sigma_{1dev} = \sigma_1 - \bar{\sigma} \qquad (2.94)$$

$$\sigma_{2dev} = \sigma_2 - \bar{\sigma} \qquad (2.95)$$

$$\sigma_{3dev} = \sigma_3 - \bar{\sigma} \qquad (2.96)$$

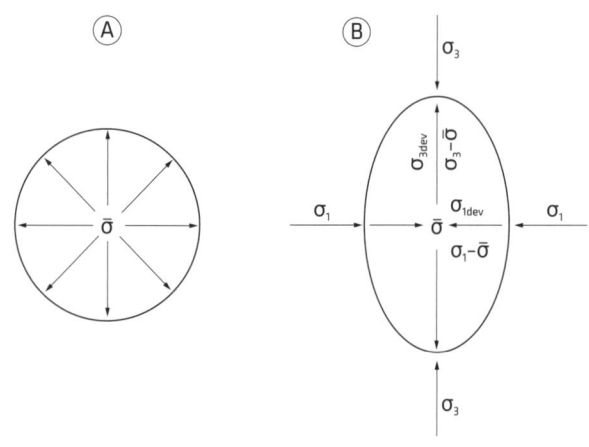

Fig. 2.18 Efeitos da pressão hidrostática e do esforço deviatórico em duas dimensões. (A) A tensão média $\bar{\sigma}$ causa a mudança de volume do círculo, enquanto (B) os esforços deviatóricos provocam a mudança de forma ou distorção do círculo, que se transforma em elipse

Cada uma das tensões principais inclui, portanto, a tensão média $\bar{\sigma}$ e o esforço deviatórico. O esforço deviatórico é livre de qualquer ação de pressão do tipo hidrostática e é responsável pela distorção ou mudança de forma de um corpo rochoso, enquanto a tensão média é responsável pela mudança de volume, para mais ou para menos. O esforço deviatórico, em geral, é menor que a tensão média.

As questões "mudança de volume" e "mudança de forma" do corpo merecem um esclarecimento, pois, a princípio, mudança de volume sugere mudança de forma. Uma esfera pode mudar de volume para mais ou para menos, mas continua com a forma de uma esfera, o mesmo ocorrendo com um quadrado ou um retângulo. A mudança de forma ocorre quando a esfera muda para uma elipse (Fig. 2.18), ou o quadrado, para um paralelogramo.

As diferenças entre as tensões principais, o esforço deviatórico e a tensão média podem ser verificadas na Fig. 2.18. O círculo está submetido a uma tensão igual em todas as direções, correspondendo à tensão média $\bar{\sigma}$, podendo aumentar ou diminuir de tamanho conforme o valor dessa tensão, porém a forma, que era um círculo, continua sendo um círculo pela ação da tensão média.

Submetendo-se o círculo a um campo de tensões em que $\sigma_1 > \sigma_3$ (esforço bidimensional), ele sofrerá uma distorção, transformando-se na elipse da Fig. 2.18B. Assim, a variação de volume depende da tensão média, descrita pela Eq. 2.93, enquanto a deformação ou a mudança de forma do círculo (distorção) depende do esforço deviatórico, como descrito pelas Eqs. 2.94 a 2.96.

As magnitudes dos três componentes dos esforços deviatóricos e a tensão média podem ser facilmente determinadas com base nas três tensões principais usando-se as Eqs. 2.93, 2.94, 2.95 e 2.96, e adequadamente representadas no diagrama de Mohr.

Assim, a distância entre o centro do círculo e a origem corresponde à tensão média e, uma vez retirada essa distância, o centro do círculo desloca-se para a origem. Os dois esforços deviatóricos são positivos ($\sigma_{1dev} = \sigma_1 - \bar{\sigma}$) e negativos ($\sigma_{3dev} = \sigma_3 - \bar{\sigma}$), respectivamente, e indicam o regime tectônico normal, de cavalgamento ou transcorrente de uma determinada área, dependendo de suas posições espaciais. Nas rochas em que a pressão de fluidos está presente, a tensão média pode ser tomada como sendo igual à pressão de poros.

As expressões matemáticas para o cálculo das magnitudes das componentes normal e cisalhante dos esforços deviatóricos em um plano arbitrário qualquer podem ser feitas com base na Fig. 2.19. Assim, tendo-se em conta a Eq. 2.94 e nela se substituindo o valor de $\bar{\sigma}$, que no caso bidimensional é igual a $\bar{\sigma} = (\sigma_1 + \sigma_3)/2$, obtém-se:

$$\sigma_{1dev} = \left(\frac{\sigma_1 - \sigma_3}{2}\right) \tag{2.97}$$

Procedendo-se da mesma forma em relação à Eq. 2.96, tem-se:

$$\sigma_{3dev} = \left(\frac{\sigma_3 - \sigma_1}{2}\right) \tag{2.98}$$

Multiplicando-se os dois termos dessa equação por −1, tem-se:

$$-\sigma_{3dev} = \left(\frac{\sigma_1 - \sigma_3}{2}\right)$$

O que demonstra, por comparação dessa equação com a Eq. 2.97, que:

$$\sigma_{1dev} = -\sigma_{3dev}$$

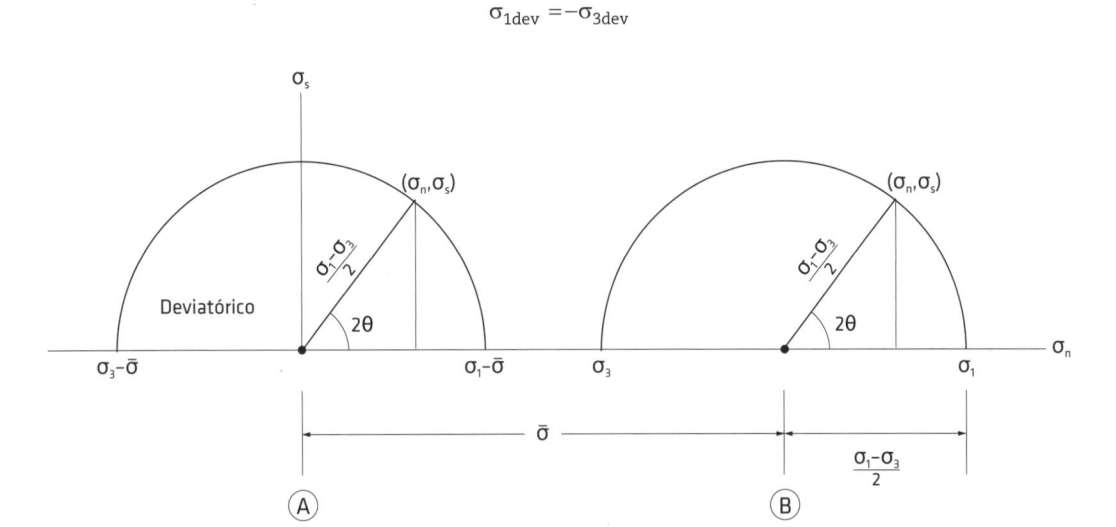

Fig. 2.19 Diagrama de Mohr, tensão média $\bar{\sigma}$ e os esforços deviatóricos em um plano com orientação 2θ. A tensão média $\bar{\sigma}$ corresponde à distância entre o centro do círculo e a origem das coordenadas, e, uma vez retirada, o centro do círculo (B) desloca-se para a origem das coordenadas (A)

Considerando-se essa igualdade, e por relações trigonométricas na Fig. 2.19A, as equações associadas às componentes normal e cisalhante do esforço deviatórico em um plano arbitrário no espaço bidimensional do círculo de Mohr são dadas por:

$$\sigma_{ndev} = \left(\frac{\sigma_1 - \sigma_3}{2}\right)\cos 2\theta = \sigma_{1dev}\cos 2\theta \tag{2.99}$$

$$\sigma_{sdev} = \left(\frac{\sigma_1 - \sigma_3}{2}\right)\operatorname{sen} 2\theta = \sigma_{1dev}\operatorname{sen} 2\theta \tag{2.100}$$

A direção das setas das tensões indica compressão ou tração. Os eixos principais da tensão total e do esforço deviatórico coincidem, mas a Fig. 2.18 enfatiza que todas as setas indicativas das tensões principais apontam para o centro da figura (são de natureza compressional) e que as setas indicativas dos esforços deviatóricos apontam em direções mutuamente opostas, pois σ_{1dev} é compressional e σ_{3dev} é tracional. Pode-se observar que as setas dos esforços deviatóricos apontam rigorosamente para a direção do deslocamento do material associado com a distorção da forma. A elipse representada na Fig. 2.19 é a elipse da deformação e não a das tensões, recíproca da primeira.

capítulo 3
Envoltória de ruptura composta e campos de fraturamento

Neste capítulo é discutida a condição crítica de ruptura de rochas com o auxílio do diagrama de Mohr e do envelope composto pela parábola de Griffith e pela reta de Coulomb.

Aspectos dos mecanismos controladores dos principais campos de fraturamento – fraturamento hidráulico, cisalhamento tracional e cisalhamento compressivo – são discutidos, evidenciando o importante papel da pressão confinante e da pressão de fluidos no controle dos tipos de fraturamento. A obtenção da orientação da magnitude dos eixos principais de tensão é feita com a utilização do diagrama de Mohr e da envoltória composta.

O entendimento da natureza dos campos de fraturamento e suas relações com as tensões associadas não é apenas importante para geólogos interessados nas atividades tectônicas do passado e do presente.

Os campos de tensão e fraturas associadas têm importância especial nas diversas formas de migração dos fluidos na crosta, na prospecção mineral e na indústria do petróleo. O entendimento da geometria dessas fraturas e da migração de fluidos é de fundamental importância.

Na indústria do petróleo, métodos especiais têm sido desenvolvidos no sentido de aumentar a permeabilidade secundária de reservatórios para tornar mais efetivo o transporte de óleo e gás pelo reservatório, sendo necessária a compreensão do campo de tensões vigente no local.

No campo da Engenharia, o dimensionamento dos campos de tensão e dos mecanismos de deformação das rochas é importante, especialmente nas grandes obras de lavras a céu aberto e de lavras subterrâneas e na construção de hidroelétricas, estradas e túneis.

Do ponto de vista da Geologia Estrutural, a utilização do diagrama de Mohr e da envoltória composta permite definir os campos de tensões necessários para a geração dos diferentes modos de ruptura frágil das rochas em regimes tectônicos tracionais, compressionais e transcorrentes.

O diagrama enfatiza o papel da pressão de fluidos no desenvolvimento e na reativação de juntas e falhas, ilustrando a maior ou menor facilidade de indução de rupturas numa massa rochosa em áreas submetidas à tração horizontal em comparação com áreas submetidas ao encurtamento horizontal, tanto em termos de tensão diferencial como em termos de pressão de fluidos.

3.1 Envoltória de ruptura composta no diagrama de Mohr

Griffith (1920) desenvolveu uma equação para as tensões que atuam nas bordas de uma ruptura de forma elíptica. A Fig. 3.1 representa tal fratura, sendo σ_1 e σ_3 os eixos principais de tensões e θ o ângulo de inclinação do eixo da ruptura em relação a σ_3.

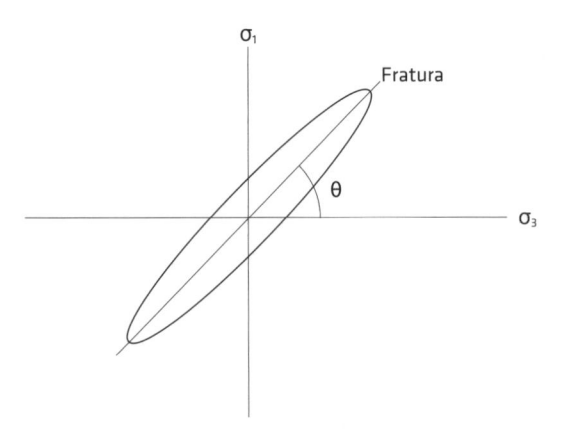

Fig. 3.1 Ruptura elíptica num campo de tensões biaxiais. θ é o ângulo de inclinação do eixo da ruptura em relação ao eixo σ_3

O referido autor mostrou que mesmo quando σ_1 e σ_3 são compressivos, os esforços que se distribuem ao longo da fratura são de natureza tracional em alguns pontos, dando origem a fraturas tracionais.

Com base nisso, ele determinou as relações entre as tensões principais requeridas para gerar uma ruptura e a resistência à tensão do material na forma da Eq. 3.1, cuja representação gráfica é mostrada na Fig. 3.2.

$$(\sigma_1 - \sigma_3)^2 = 8T(\sigma_1 + \sigma_3) \quad \textbf{(3.1)}$$

Nessa equação, pode-se observar que a tensão máxima σ_1 ao longo da ruptura é igual a 8 vezes a resistência à tração uniaxial T de uma rocha, valor correspondente a σ_1 quando $\sigma_3 = 0$, ou seja:

$$\sigma_1^2 = 8T\sigma_1$$

Portanto:

$$\sigma_1 = 8T$$

A equação de um círculo de tensões no diagrama de Mohr, tendo por base a Fig. 3.3, é dada por:

$$(S - \sigma_n)^2 + \tau^2 = r^2 \quad \textbf{(3.2)}$$

Em que:

$$S = \frac{\sigma_1 + \sigma_3}{2} \quad \textbf{(3.3)}$$

$$r = \frac{\sigma_1 - \sigma_3}{2} \quad \textbf{(3.4)}$$

Fig. 3.2 Gráfico da equação de Griffith em termos das tensões principais σ_1 e σ_3

Substituindo-se as Eqs. 3.3 e 3.4 na Eq. 3.1, têm-se:

$$(2r)^2 = 8T(2S)$$
$$4r^2 = 16TS$$

Portanto:

$$r^2 = 4TS \quad \textbf{(3.5)}$$

Substituindo-se a Eq. 3.5 na Eq. 3.2, elimina-se o termo r^2:

$$(S - \sigma_n)^2 + \tau^2 = 4TS \quad \textbf{(3.6)}$$

CAPÍTULO 3 | Envoltória de ruptura composta e campos de fraturamento

A derivada parcial dessa equação em relação a S leva a:

$$2(S - \sigma_n)(1) = 4T$$

Ou seja:

$$S - \sigma_n = 2T \qquad (3.7)$$

Substituindo-se a Eq. 3.7 na Eq. 3.6, de modo a eliminar S:

$$\tau^2 + 4T^2 = 4T(\sigma_n + 2T)$$
$$\tau^2 + 4T^2 = 4T\sigma_n + 8T^2$$

Portanto:

$$\tau^2 = 4T\sigma_n + 4T^2 \qquad (3.8)$$

A Eq. 3.8 corresponde a uma parábola (Fig. 3.4) e descreve a envoltória dos círculos principais de tensões em termos de τ e de σ_n.

Uma das formas de representar as condições de ruptura frágil nas rochas é pelo diagrama de Mohr. O fraturamento natural das rochas ocorre como resposta à atuação dos esforços principais em ambientes de compressão ou de tração.

É muito útil, na mecânica das rochas, a definição de uma envoltória capaz de prever, sob quaisquer condições de esforços, o surgimento de rupturas. Uma das envoltórias é prevista pela teoria de ruptura de Griffith (Griffith, 1920, 1924), representada pela Eq. 3.8.

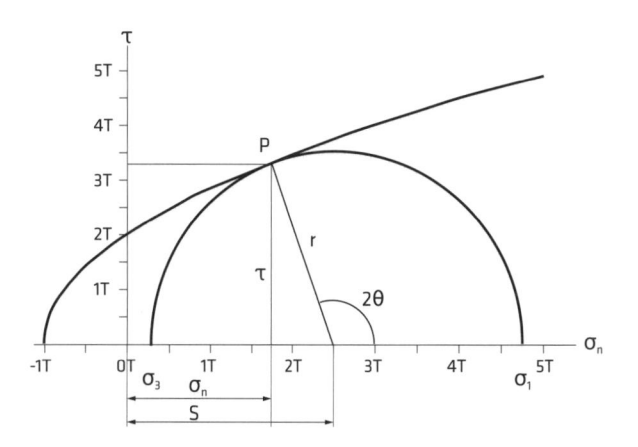

Fig. 3.3 Envoltória de Griffith e o círculo de tensões máximas. No plano de ruptura P, a tensão normal σ_n e a resistência ao cisalhamento τ podem ser lidas diretamente no eixo das abscissas e no eixo das ordenadas, respectivamente

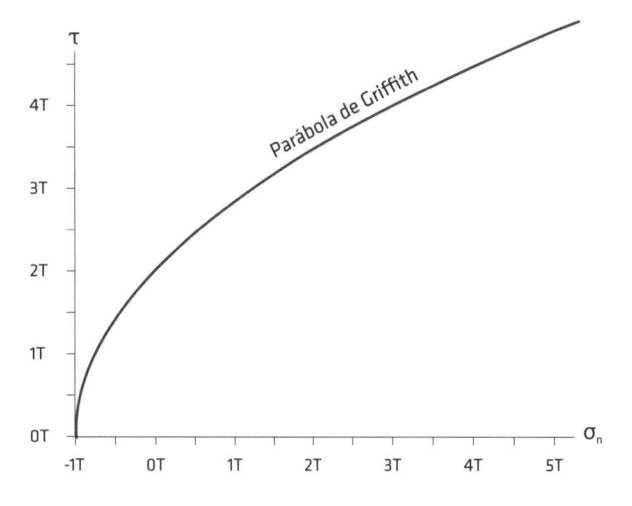

Fig. 3.4 Parábola de Griffith em termos de tensão normal σ_n e de resistência ao cisalhamento τ

Nessa equação, T é a resistência à tração uniaxial da rocha e τ e σ_n representam as componentes de resistência ao cisalhamento e de tensão normal ao plano de ruptura. No campo tracional, T é considerado como de sinal negativo e, no campo compressivo, é considerado como de sinal positivo. Essa equação fornece uma envoltória parabólica, indicando que o ângulo de atrito ϕ diminui gradativamente conforme a tensão diferencial diminui, em vez de manter um valor constante, como no critério de Coulomb.

Pelos ensaios triaxiais de rupturas em rochas verificou-se, entretanto, que a teoria de Griffith prediz tensões adequadas no campo trativo, mas muito baixas no campo compressivo.

Autores como Brace (1960), Secor (1965), McClintock e Walsh (1962) e Phillips (1972) concluíram que a envoltória de ruptura, no campo compressivo, conforma-se melhor com uma reta nos moldes do critério de Coulomb. Foi proposta uma *envoltória de ruptura composta*,

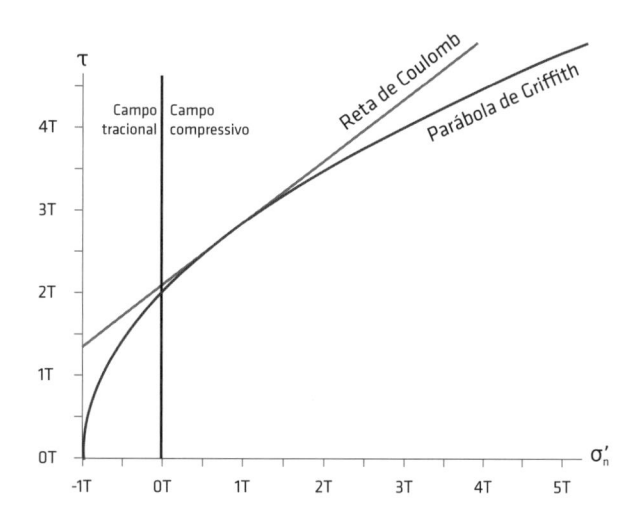

Fig. 3.5 Parábola de Griffith e a reta de Coulomb, que formam a envoltória de ruptura composta. T é a resistência à tração uniaxial

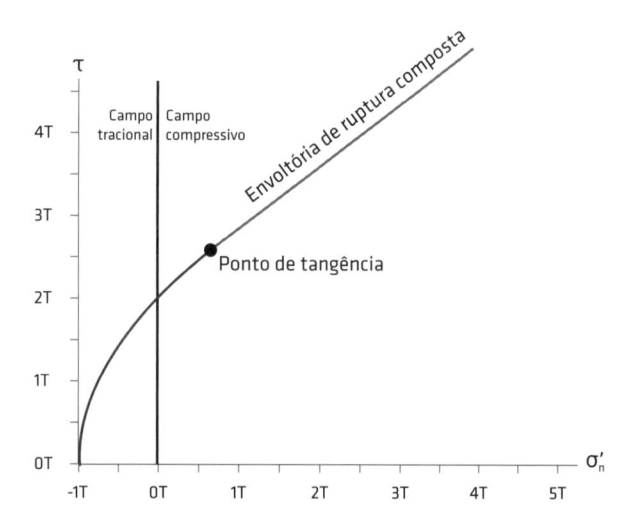

Fig. 3.6 Envoltória de ruptura composta. O ponto de tangência entre a reta e a parábola está assinalado na figura. A reta vertical que passa pela origem das coordenadas separa o campo compressivo, à direita, do campo tracional, à esquerda

construída pela combinação da reta de Coulomb e da parábola de Griffith, para prever modelos mais realísticos tanto no campo compressivo como no campo trativo.

Na construção dessa envoltória, a reta e a parábola são conectadas no ponto em que as duas apresentam a mesma inclinação ou em que a reta tangencia a parábola (Fig. 3.5). A posição do ponto de tangência depende, portanto, da inclinação escolhida para a reta.

A envoltória de ruptura composta no diagrama de Mohr é mostrada na Fig. 3.6.

O critério de ruptura de Mohr-Coulomb tem o mérito da simplicidade, e a extrapolação da reta para o campo tracional no espaço do diagrama de Mohr poderá ser feita até o ponto em que σ_3 iguala-se à resistência à tração uniaxial –T. Deve-se ter em conta que o eixo principal menor de tensão não poderá ser inferior a –T. Os círculos de Mohr, com o valor de σ_3 negativo, deverão tangenciar a reta no campo tracional.

Como evidenciado pela Fig. 3.7, será necessário reduzir o valor da resistência ao cisalhamento, que é obtido na interseção da reta com o eixo τ. Do contrário, não haverá tangência dos círculos com a reta caso se utilize, em termos práticos, essa forma mais simplificada de critério de ruptura.

A envoltória intercepta o eixo da resistência ao cisalhamento τ aproximadamente no ponto 2T (valor de τ quando $\sigma_n = 0$), de modo que, de acordo com a teoria, a resistência coesiva é cerca de o dobro da resistência à tração uniaxial da rocha, o que está de acordo com os dados experimentais.

O valor de T para rochas intactas, segundo uma compilação feita por Lockner (1995), varia de 1 a 10 MPa para rochas sedimentares, podendo chegar ou exceder 20 MPa para rochas cristalinas.

A inclinação média para a reta considerada por Sibson (1998) é de 37°, o que dá um coeficiente de atrito μ_i igual a 0,75. Esse coeficiente correspondente a um valor médio do intervalo de atrito interno ($0,5 < \mu_i < 1,0$) determinado experimentalmente em ensaios de rocha (Jaeger; Cook; Zimmerman, 1979). Outros autores, como Phillips (1972), consideram um ângulo de inclinação da reta igual a 30°.

No caso de os espaços vazios numa rocha fraturada e saturada se interconectarem livremente com a superfície, a pressão de fluidos a uma profundidade z é conhecida como *pressão hidrostática*, e é dada por:

$$P_f = \rho_f g z \qquad (3.9)$$

Em que ρ_f é a densidade do fluido. Considerando-se uma massa rochosa saturada na qual os espaços gerados pelas fraturas e pelos poros estão interconectados, a tensão normal σ_n que atua nos planos é reduzida à condição de pressão efetiva σ'_n, em que:

$$\sigma'_n = \sigma_n - P_f \qquad (3.10)$$

E, como consequência, os esforços principais σ'_1, σ'_2 e σ'_3 serão:

$$\sigma'_1 = (\sigma_1 - P_f) > \sigma'_2 = (\sigma_2 - P_f) > \sigma'_3 = (\sigma_3 - P_f) \qquad (3.11)$$

As coordenadas do ponto de tangência entre a parábola e a reta, considerando-se um coeficiente de atrito igual a 0,75, são as seguintes (ver Anexo 2):

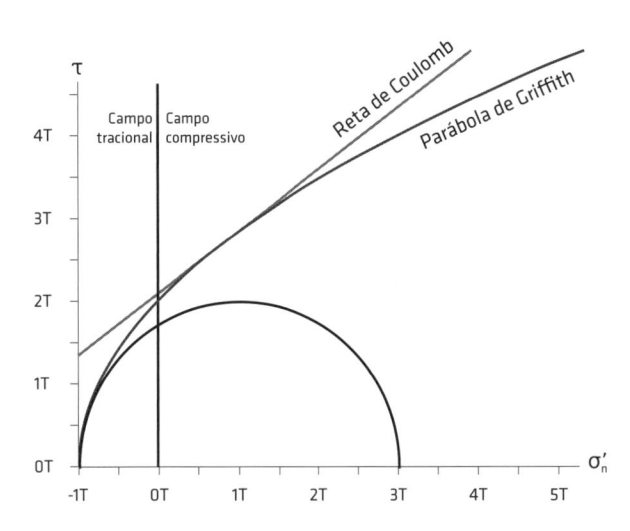

$$\sigma'_n = 0{,}78T \text{ e } \tau = 2{,}67T \qquad (3.12)$$

Fig. 3.7 Comparação das envoltórias de Mohr-Coulomb e de Griffith. No campo tracional, a reta de Coulomb fornece valores superestimados, e, no campo compressivo, a parábola de Griffith fornece valores subestimados de resistência à ruptura

Nas igualdades acima, σ'_n corresponde à tensão normal efetiva, e τ, à resistência de cisalhamento.

A equação para a linha reta, com um coeficiente de atrito igual a 0,75, é dada por:

$$\tau = C + \mu_i \sigma'_n = 2{,}09T + 0{,}75\sigma'_n \qquad (3.13)$$

A Tab. 3.1 mostra as diversas coordenadas (σ_n, τ) de pontos de tangência entre a parábola de Griffith e a reta de Coulomb em função de ângulos de inclinação da reta.

3.2 Condições para a ruptura no campo rúptil

Os esforços que levam à ruptura na mecânica clássica (por exemplo, Jaeger e Cook (1969) e Jaeger, Cook e Zimmerman (1979)), combinados com as pressões efetivas, definem as condições para a ocorrência de três tipos de ruptura em rochas isotrópicas intactas, que são fraturas de cisalhamento compressivo; fraturas de cisalhamento trativo; e fraturas puramente extensionais ou hidráulicas.

Os três tipos de ruptura são dependentes da pressão de fluidos e podem ser adequadamente representados pela envoltória de ruptura composta no diagrama de Mohr, definindo adequadamente as relações entre a resistência ao cisalhamento τ e a tensão normal efetiva σ'_n nos planos potenciais de ruptura.

A tensão normal, atuando de fora para dentro de um plano de ruptura, tende a manter a fratura fechada, e a pressão de fluidos, atuando de dentro para fora de um plano de ruptura, tende a abrir a fratura.

Tab. 3.1 Ângulo e coeficiente de atrito e respectivas coordenadas do ponto de tangência entre a parábola de Griffith e a reta de Coulomb

ϕ	μ_i	σ'_n	τ
38	0,781286	2,560T	0,638T
37	0,753554	2,654T	0,761T
36	0,726543	2,753T	0,894T
35	0,700208	2,856T	1,040T
34	0,674509	2,965T	1,198T
33	0,649408	3,080T	1,371T
32	0,624869	3,201T	1,561T
31	0,600861	3,329T	1,770T
30	0,577350	3,464T	2,000T
29	0,554309	3,608T	2,255T
28	0,531709	3,761T	2,537T
27	0,509525	3,925T	2,852T
26	0,487733	4,101T	3,204T
25	0,466308	4,289T	3,599T

T = resistência à tração uniaxial da rocha.

Quando $\sigma'_n > 0$, as falhas se formam no campo de cisalhamento compressional, de acordo com o critério linear de Coulomb:

$$\tau = C + \mu_i \sigma_n \cong 2T + \mu_i \sigma_n$$

Nessa equação, $C \cong 2T$ representa a coesão da rocha, e μ_i, o coeficiente de fricção interna para rochas intactas, que, para a maioria delas, situa-se no intervalo $0,5 < \mu_i < 1,0$ (Jaeger; Cook; Zimmerman, 1979). Na elaboração da Fig. 3.6, adotou-se um valor de 0,75 para μ_i, correspondendo a uma inclinação da reta de Coulomb de aproximadamente 37°.

No campo trativo, em que $\sigma'_n < 0$, o fraturamento é governado pela parábola de Griffith, ou seja:

$$\tau^2 = 4T\sigma'_n + 4T^2 \qquad (3.14)$$

Para condições de resistência ao cisalhamento igual a zero e, portanto, quando $\sigma'_n = -T = \sigma'_3$, essa expressão se reduz à condição de fraturamento hidráulico, descrevendo a nucleação de fraturas puramente extensionais, perpendiculares a σ_3:

$$\sigma'_3 = -T \text{ ou } P_f = \sigma_3 + T \qquad (3.15)$$

3.3 Esforços na crosta e a influência da pressão de fluidos

As variações dos esforços na crosta terrestre dependem de duas condições básicas. Na primeira, os esforços não podem ser superiores à resistência das rochas, como descrito pela envoltória de ruptura composta. Na segunda, o sistema de esforços atuantes deve levar em conta que, na superfície terrestre, a tensão normal é de aproximadamente zero e sem tensão cisalhante.

Assume-se também que a superfície terrestre é horizontal e um dos três principais eixos de esforços é, até a profundidade considerada, vertical e aproximadamente igual ao peso por unidade de área do material sobrejacente.

Assim:

$$\sigma_v = \rho_r g z \qquad (3.16)$$

Em que σ_v é a *pressão vertical* ou *pressão de soterramento* numa profundidade z decorrente do peso das rochas sobrejacentes; g é a aceleração da gravidade; e ρ_r é a densidade das rochas.

Essa pressão é considerada como tendo um valor médio em torno de ρ_r/100 MPa/km, sendo ρ_r dado em kg/m³. Valores comumente usados são 2,7 MPa/km, 2,5 MPa/km e 2,4 MPa/km.

A razão da pressão de fluidos em relação à pressão de soterramento a uma dada profundidade na crosta é conhecida como *fator de poropressão*, cujo símbolo é λ_v, em que:

$$\lambda_v = \frac{P_f}{\sigma_v} = \frac{P_f}{\rho_r g z} \qquad (3.17)$$

O fator de poropressão expressa a fração da pressão vertical que é suportada pelo fluido. Se λ_v é zero, a carga inteira é suportada pelas rochas, e se λ_v é igual a 1, a carga é inteiramente suportada pelo fluido.

A pressão vertical efetiva é dada por:

$$\sigma'_v = \sigma_v - P_f \qquad (3.18)$$

Substituindo-se as Eqs. 3.16 e 3.17 na Eq. 3.18, tem-se:

$$\sigma'_v = \rho_v g z - \rho_r g z\, \lambda_v = \rho_r g z\, (1 - \lambda_v) \qquad (3.19)$$

A Eq. 3.19 fornece o valor da pressão vertical efetiva σ'_v a uma profundidade z em função do fator de poropressão λ_v e da pressão litostática ou de soterramento σ_v.

Para uma densidade de fluido aquoso e uma densidade de rocha aproximadamente igual a 2,5 g/cm³, o valor de λ_v é igual a 0,4. Condições de sobrepressão ou valores acima da pressão hidrostática ($\lambda_v > 0,4$), em que os espaços dos poros não mais se conectam livremente com a superfície, ocorrem em áreas nas quais o processo de drenagem dos fluidos é dificultado por diversos fatores de redução de porosidade nas rochas (Walder; Nur, 1984; Nur; Walder, 1990).

3.3.1 Perfil da pressão de fluidos na crosta

Orógenos submetidos a metamorfismo regional progressivo são capeados por uma carapaça rúptil, a qual, embora sujeita a deformações internas, atua como uma barreira para o escape dos fluidos gerados durante o metamorfismo (Fig. 3.8). Numa crosta quartzofeldspática, a espessura da carapaça é definida pelas condições da fácies metamórfica xisto-verde e corresponde aproximadamente à profundidade da zona sismogênica (Sibson, 1983).

Essa zona, em muitas áreas de tectônica tracional ativa, avança até profundidades de 10 km a 15 km, com a nucleação de grandes falhas normais na metade inferior dessa zona tanto em rochas sedimentares consolidadas como em rochas do embasamento cristalino.

Durante a exumação e o progressivo esfriamento do cinturão metamórfico dentro do ciclo orogênico, a base da carapaça migra para baixo, adentrando os limites do cinturão metamórfico, de maneira que sua porção inferior passa a consistir de rochas metamórficas recristalizadas, sem descontinuidades.

A carapaça metamórfica inclui a transição entre um regime hidrostaticamente pressurizado, mais próximo à superfície terrestre, e um regime de fluidos sobrepressurizados, com pressões de fluidos próximas à pressão litostática, em profundidades bem maiores, e que caracteriza o metamorfismo progradacional em profundidade (Etheridge et al., 1984).

A profundidade dessa interface pode ser irregular, com lóbulos de fluidos sobrepressurizados penetrando, em movimento ascensional pela carapaça, nas proximidades de zonas maiores de falhas (Sibson, 1994).

Um importante corolário do perfil de pressão de fluidos é a redução da resistência das rochas nas proximidades da base da carapaça (Fig. 3.8).

A transição para regimes de pressão supra-hidrostática pode ocorrer na presença de barreiras discretas de permeabilidade ou por meio de uma transição progressiva com a profundidade, em zonas com permeabilidades naturais mais baixas.

Tais áreas incluem bacias em processo de compactação do prisma sedimentar, prismas de arcos acrescionários em processo de deformação, regiões de metamorfismo progressivo e áreas de intrusões magmáticas em rochas já saturadas de fluidos.

Em todas essas situações, sobrepressões podem aproximar-se e até ultrapassar os valores das pressões litostáticas ($\lambda_v > 1,0$) em profundidade (Ostapenko; Neroda, 2007). Condições de pressões litostáticas são geralmente encontradas na crosta em ambientes metamórficos da fácies xisto-verde ou de alto grau metamórfico (Fyfe; Price; Thompson, 1978; Etheridge et al., 1984).

Segundo Ostapenko e Neroda (2007), em profundidades de 5 km a 10 km a pressão de fluidos pode aumentar de tal modo que alcança valores de pressão litostática, como resultado de desidratação metamórfica ou cristalização de magmas.

Esses processos podem ser acompanhados de fraturamento hidráulico, migração ascendente de fluidos ao longo de falhas e formação de zonas de falhas enriquecidas de minerais

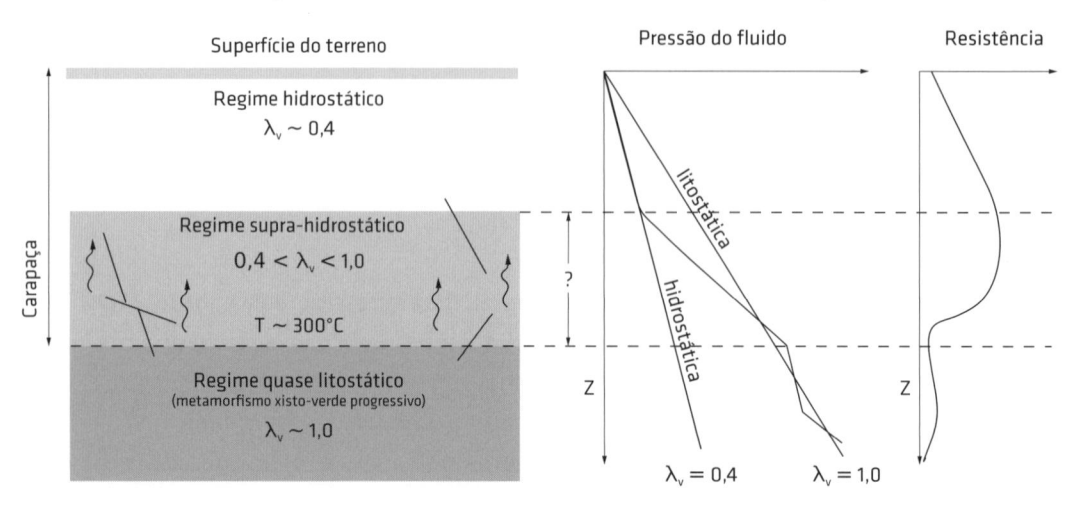

Fig. 3.8 Perfil de pressão de fluidos e de resistência para a carapaça de uma região de metamorfismo regional progressivo, em que λ_v é a razão da pressão de fluidos pela pressão litostática
Fonte: Sibson (1994).

de minérios. Valores anormais de pressão de fluidos são observados em poços profundos de óleo, nos quais podem ocorrer situações em que λ_v alcança valores tão altos quanto 0,9, mas há evidências geológicas de que, pelo menos por um curto período de tempo, se pode alcançar valores de 1,0 ou até mais altos (Ragan, 1985; Phillips, 1972; Fossen, 2012).

Sabe-se da teoria de que a resistência ao cisalhamento de uma areia é diretamente dependente da pressão efetiva. Se a pressão efetiva se anular, no caso em que $\sigma_v = P_f$ na Eq. 3.18, a areia perde totalmente sua resistência ao cisalhamento, dando origem à formação de areia movediça (*quicksand*).

A condição de liquefação de um solo granular pode ocorrer quando a pressão de poros se eleva a tal ponto de anular a pressão efetiva. Se isso ocorrer, a pressão intergranular também será nula, assim como o atrito entre as partículas, e, nesse caso, o solo terá um comportamento de fluido.

Tem-se observado o fenômeno de liquefação em areias finas e moles durante terremotos que causam deformações cíclicas e rápidas, conduzindo a um aumento de poropressões (Prakash, 1981). Como não há tempo para dissipação, o excesso de *poropressão* ou *pressão de fluidos* conduz à liquefação.

Em sondagens de rochas permeáveis como arenitos, o excesso da pressão de fluidos pode acarretar fluxo de areia para dentro do poço, juntamente com água, petróleo ou outro fluido existente na rocha, e a consequente desestabilização do poço.

Em locais nos quais a pressão de fluidos se aproxima da pressão litostática, é possível encontrar areia ou arenitos inconsolidados mesmo a vários quilômetros de profundidade (Fossen, 2012).

Situações como a descrita acima, com liquefação de rochas pelas elevadas pressões de fluidos, são extremamente favoráveis à instalação de falhas de cavalgamento e de zonas de descolamentos em regimes compressionais.

3.4 Campos de fraturamento

O tipo de fratura que se forma em uma massa rochosa é altamente influenciado pela resistência à tensão da rocha, pela tensão diferencial e pela pressão de fluidos P_f. Em rochas intactas, três modos de rupturas podem ocorrer, cujas orientações em relação aos eixos principais de esforços são previsíveis: fraturas puramente extensionais ou hidráulicas; fraturas por cisalhamento tracional; e fraturas por cisalhamento compressivo.

Todos os três tipos podem ser configurados no diagrama de Mohr com a envoltória composta, definindo-se as relações entre a resistência ao cisalhamento τ e a tensão normal efetiva σ'_n em planos potenciais de ruptura (Brace, 1960; Secor, 1965; Jaeger; Cook, 1969; Sibson, 2003).

Quando $\sigma'_n > 0$, as falhas se formam no campo de cisalhamento compressional, governadas principalmente pela envoltória de Coulomb, de forma linear. Quando $\sigma'_n < 0$, as falhas se formam no campo de cisalhamento tracional, governadas pela envoltória de Griffith, de forma parabólica. Em condições de tensão cisalhante igual a zero, as fraturas formadas se situam no campo de fraturamento hidráulico.

Dentro de um tipo particular de rocha, o modo de ruptura depende da tensão diferencial $(\sigma_1 - \sigma_3)$, que representa o diâmetro do círculo de Mohr, e da resistência à tração uniaxial T da rocha.

Para um ângulo de atrito de 37°, em que o coeficiente de fricção da rocha intacta é $\mu_i = 0{,}75$, a ruptura por cisalhamento no campo compressivo ocorre quando $(\sigma_1 - \sigma_3) > 5{,}66T$, de acordo com o critério de ruptura de Coulomb e em planos que contêm o eixo intermediário σ_2.

Em condições de cisalhamento no campo tracional, a ruptura requer um esforço diferencial $4T < (\sigma_1 - \sigma_3) < 5{,}66T$ (ver Anexo 3 para a determinação desses limites) para que fraturas e falhas por cisalhamento tracional se formem em planos que também contêm o eixo σ_2, porém a ângulos menores que 37° em relação a σ_3.

Ainda no campo tracional, quando $(\sigma_1 - \sigma_3) < 4T$ (ver Anexo 4), fraturas de tração se formam em planos perpendiculares ao eixo menor do elipsoide de tensões, de acordo com o critério de fraturamento hidráulico, sem cisalhamento ao longo dos planos (Secor, 1965; Sibson, 2003). A Fig. 3.9 mostra os referidos campos de fraturamento.

É oportuno examinar as mudanças do ângulo 2θ em função da tensão diferencial $(\sigma_1 - \sigma_3)$. Examinando-se a Fig. 3.10, é possível observar um progressivo aumento no ângulo 2θ, no ponto D, com a diminuição da tensão diferencial, variando de 127°, no campo compressivo (pontos D, E e F), passando por 135° no limite do fraturamento hidráulico/cisalhamento tracional (Ponto C), até 180°, no ponto A.

O ponto B ilustra uma situação intermediária no campo do cisalhamento tracional. O ponto D marca a mudança do critério de ruptura de Coulomb (reta) para o critério de ruptura de Griffith (parábola); a partir desse ponto, o ângulo 2θ começa a aumentar progressivamente com a diminuição da tensão diferencial.

A tensão diferencial, passando do campo compressivo para o campo tracional, leva à geração de estruturas que variam de fraturas de cisalhamento, no campo compressivo, a fraturas puramente extensionais, no campo de fraturamento hidráulico, passando por fraturas por cisalhamento tracional e estruturas híbridas associadas (Belayneh; Cosgrove, 2010) no campo de cisalhamento tracional.

Na transição do fraturamento hidráulico para o cisalhamento tracional, uma grande variedade de termos tem sido usada no meio geológico para descrever as estruturas ali formadas, tais como *hybrid extension/shear fracture* (Price; Cosgrove, 1994), *extensional-shear* (Sibson, 1996,

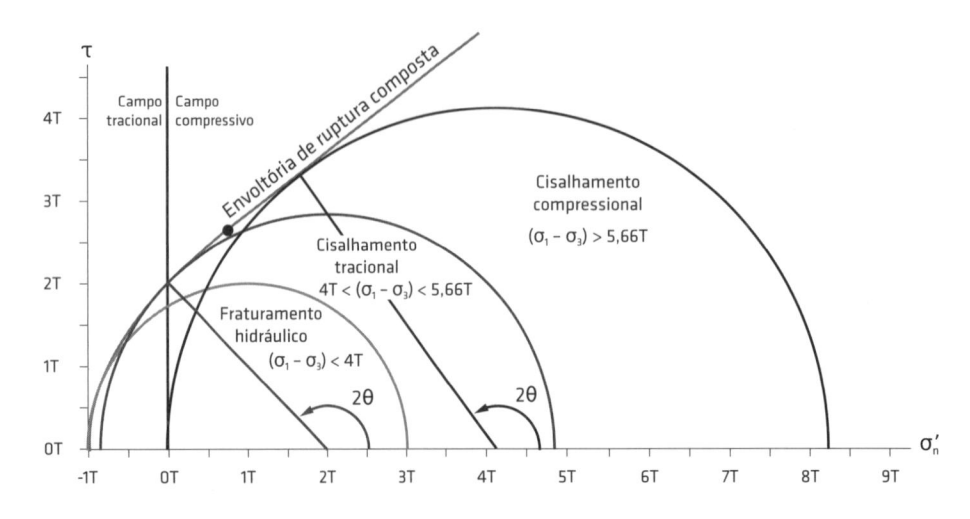

Fig. 3.9 Campos de fraturamento no diagrama de Mohr

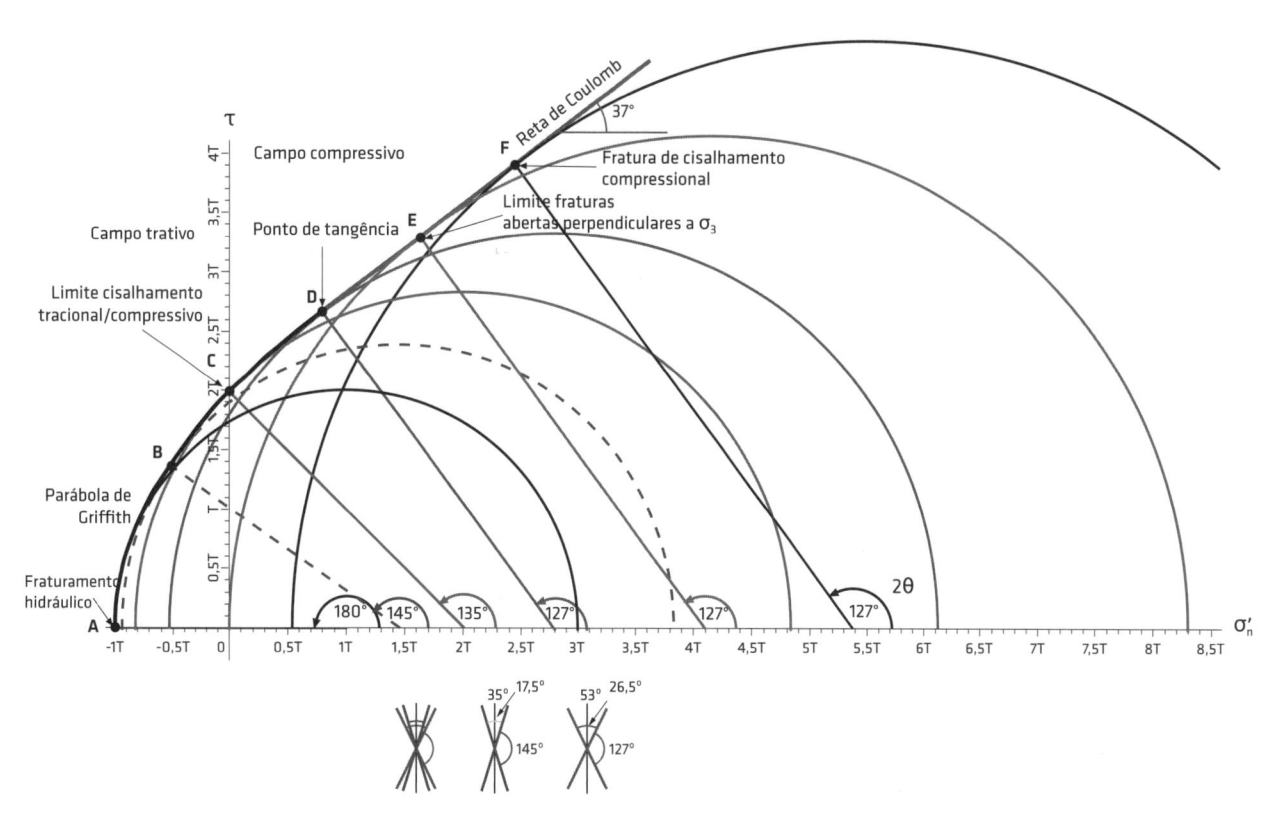

Fig. 3.10 Diagrama de Mohr combinado com a envoltória composta de Griffith-Coulomb mostrando as fraturas (falhas) por cisalhamento compressional, cisalhamento tracional e fraturamento hidráulico e a gradual modificação no ângulo 2θ em função da tensão diferencial ($\sigma_1 - \sigma_3$). Ângulo de atrito: 37°; T é a resistência uniaxial à tração das rochas

1998, 2003), *hybrid joints* (Hancock, 1994; Marín-Lechado et al., 2004), *hybrid fracture* (Ferrill et al., 2004), *mixed-mode fractures* (Twiss; Moores, 1992), *transitional tensile* (Suppe, 1985) e *transitional fractures* (Van der Pluijm; Marshak, 1997; Engelder, 1999).

3.4.1 Fraturamento hidráulico

O desenvolvimento de vênulas e de fraturas de extensão na crosta terrestre representou um paradoxo entre os estudiosos, pelo menos por um determinado período. Os geólogos reconheciam, por suas características, que se tratava de fraturas de tração, especialmente pelo fato de estarem preenchidas; porém, os campos de esforços em que se inseriam na crosta eram compressivos. Essa questão só veio a ser resolvida quando se reconheceu que os esforços compressivos correspondiam, na realidade, aos esforços totais, e que sempre que a pressão de fluidos P_f fosse suficientemente alta o esforço principal mínimo σ_3 passava a ser trativo.

Uma vez que a magnitude do esforço efetivo tracional supre a resistência à tração T da rocha, fraturas puramente extensionais pelo efeito da pressão de fluidos são formadas, e o fraturamento é considerado como hidráulico. Em outras palavras, fraturas hidráulicas ocorrem quando $\sigma'_3 - P_f > T$.

Essa condição, formulada por Hubbert e Willis (1957) e Hubbert e Rubey (1959), foi aplicada no estudo de fraturas em condições crustais por Secor (1965), que demonstrou não haver limite de profundidade na crosta para a ocorrência desse mecanismo de fraturamento.

Quando o esforço diferencial for menor que 4T, o círculo de Mohr irá tangenciar a envoltória no ponto em que $\sigma'_3 = -T$, e, nesse caso, a pressão de fluidos excede o esforço principal mínimo σ_3 por uma quantidade equivalente à resistência à tração uniaxial T das rochas.

Nessas condições, o esforço cisalhante é nulo e as fraturas se desenvolvem por fraturamento hidráulico, tratando-se de rupturas puramente extensionais. O crescimento dessas fraturas consiste de pequenos períodos de extensão ou de abertura, separados por longos períodos durante os quais os fluidos permeiam as aberturas na rocha.

A pressão de fluidos é importante no desenvolvimento desse tipo de fratura, porque tende a forçar a abertura das fraturas, enquanto a tensão normal opõe-se a essa abertura, tendendo a fechá-las. Segundo Phillips (1972), a taxa de propagação dessas fraturas, sob condições constantes de esforço diferencial, depende da porosidade e da permeabilidade das rochas.

A segunda condição, $(\sigma_1 - \sigma_3) < 4T$, baseia-se na geometria da envoltória da parábola de Griffith. Pode-se observar que o círculo de Mohr, que tangencia o eixo nas coordenadas (0,-T), não poderá ter um diâmetro maior que 4T. Círculos com diâmetros maiores que 4T irão tangenciar a envoltória numa situação em que $\sigma_3 > -1T$, dando origem a outros modos de fratura e, consequentemente, à formação de outros tipos de fraturas, com características diferentes do fraturamento hidráulico.

O fraturamento hidráulico tem uma aplicação ampla em Geologia. Por exemplo, a intrusão de diques, filões e a iniciação de alguns diápiros.

Nas escalas macro e mesoscópica, o mecanismo é responsável pela geração de vênulas, diáclases e clivagem de fratura. Na escala microscópica, origina microfraturamento (*stockworks*) e desagregação, levando, provavelmente, ao fluxo cataclástico.

Por evidências geológicas fica evidente, em algumas situações, que o fluido é alóctone, ou seja, derivado de fora do sistema, como, por exemplo, na intrusão de diques. Em outras situações, a pressão de fluidos existe dentro do sistema, dando origem à clivagem de fratura e a fraturas de menor extensão.

Secor (1965) mostrou que uma fissura elíptica com orientação mais favorável, alinhada perpendicularmente a σ_3 e com a maior elipticidade entre as demais, começará a se propagar quando a pressão de fluidos superar a tensão mínima σ_3 e a resistência à tração T da rocha.

Quando a fissura se propaga, aumenta seu volume e, com isso, ocorre uma diminuição da pressão interna de fluidos, cessando sua propagação. Como a pressão externa é maior que a pressão de fluidos, o fluido nos arredores da fissura preferencial migrará para ela até que as pressões externas e internas voltem a se equilibrar, permitindo, a partir daí, com um pequeno incremento da pressão interna, a retomada do processo de propagação da fissura.

Na Fig. 3.11 é possível desenhar diversos outros círculos menores dentro do círculo de diâmetro 4T, cujos pontos de tangência com a envoltória continuam sendo (0,-T). Considerando-se o círculo maior, as fraturas que se formam de início perpendicularmente a σ_3 serão abertas, uma vez que caem no campo distensivo, e as fraturas perpendiculares a σ_1 serão fechadas.

Conforme a tensão diferencial diminui, a tensão principal máxima σ_1 desloca-se gradativamente para a esquerda até alcançar o campo distensivo, quando, então, as fraturas perpendiculares a σ_1 também passam a ser abertas. Diminuindo-se ainda mais o esforço diferencial, chega-se a uma situação em que os três eixos dos esforços principais se tornam praticamente iguais em magnitude, e, nessas condições, as rupturas abertas desenvolvem-se de forma generalizada, sem direção preferencial, a exemplo dos *stockworks*.

As propriedades geométricas dessa envoltória evidenciam que o maior círculo que pode ser desenhado é centrado no ponto 1T e intersecta a abscissa no campo compressivo no ponto 3T. Assim, o valor máximo do esforço diferencial $(\sigma_1 - \sigma_3)$ é igual a 4T, e o valor de 3T representa o valor do esforço principal máximo σ'_1 nas condições de fraturamento hidráulico (Fig. 3.11).

A resistência ao cisalhamento τ é sempre igual a zero, e a tensão principal máxima σ'_1 para a ocorrência de fraturamento hidráulico é dada por:

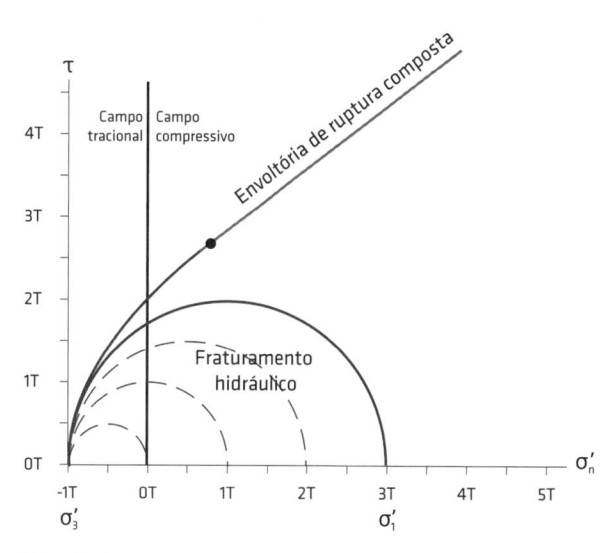

$$\sigma'_1 = 3T \qquad (3.20)$$

Fig. 3.11 Diagrama de Mohr o campo de fraturamento hidráulico, delimitado pelo círculo em que $\sigma'_1 = 3T$ e $\sigma'_3 = -T$

3.4.2 Cisalhamento tracional

O cisalhamento tracional e as fraturas híbridas são formados quando círculos de Mohr com diâmetros dentro do intervalo $4T < (\sigma_1 - \sigma_3) < 5{,}66T$ (ver Anexo 4) tangenciam a parte parabólica da envoltória de ruptura composta, ou seja, no campo distensivo, com $\sigma'_n < 0$ (Fig. 3.12).

O critério de Griffith, expresso pela equação da parábola, é formulado em termos das tensões principais pela Eq. 3.1. Para um regime compressional, desenvolvendo-se essa equação e isolando-se o valor de σ_1, têm-se:

$$\sigma_1^2 - 2\sigma_1\sigma_3 + \sigma_3^2 - 8T\sigma_1 - 8T\sigma_3 = 0$$

$$\sigma_1^2 - \sigma_1(-2\sigma_3 - 8T) - 8T\sigma_3 + \sigma_3^2 = 0$$

$$\sigma_1 = \frac{8T + 2\sigma_3 \pm \sqrt{(-8T - 2\sigma_3)^2 - 4(-8T\sigma_3 + \sigma_3^2)}}{2}$$

$$\sigma_1 = \sigma_3 + 4T \pm \frac{\sqrt{64T^2 + 32T\sigma_3 + 4\sigma_3^2 + 32T\sigma_3 - 4\sigma_3^2}}{2}$$

$$\sigma_1 = \sigma_3 + 4T \pm \frac{\sqrt{64T^2 + 64T\sigma_3}}{2}$$

$$\sigma_1 = \sigma_3 + 4T \pm \frac{\sqrt{64(T^2 + T\sigma_3)}}{2}$$

$$\sigma_1 = \sigma_3 + 4T \pm 4\sqrt{(T^2 + T\sigma_3)}$$

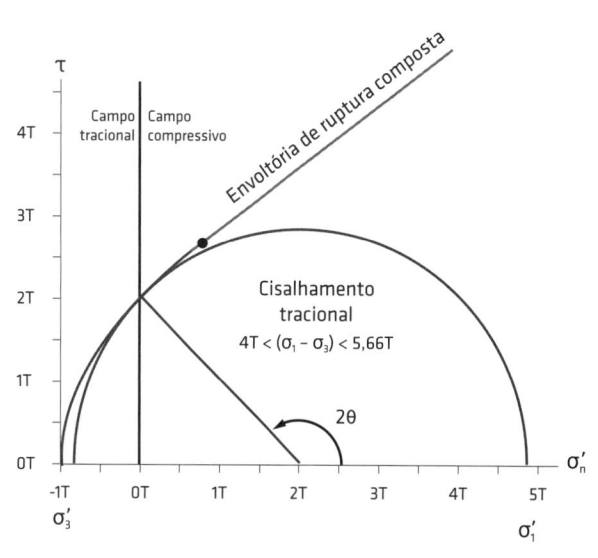

Fig. 3.12 Diagrama de Mohr e o limite superior do fraturamento por cisalhamento tracional, delineado pelo círculo em que $\sigma_1 = 4{,}828T$ e $\sigma_3 = -0{,}828T$. Nessas condições, $\sigma_n = 0$ e $4T < (\sigma_1 - \sigma_3) < 5{,}66T$

E, logo:

$$(\sigma_1 - \sigma_3) = 4T \pm 4\sqrt{(T^2 + T\sigma_3)} \qquad (3.21)$$

Introduzindo-se a pressão de fluidos P_f na Eq. 3.21, tem-se:

$$\sigma_1 - P_f - (\sigma_3 - P_f) = 4T \pm 4\sqrt{T^2 + T(\sigma_3 - P_f)}$$

E, após o desenvolvimento:

$$(\sigma_1 - \sigma_3) = 4T \pm 4\sqrt{(T^2 + T\sigma'_3)} \qquad (3.22)$$

Para um regime compressional, $\sigma'_3 = \sigma'_v$, obtém-se, finalmente:

$$(\sigma_1 - \sigma_3) = 4T \pm 4\sqrt{T^2 + T\sigma'_v} \qquad (3.23)$$

Para um regime tracional, desenvolvendo-se a Eq. 3.1 e isolando-se o valor de σ_3, obtém-se:

$$(\sigma_1 - \sigma_3) = -4T \pm 4\sqrt{(T^2 + T\sigma'_1)}$$

Para um regime tracional, $\sigma'_1 = \sigma'_v$, tem-se:

$$(\sigma_1 - \sigma_3) = -4T \pm 4\sqrt{T^2 + T\sigma'_v} \qquad (3.24)$$

Tendo-se em vista as condições limítrofes impostas pelos círculos de Mohr (Fig. 3.13) e as equações acima, tem-se:

Para regime tracional, fraturamento hidráulico:

$$(\sigma_1 - \sigma_3) = -4T + 4\sqrt{T^2 + T\sigma'_v}$$

e os valores de $(\sigma_1 - \sigma_3)$ deverão ser iguais ou menores que 4T.

Para regime tracional, cisalhamento tracional:

$$(\sigma_1 - \sigma_3) = -4T + 4\sqrt{T^2 + T\sigma'_v},$$

e os valores de $(\sigma_1 - \sigma_3)$ deverão se situar entre um mínimo de 4T até um máximo de 5,66T.

As deduções dos valores de σ_1, σ_3 e do diâmetro do círculo máximo de Mohr, que define o limite superior do fraturamento por cisalhamento tracional, são apresentadas no Anexo 4.

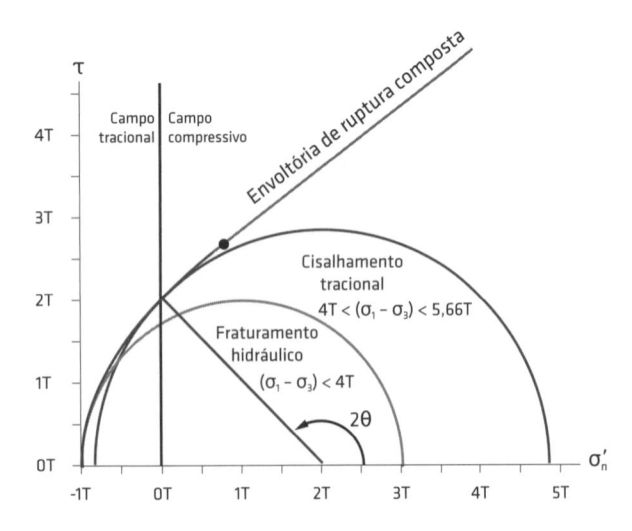

Fig. 3.13 Fraturamento por cisalhamento tracional, delimitado pelos esforços diferenciais situados entre $4T < (\sigma_1 - \sigma_3) < 5,66T$

Observa-se que o fraturamento por cisalhamento tracional é delimitado pelos círculos de Mohr, cujos diâmetros, representados pela tensão diferencial $(\sigma_1 - \sigma_3)$, situam-se entre um mínimo de 4T, que é o limite superior do fraturamento hidráulico, e um máximo de 5,66T, que representa o limite superior do fraturamento por cisalhamento tracional. O círculo que delimita o limite superior do fraturamento por cisalhamento tracional tangencia a envoltória parabólica nas coordenadas (0T, 2,083T).

Em outras palavras, o fraturamento por cisalhamento tracional ocorre quando o esforço diferencial se situa no intervalo entre $4T < (\sigma_1 - \sigma_3) < 5,66T$. Nesse caso, a tensão efetiva principal mínima σ'_3 será maior do que no fraturamento hidráulico, mas continua posicionada no campo tracional e com valores inferiores aos da resistência à tração T das rochas.

Da mesma forma, a tensão normal σ_n atuando perpendicularmente ao plano de ruptura será negativa ou tracional, porém, ao contrário do que ocorre no fraturamento hidráulico, a componente de cisalhamento $(\sigma_s = \tau)$ no momento da ruptura não será nula, o que implica dizer que haverá deslocamento ao longo do plano de ruptura.

Os planos de ruptura, especialmente na zona de transição entre os campos de fraturamento hidráulico e de cisalhamento tracional, terão o desenho de fraturas híbridas, ou seja, fraturas puramente extensionais associadas a fraturas de cisalhamento. Considerando-se a geometria da envoltória, o ângulo θ entre σ_3 e os planos de cisalhamento conjugados será maior do que no cisalhamento compressional (Fig. 3.9).

3.4.3 Cisalhamento compressional

Falhas ou fraturas por cisalhamento compressional se desenvolvem quando o círculo de Mohr definido por uma tensão diferencial $(\sigma_1 - \sigma_3) > 5,66T$ tangencia a envoltória no campo compressional, com $(\sigma'_n > 0)$. Para a porção linear da envoltória de ruptura composta, ou reta de Coulomb, cuja inclinação $\mu_i = 0,75$, tem-se (ver Anexo 6):

$$(\sigma_1 - \sigma_3) = 2C\sqrt{K} + (K-1)\sigma'_3 \qquad (3.25)$$

Em que:

$$K = \left(\sqrt{1+\mu^2} + \mu\right)^2 \qquad (3.26)$$

Portanto:

$$(\sigma_1 - \sigma_3) = 4C + 3\sigma'_3 \qquad (3.27)$$

No caso da envoltória de ruptura de Coulomb, levando-se em conta o ponto de tangência com a envoltória de Griffith (0,77T, 2,66T) e um valor médio do ângulo de atrito interno, cujo coeficiente é $\mu_i = 0,75$ e $K = 4$, obtém-se o valor de C = 2,083T.

Para um regime tectônico compressivo, em que σ_3 é vertical, a expressão acima se transforma em:

$$(\sigma_1 - \sigma_3) = 8,33T + 3\sigma'_v \qquad (3.28)$$

Para um regime tectônico tracional, tendo por base a Eq. 2.81 e nela se substituindo a Eq. 3.26:

$$\sigma'_1 = 2C\sqrt{K} + \sigma'_3 K$$

Substituindo-se o valor de K:

$$\sigma'_1 = 4C + 4\sigma'_3$$

Donde:

$$\sigma'_3 = \frac{\sigma'_1 - 4C}{4}$$

Que, substituída na Eq. 3.28, fornece:

$$(\sigma_1 - \sigma_3) = 2{,}083T + 0{,}75\sigma'_1$$

Para um regime tracional, σ_1 é vertical. Logo, $\sigma'_1 = \sigma'_v$ e a equação acima se transformam em:

$$(\sigma_1 - \sigma_3) = 2{,}083T + 0{,}75\sigma'_v \qquad (3.29)$$

O limite entre os campos tracional e compressional é marcado pelo valor de $\sigma'_n = 0$. Aumentando-se o esforço diferencial, a tensão normal efetiva passará do campo tracional ao campo compressivo, sendo, assim, maior que a pressão de fluidos. O esforço principal mínimo efetivo σ'_3 inicialmente cai no campo tracional, mas, conforme ele aumenta, a tensão diferencial acaba por alcançar o valor de T = 0, quando, então, $\sigma_3 = P_f$.

Em todas as situações, a tensão normal σ_n será positiva no compressional, havendo sempre uma componente de cisalhamento τ associada às rupturas. Ao contrário do caso de fraturamento por cisalhamento tracional, o plano de ruptura se comportará como uma zona de cisalhamento compressiva, e mais compressiva quanto maior for o esforço diferencial. Considerando-se a geometria da envoltória, o ângulo θ entre o esforço principal mínimo σ_3 e os planos de cisalhamento conjugados será menor do que no caso de cisalhamento tracional (Fig. 3.9).

3.4.4 Profundidade-limite do fraturamento aberto

Quando o círculo de Mohr tangencia o ponto E da envoltória (Fig. 3.10), o valor de σ'_1 é igual a 8,33T e o de σ'_3 é igual a zero, e, nessas condições, $\sigma_3 = P_f$. O ponto E representa as condições dos esforços para a formação de falhas normais no campo compressivo e de fraturas abertas perpendiculares a σ_3. Falhas normais com 60° de mergulho e fraturas abertas verticais irão se formar quando a tensão diferencial for equivalente a oito vezes o valor da tensão mínima.

A partir daí, com o aumento da tensão diferencial, círculos cada vez maiores serão necessários para a geração de falhas e, dessa forma, o eixo de tensão mínima σ_3, bem como σ_1, será deslocado para a direita, e as fraturas perpendiculares a esse eixo irão gradualmente se formar no campo compressivo, quando passarão a ser fechadas, uma vez que $\sigma'_3 > P_f$.

3.5 Estruturas híbridas e fluxo de fluidos

Hill (1977) propôs um modelo para explicar a migração de fluidos em áreas geotermais em que estruturas híbridas (*mesh*) interligavam fraturas (e falhas) menores de cisalhamento com fraturas extensionais (Fig. 3.14).

Estruturas híbridas compreendem planos de cisalhamento com pequenos deslocamentos interligados com fraturas hidráulicas de tração, formadas pela infiltração de fluidos sob pressões que, localmente, excedem a magnitude do eixo menor de esforços, ou seja, $P_f > \sigma_3$.

Essas estruturas formam condutos altamente permeáveis que permitem, episodicamente, efetivar descargas de grandes volumes de fluidos pelo processo de falhas-válvulas.

O desenvolvimento de estruturas híbridas é favorecido pelas heterogeneidades e altos contrastes de competência do material rochoso, e os estados de tensão variam de lugar para lugar e também pelas condições de baixa pressão efetiva. Sequências de rochas acamadas são particularmente suscetíveis ao desenvolvimento dessas estruturas, especialmente em regimes tectônicos tracionais, porque o modo de ruptura é regido pela resistência à tensão das camadas alternadas (Sibson, 1994; Gross; Engelder, 1995; Mazzarini et al., 2010).

Nesses casos, a variação na espessura das camadas impõe uma escala mínima nas dimensões das estruturas híbridas.

Estruturas híbridas mesclando fraturas de cisalhamento tracionais e fraturas puramente tracionais requerem condições de $P_f > \sigma_3$ para serem geradas, pelo menos localmente, e dificilmente se desenvolvem em locais onde a pressão efetiva é muito alta.

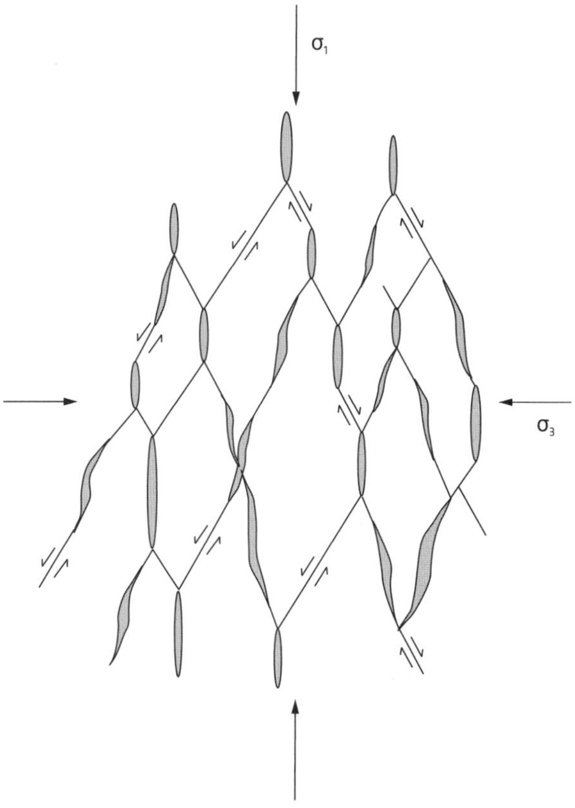

Fig. 3.14 Modelo de Hill (1977) para pequenos terremotos compreendendo fraturas de cisalhamento, fraturas abertas extensionais e fraturas de cisalhamento tracionais desenvolvidas em um campo triaxial de esforços. Percebe-se um regime tracional, com falhas normais, quando a figura é vista num plano vertical, um regime de falhas direcionais, quando vista em planta, e um regime compressivo, com falhas de cavalgamento, quando rotacionada em 90°, no plano vertical

Tais fraturas somente permanecem abertas acima da profundidade em que a pressão de fluidos P_f supera o valor da tensão principal mínima σ_3. A presença de fluidos favorece o desenvolvimento de fraturas de cisalhamento e fraturas tracionais, e no campo de tensões entre o cisalhamento tracional e o fraturamento hidráulico haverá fortes possibilidades de interligações entre estruturas híbridas, que se desenvolvem conforme os fluidos sobrepressurizados migram gradualmente ao longo do gradiente hidráulico.

3.5.1 Condutos de fluidos

Fraturas extensionais microscópicas e macroscópicas conduzem a um aumento da permeabilidade no plano σ_1/σ_2, sendo o efeito tanto mais pronunciado quanto mais a pressão de fluidos se aproximar do valor de σ_3 e, consequentemente, a tensão efetiva principal mínima $\sigma'_3 = (\sigma_3 - P_f)$ tender a zero. Além disso, a interseção de falhas e fraturas de tração aumenta ainda mais a permeabilidade de massas rochosas ao adicionar uma componente tubular na direção σ_2 (Fig. 3.15), perpendicular aos vetores de deslocamento das falhas (Snow, 1969).

A permeabilidade ao longo de σ_2 provavelmente se desenvolve quando falhas conjugadas formam-se em rochas com alta porosidade e permeabilidade iniciais; a redução da permeabilidade ao longo de falhas pela cominuição e colapso da porosidade faculta a formação de tubos de alta permeabilidade na massa rochosa, paralelamente a σ_2, pela necessidade de escape dos fluidos.

Estilólitos com resíduos de minerais argilosos impermeáveis representam zonas tabulares de porosidade reduzida que restringem o fluxo perpendicularmente ao plano σ_2/σ_3 no qual se formam.

O efeito combinado é o aumento da permeabilidade ao longo da direção média de σ_2 dentro dos maciços rochosos, embora esse efeito dependa da interconexão tridimensional dos diferentes elementos estruturais.

A direção do fluxo de fluidos através de uma massa rochosa é governada pelo gradiente hidráulico máximo (não necessariamente vertical), pela anisotropia na permeabilidade (por exemplo, acamamento, foliação etc.) e pela superposição de permeabilidade estrutural (Fig. 3.16).

Combinações particulares desses parâmetros podem levar à formação de fluxos com volumes elevados, necessários ao desenvolvimento de depósitos hidrotermais. Zonas favoráveis ao desenvolvimento de estruturas híbridas incluem irregularidades de curta duração ao longo de zonas de falhas com grandes deslocamentos, tais como fraturas dilatacionais, rampas laterais, falhas de transferência e outras formas de estruturas de ligação.

Nas falhas transcorrentes, exemplos de aumento de permeabilidade ao longo da direção σ_2, vertical, ocorrem durante processos de alojamento de massas ígneas e de soerguimento de plumas hidrotermais associadas.

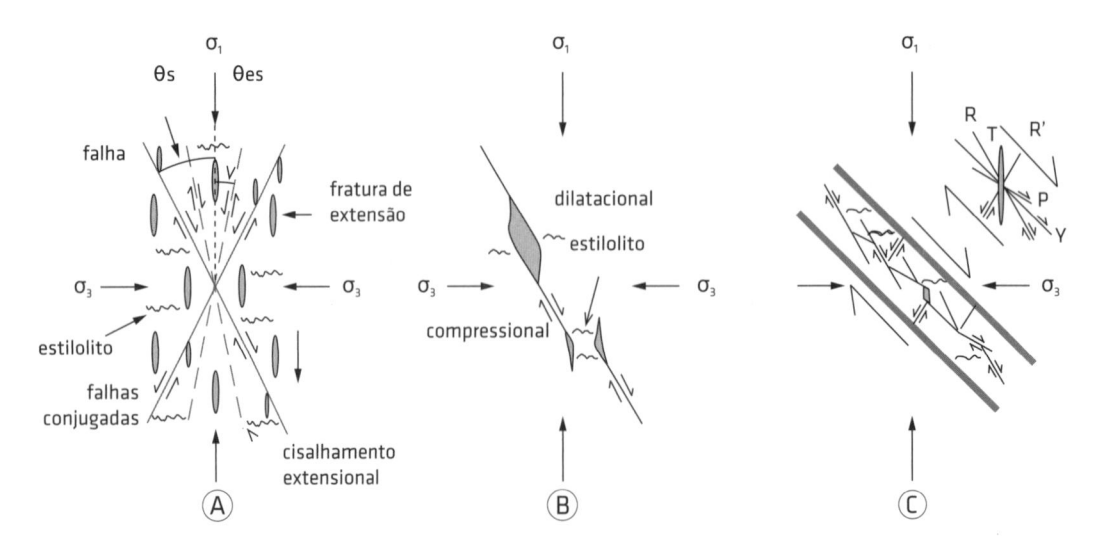

Fig. 3.15 Campo de tensões e estruturas formadas. (A) Componentes de estruturas híbridas; (B) falhas segmentadas ligando estruturas dilatacionais e compressionais; (C) falhas desenvolvidas com estruturas híbridas de cisalhamento de Riedel
Fonte: Tchalenko (1970).

A Fig. 3.16A ilustra uma situação em que, a despeito do gradiente hidráulico vertical em potencial, a presença de estruturas dilatacionais suavemente inclinadas em falhas normais induz e deflete o fluxo lateralmente ao longo delas. Tais estruturas podem alimentar atividades de fontes termais em sítios associados a falhas normais, como é o caso da zona vulcânica Taupo, na Nova Zelândia (Sibson, 1996).

O desenvolvimento de estruturas híbridas numa sequência de camadas competentes e incompetentes intercaladas, suavemente inclinadas, facilita o fluxo de fluidos mergulho acima (Fig. 3.16B).

Estruturas dilatacionais associadas com deslocamento reverso, associado, por sua vez, aos movimentos interestratais durante o progressivo desenvolvimento de dobras, induz a migração de fluidos no ápice da dobra, ao longo do eixo. Esse mecanismo pode também estar presente na migração sintectônica de hidrocarbonetos em direção ao reservatório (Fig. 3.16C).

O efeito de forte gradiente hidráulico lateral, adjacente a uma intrusão, com um sistema de estruturas híbridas de alta permeabilidade paralela a σ_2, leva à geração de um fluxo lateral bem desenvolvido (Fig. 3.16D).

Todos esses exemplos envolvendo, predominantemente, falhas normais indicam como os caminhos da migração de fluidos sobrepressurizados podem desviar-se da posição verti-

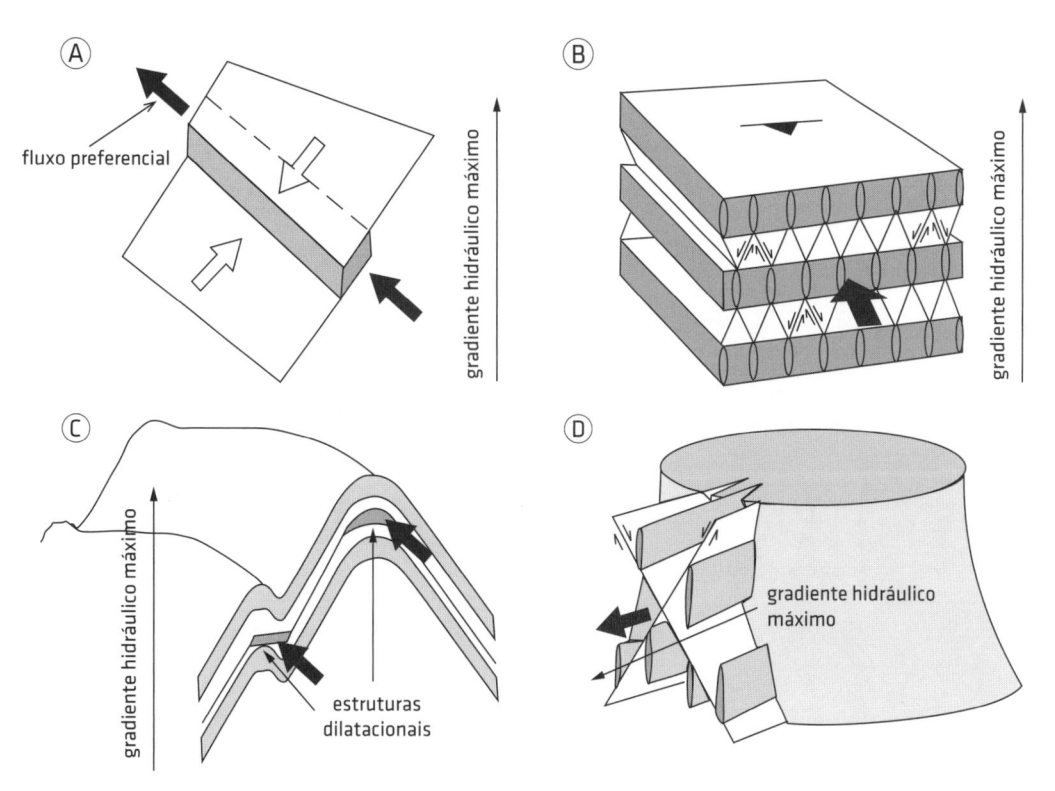

Fig. 3.16 Estruturas híbridas em diferentes sítios tectônicos ilustram os efeitos do aumento da permeabilidade ao longo de σ_2: (A) zonas dilatacionais associadas a falhas normais; (B) estruturas híbridas de fraturas/falhas do tipo *hill* em camadas incompetentes e competentes, intercaladas; (C) estruturas dilatacionais e selas associadas com deslocamentos em planos de acamamento, promovendo fluxo ao longo dos eixos nos ápices de dobras; (D) falhas normais situadas no contato de corpos plutônicos com intenso gradiente hidráulico lateral
Fonte: Sibson (1996).

cal e ser induzidos a fluxos direcionais por uma permeabilidade controlada pelas estruturas geológicas e pelos esforços tectônicos.

A queda brusca de pressão local que acompanha a descarga de fluidos através de estruturas híbridas com fortes gradientes hidráulicos é provavelmente a principal causa para as precipitações hidrotermais e para a formação de jazimentos minerais (Cox; Etheridge; Wall, 1991; Cox, 1995; Wilkinson; Johnston, 1996).

Os veios, ao se formarem, requerem condições de sobrepressão hidráulica (pressão de fluidos acima da pressão hidrostática) para originar fraturas hidráulicas ou brechas ou para gerar espaços ou fraturas abertas, o que pressupõe a existência de direções tracionais dentro da massa rochosa.

capítulo 4
Profundidades máximas e campos de fraturamento

Neste capítulo é discutida a profundidade máxima de ocorrência dos diversos campos de fraturamento, bem como a profundidade máxima de ocorrência de fraturas abertas na crosta. Cada campo de fraturamento será tratado caso a caso nos regimes tracional, transcorrente e de cavalgamento, relacionando-os às falhas normais, transcorrentes e de cavalgamento.

A determinação das profundidades máximas baseia-se no fato de que um dos três eixos principais de tensão é vertical e de magnitude igual à pressão exercida pelo peso das rochas sobrejacentes ou à pressão litostática na profundidade considerada (Secor, 1965).

Os três modos de fraturamento — fraturamento hidráulico, cisalhamento tracional e cisalhamento compressivo — são definidos por círculos no diagrama de Mohr que tangenciam a envoltória composta em pontos específicos. Assim, para o fraturamento hidráulico, os círculos de Mohr tangenciam o envelope unicamente no ponto de coordenadas (–T, 0), e fraturas puramente extensionais formam-se em planos perpendiculares a σ_3 desde que a tensão diferencial seja inferior a 4T, ou seja, $(\sigma_1 - \sigma_3) < 4T$. Nessas condições não haverá formação de fraturas de cisalhamento, uma vez que a tensão cisalhante σ_s é nula. A profundidade máxima do fraturamento por cisalhamento hidráulico é determinada pelo valor da tensão principal máxima referente ao círculo de Mohr que delimita o campo de fraturamento hidráulico, sendo igual a 3T.

O fraturamento por cisalhamento tracional ocorre quando círculos de Mohr com diâmetros entre $4T < (\sigma_1 - \sigma_3) < 5,66T$ tangenciam a parte parabólica da envoltória composta no campo tracional, em que $(\sigma'_n < 0)$ e as profundidades máximas de ocorrência desse tipo de fratura são definidas pelo valor da tensão principal máxima, igual a 4,82T.

Já o fraturamento por cisalhamento compressional ocorre quando círculos de Mohr com diâmetros maiores que 5,66T, ou seja, $(\sigma_1 - \sigma_3) > 5,66T$, tangenciam a envoltória no campo tracional, em que $(\sigma'_n > 0)$. Nesse campo é de interesse a determinação da profundidade máxima de fraturas abertas perpendiculares a σ_3.

Falhas normais, transcorrentes e de cavalgamento deverão ser tratadas caso a caso nos regimes tracional, transcorrente e de cavalgamento.

Segundo Sibson (1998), massas de rocha intacta são menos resistentes quando submetidas à tração horizontal em comparação com a compressão na mesma direção, com o fraturamento rúptil no campo tracional ocorrendo em níveis de tensões diferenciais bem menores, considerando-se as mesmas condições de profundidade e de pressão de fluidos. Ainda segundo o referido autor, sob as mesmas condições do fator de poropressão λ_v, a tensão diferencial requerida para o cisalhamento a uma determinada profundidade em um regime compressional é cerca de quatro vezes maior do que em um regime tracional.

Para qualquer valor do fator de poropressão em um regime tectônico tracional, em que σ_1 é vertical, há uma progressão em função da profundidade do fraturamento hidráulico para cisalhamento tracional e daí para cisalhamento compressional. As profundidades de transição entre os três modos de ruptura também aumentam com a resistência à tração das rochas ou, em outras palavras, a profundidade cresce com o aumento da competência das rochas.

Em um regime compressional, em que σ_3 é vertical, fraturas por cisalhamento compressional somente podem ocorrer em condições de elevados níveis de tensões diferenciais para ($\lambda_v < 1,0$), enquanto pressões de fluidos supralitostáticas ($\lambda_v > 1,0$) são necessárias para induzir todos os outros modos de ruptura. Para regimes de transcorrência, em que σ_2 é vertical, as tensões diferenciais necessárias para induzir os três modos de ruptura recaem sobre as condições de regimes compressionais e tracionais, aproximando-se das condições de regimes compressionais quando σ_2 aproxima-se de σ_3 e das condições de regimes tracionais quando σ_2 aproxima-se de σ_1. Todas essas questões serão examinadas em mais detalhes nas seções a seguir.

4.1 Profundidades máximas de ocorrência do fraturamento hidráulico

Nesta seção serão analisadas as profundidades máximas na crosta de ocorrência do fraturamento hidráulico associado a falhas normais, transcorrentes e de cavalgamento. Desde que a tensão diferencial seja inferior a 4T, ou seja, $(\sigma_1 - \sigma_3) < 4T$, fraturas puramente extensionais formam-se em planos perpendiculares a σ_3 para as condições de tensão representadas por círculos de Mohr que tangenciam o envelope unicamente no ponto de coordenadas (–T,0), de modo que $\sigma'_3 = -T$ ou $P_f = \sigma_3 + T$, o que define o critério de fraturamento hidráulico. Deve-se observar que nesse campo de fraturamento não há tensões cisalhantes nos planos de ruptura.

4.1.1 Falhas normais

Considerando-se as condições impostas pela envoltória composta, conforme discutido acima e no Cap. 3, as Eqs. 3.19 e 3.20 permitem definir um limite máximo na profundidade da crosta onde pode ocorrer o fraturamento hidráulico associado a falhas normais. Em se tratando de falhas normais, o eixo principal máximo de tensão σ_1 é vertical, e assim:

$$\sigma'_1 = \sigma_v$$

Logo, tendo-se em conta a Eq 3.19, pode-se fazer:

$$\sigma'_1 = \rho_r g z (1 - \lambda_v) \tag{4.1}$$

A Fig. 3.11 mostra que o valor de σ'_1 para o círculo de Mohr máximo que delimita o campo de fraturamento hidráulico é igual a 3T (ver também o Anexo 3 para dedução desse valor). Substituindo-se σ'_1 por 3T na equação acima e fazendo-se $z = z_{max}$, obtém-se:

$$z_{max} = \frac{3T}{\rho_r g (1 - \lambda_v)} \tag{4.2}$$

Essa expressão fornece, portanto, a profundidade máxima na qual o fraturamento hidráulico pode ocorrer no caso em que σ'_1 é vertical ou em um regime de falhamento normal.

Por exemplo, em condições de pressão hidrostática em que o fator de poropressão é $\lambda_v = 0{,}4$, o fraturamento hidráulico associado a falhas normais estende-se até cerca de 2 km de profundidade, considerando-se uma densidade das rochas igual a 2.500 kg/m³ e para T = 10 MPa (Fig. 4.1).

A Fig. 4.1 representa as soluções gráficas da Eq. 4.2 para diversos valores arbitrários de T em áreas de falhas normais.

4.1.2 Falhas transcorrentes

No caso de falhas transcorrentes, o eixo principal intermediário das tensões σ_2 é vertical. Tendo-se como base a Eq. 4.1, pode-se fazer:

$$\sigma'_2 = \rho_r g z (1 - \lambda_v) \tag{4.3}$$

A magnitude de σ_1 é sempre maior que a magnitude de σ_2. Considerando-se que σ'_1 seja n vezes maior que σ'_2 ou que $\sigma'_1 = n\sigma'_2$ e substituindo-se essa igualdade na equação acima:

$$\sigma'_1 = n\rho_r g z (1 - \lambda_v) \tag{4.4}$$

Atribuindo-se nessa equação o valor máximo de σ'_1 para o fraturamento hidráulico e rearranjando-se os termos, obtém-se finalmente:

$$z_{max} = \frac{3T}{n\rho_r g (1 - \lambda_v)} \tag{4.5}$$

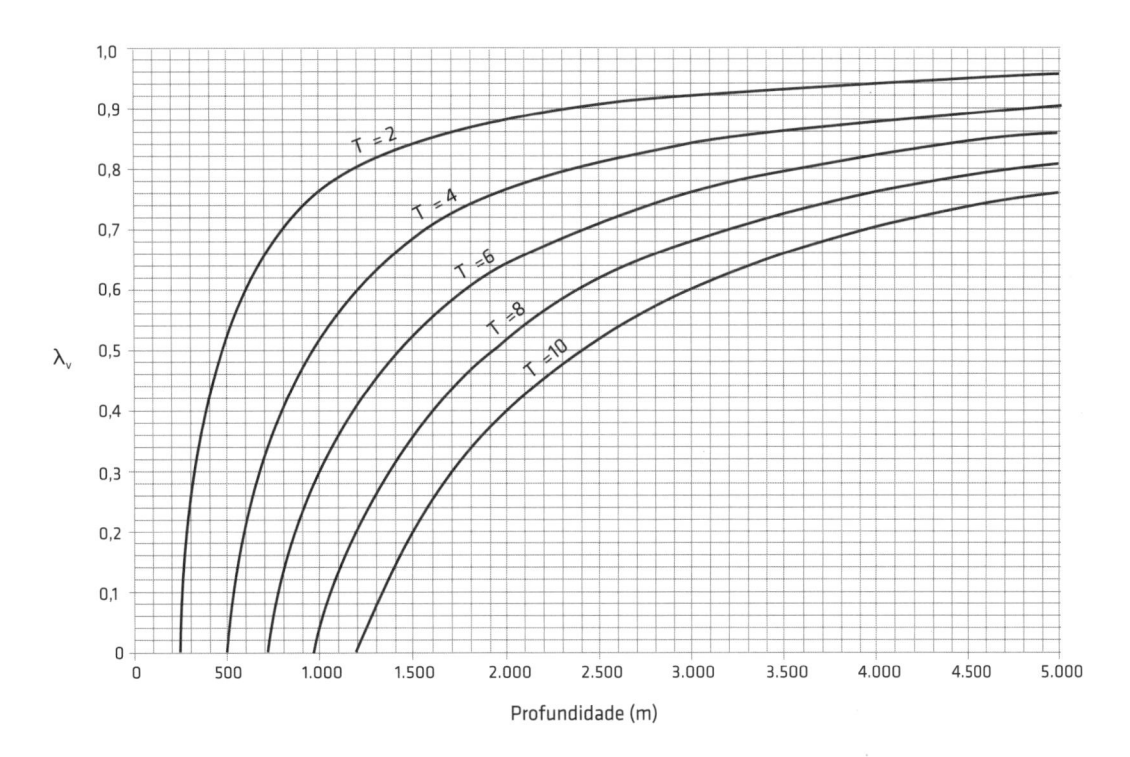

Fig. 4.1 Profundidades máximas na crosta onde pode ocorrer o fraturamento hidráulico, em zonas de regimes trativos, com σ_1 vertical. A densidade das rochas é igual a 2.500 kg/m³ e a resistência uniaxial à tração T varia de 2 a 10 MPa

Essa expressão fornece a profundidade máxima na qual o fraturamento hidráulico pode ocorrer para o caso de σ_2 ser vertical ou estar em regime de falhas transcorrentes.

A Eq. 4.5, que descreve o fraturamento hidráulico associado a falhas transcorrentes, é plotada para valores de n iguais a 1, 2, 4 e 8 na Fig. 4.2, assumindo-se a densidade das rochas ρ_r como igual a 2.500 kg/m³ e o valor de T como igual a 10 MPa.

4.1.3 Falhas de cavalgamento

No falhamento de cavalgamento o eixo principal mínimo σ_3 é vertical, enquanto o eixo principal máximo σ_1 é –n vezes maior que σ_3. Observe-se que, na Fig. 3.9, o valor de $\sigma'_1 = 3T$ e o de $\sigma'_3 = -1T$ para o fraturamento hidráulico. Dessa forma, tendo-se como base a Eq. 4.1, pode-se escrever:

$$\sigma'_3 = \rho_r g z (1 - \lambda_v) \qquad (4.6)$$

E, como $\sigma'_1 = -n\sigma'_3$, obtém-se, após substituição na equação acima:

$$\sigma'_1 = -n\rho_r g z (1 - \lambda_v) \qquad (4.7)$$

Considerando-se o valor máximo de σ_1 para o fraturamento hidráulico e após o rearranjo dos termos, tem-se:

$$z_{max} = \frac{3T}{-n\rho_r g (1 - \lambda_v)} \qquad (4.8)$$

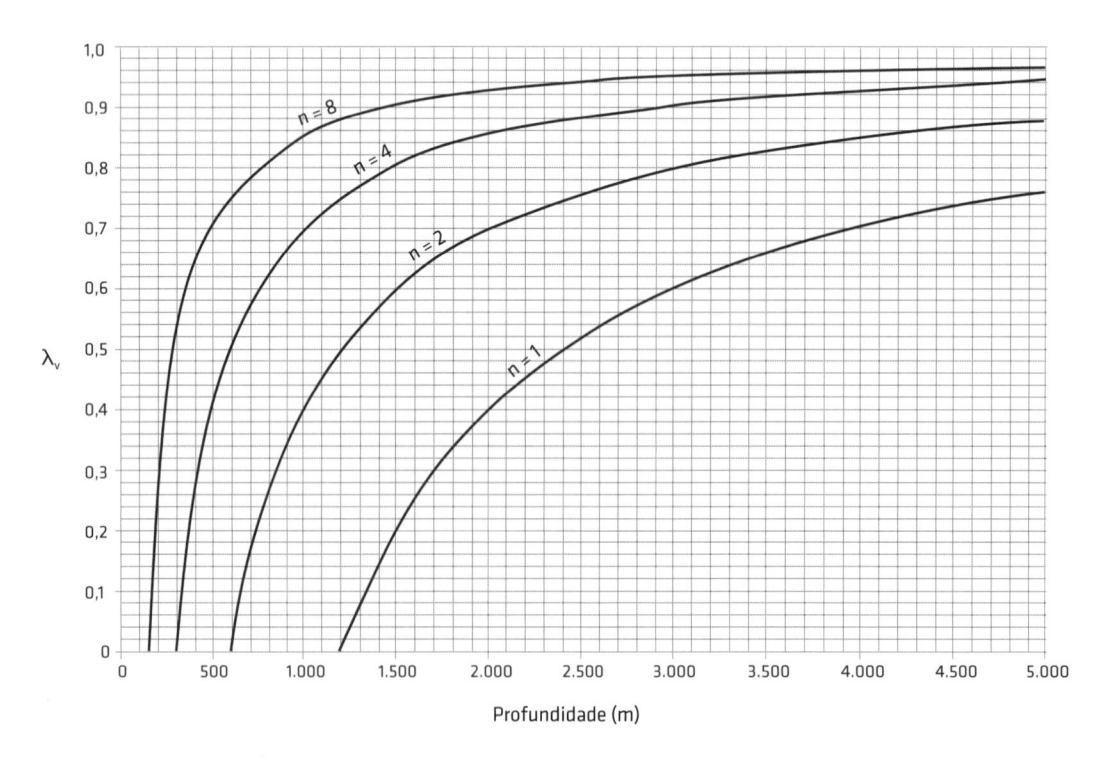

Fig. 4.2 Profundidades máximas na crosta onde podem ocorrer fraturas hidráulicas em regimes transcorrentes, para várias razões de σ_2 em relação a σ_1, sendo σ_2 vertical. A densidade das rochas foi tomada como igual a 2.500 kg/m³ e a resistência uniaxial à tração T igual a 10 MPa

Observa-se pela equação anterior que, no caso de σ_3 ser vertical, o fraturamento hidráulico só poderá ocorrer se os valores de λ_v forem superiores à unidade. Esse fato é significativo, indicando que o fraturamento hidráulico associado a falhas de cavalgamento só é possível quando a pressão de fluidos superar o valor da pressão litostática.

A Fig. 4.3 representa as profundidades máximas de ocorrência de fraturas hidráulicas associadas a falhas de cavalgamento, com valores de n iguais a –1, –1,5, –2 e –3 e valores de λ_v superiores à unidade.

Os gráficos apresentados para os três regimes de falhamentos evidenciam que, à medida que o fator de poropressão λ_v aproxima-se da unidade, a profundidade máxima de ocorrência do fraturamento hidráulico pode ser bastante elevada, mesmo para rochas excepcionalmente pouco resistentes (valores baixos de T). Para regimes compressionais, em que σ_3 é vertical (falhas de cavalgamento), o valor de λ_v para a ocorrência do fraturamento hidráulico deverá ser superior à unidade ou, em outras palavras, quando o valor da pressão de fluidos superar o valor da pressão litostática.

Uma das causas apontadas para essas pressões excepcionalmente altas de fluidos é a baixa permeabilidade de rochas selantes, como argilitos e folhelhos. Nesses casos, como a água não consegue escapar, é compactada junto às rochas durante o processo de soterramento. Como consequência, a pressão de fluidos continuará a aumentar cada vez mais com o processo de compactação, podendo alcançar valores bastante elevados. Além disso, com relação a regimes compressionais, devem-se considerar ainda os efeitos somados da compressão tectônica no processo de fechamento da bacia, que comprime as rochas e eleva ainda mais a pressão de fluidos nessas zonas da crosta.

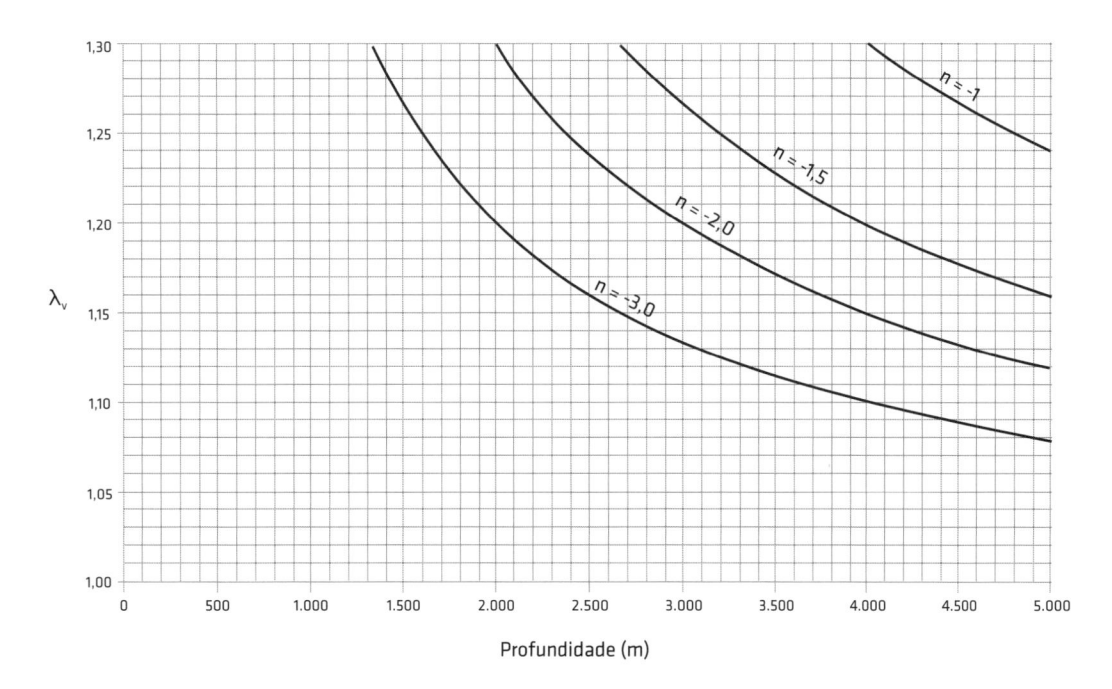

Fig. 4.3 Profundidades máximas na crosta onde pode ocorrer fraturamento hidráulico em falhas de cavalgamento, para várias razões de σ_1 em relação a σ_3, sendo σ_3 vertical. Tomou-se a densidade das rochas como igual a 2.500 kg/m³ e a resistência uniaxial à tração T igual a 10 MPa

4.2 Profundidades máximas de ocorrência de fraturas por cisalhamento tracional

Falhas ou fraturas por cisalhamento tracional, associadas a fraturas híbridas, formam-se quando círculos de Mohr com diâmetros entre $4T < (\sigma_1 - \sigma_3) < 5,66T$ tangenciam a parte parabólica da envoltória composta no campo tracional ($\sigma'_n < 0$). Essas fraturas ocorrem contendo a direção do eixo principal intermediário σ_2 e posicionadas em ângulos $180 \geq 2\theta_{ex} > 2\theta$, em que θ_{ex} é o ângulo entre σ_3 e o plano de ruptura no campo tracional. Essa mudança do ângulo θ é mostrada na Fig. 3.10. Em outras palavras, o ângulo entre o plano de ruptura e o eixo principal menor, no campo tracional, é maior que o ângulo θ no campo compressional, podendo, inclusive, ser igual a 180° no fraturamento hidráulico.

4.2.1 Falhas normais

Considerando-se as condições impostas pela envoltória composta e o círculo de Mohr máximo, em que $\sigma'_1 = 4,82T$ (ver Anexo 4 para a dedução desse valor), conforme mostra a Fig. 3.12, a profundidade máxima na crosta onde o cisalhamento tracional pode ocorrer associado a falhas normais ou em que σ_1 é vertical é dada por:

$$z_{max} = \frac{4,82T}{\rho_r g(1-\lambda_v)} \tag{4.9}$$

Essa expressão fornece, portanto, a profundidade máxima de ocorrência de cisalhamento tracional associado a falhas normais. A Fig. 4.4 representa as soluções gráficas dessa equação para diversos valores arbitrários de T.

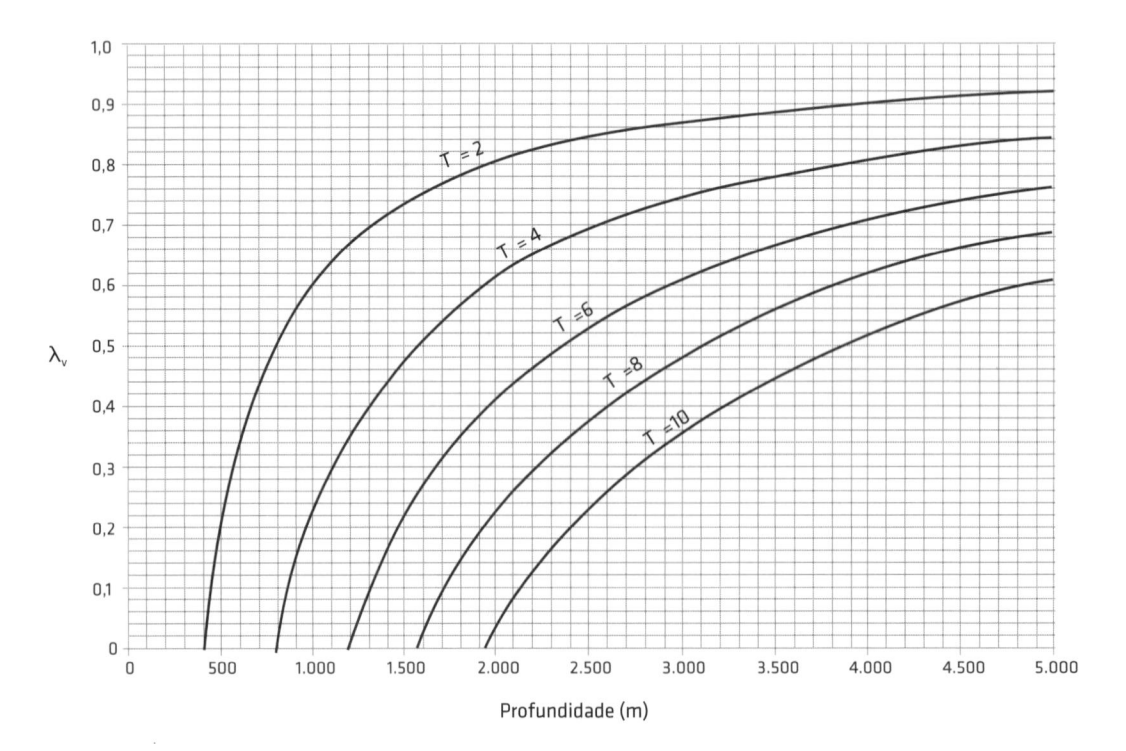

Fig. 4.4 Profundidades máximas na crosta onde pode ocorrer cisalhamento tracional em zonas de falhas normais. A densidade das rochas é igual a 2.500 kg/m³ e a resistência uniaxial à tração (T) varia entre 2 e 10 MPa

Por exemplo, tendo-se em conta o gráfico da Fig. 4.4 sob condições de pressão hidrostática $\lambda_v = 0{,}4$, o cisalhamento tracional estende-se até 1,9 km de profundidade para T = 6 MPa e para uma densidade das rochas igual a 2.500 kg/m³.

4.2.2 Falhas transcorrentes

Substituindo-se na Eq. 4.5 o valor de σ'_1, que define a tensão máxima no círculo de Mohr para fraturamento por cisalhamento tracional, obtém-se:

$$z_{max} = \frac{4{,}82T}{n\rho_r g(1-\lambda_v)} \qquad (4.10)$$

Essa expressão fornece a profundidade máxima na qual o cisalhamento tracional pode ocorrer associado a falhamentos transcorrentes, sendo σ_2 vertical.

A Eq. 4.10, que descreve a profundidade máxima de ocorrência de cisalhamento tracional associado a falhas transcorrentes, é plotada na Fig. 4.5 para valores de n iguais a 1, 2, 4 e 8, assumindo-se uma densidade das rochas ρ_r igual a 2.500 kg/m³ e T = 10 MPa.

4.2.3 Falhas de cavalgamento

Substituindo-se na Eq. 4.8 o valor de σ_1, que define a tensão máxima para o círculo de Mohr, o qual, por sua vez, define o fraturamento por cisalhamento tracional associado a cavalgamentos, obtém-se:

$$z_{max} = \frac{4{,}82T}{-n\rho_r g(1-\lambda_v)} \qquad (4.11)$$

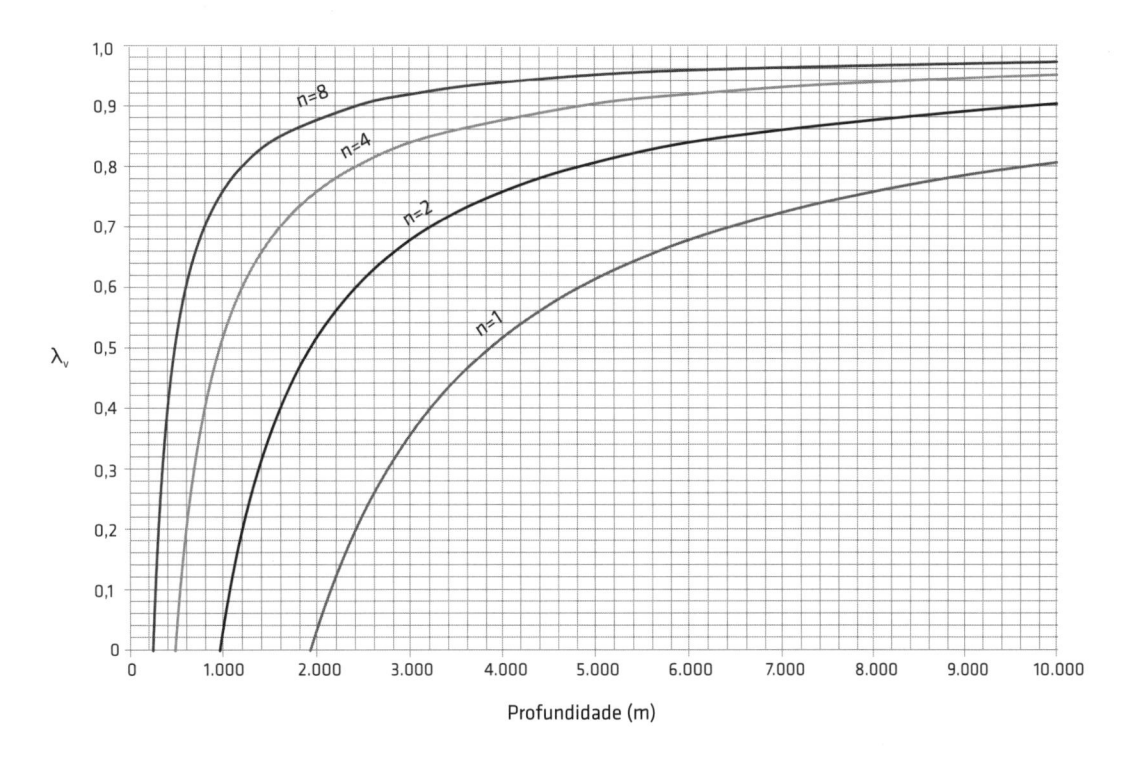

Fig. 4.5 Profundidades máximas na crosta onde pode ocorrer cisalhamento tracional associado a falhas transcorrentes. A densidade das rochas é igual a 2.500 kg/m³, T = 10 MPa e n = 1, 2, 4 e 8

Essa expressão fornece, portanto, a profundidade máxima na qual o cisalhamento tracional pode ocorrer, quando σ_3 é vertical, sendo plotada na Fig. 4.6 para valores de n iguais a –1, –1,5, –2 e –3, assumindo-se uma densidade ρ_r das rochas igual a 2.500 kg/m³ e um valor de T igual a 10 MPa.

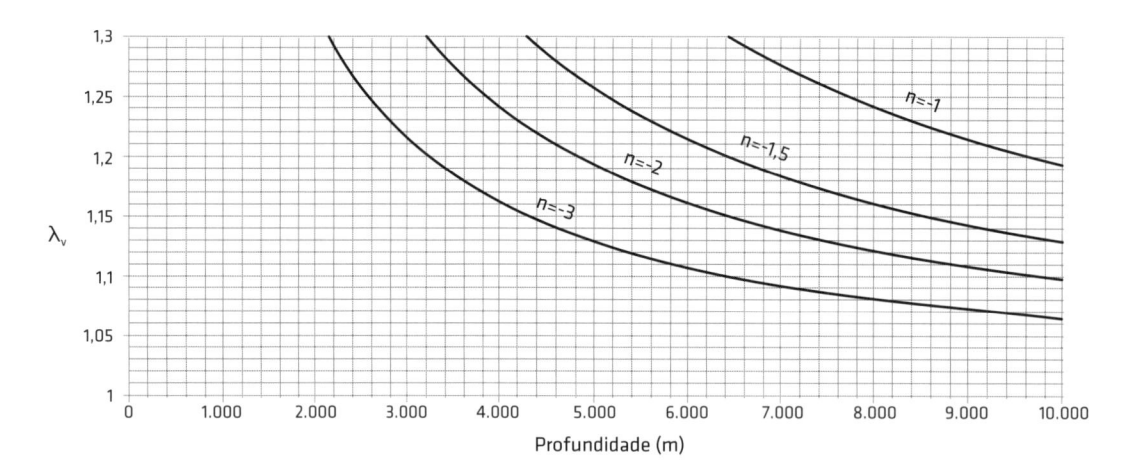

Fig. 4.6 Profundidades máximas na crosta onde pode ocorrer cisalhamento tracional associado a falhas de cavalgamento. $\rho_r = 2.500$ kg/m³, T = 10 MPa e n = –1, –1,5, –2 e –3

4.3 Profundidades máximas de ocorrência de fraturas abertas

Falhas ou fraturas formadas por cisalhamento no campo compressional $\sigma'_n > 0$ podem ocorrer somente quando círculos de Mohr com $(\sigma_1 - \sigma_3) > 5,66T$ tangenciam a envoltória. As fraturas de cisalhamento formam-se a um ângulo θ em relação ao eixo menor de tensões igual a 45 + φ/2 para a porção linear do envelope. Uma situação especial nesse campo é quando o círculo de Mohr tangencia a envoltória no ponto E da Fig. 3.10. Nesse caso, o valor de σ'_1 é igual a 8,33T e o de σ'_3 é igual a zero, ou seja: $\sigma_3 = P_f$ (Fig. 4.7) (ver Anexo 5 para dedução dos valores).

O ponto E representa as condições dos esforços para a formação de falhas no campo compressivo e fraturas abertas perpendiculares a σ_3 no limite dos campos compressivo e distensivo. Pode-se observar na figura, por exemplo, que falhas normais com cerca de 60° de mergulho e fraturas abertas verticais, perpendiculares a σ_3, irão se formar quando a tensão diferencial $(\sigma_1 - \sigma_3)$ for igual a 8,33T. O limite de fraturas abertas desenvolvidas em planos perpendiculares a σ_3 é definido pelo fato de a pressão de fluidos P_f ser igual à tensão σ_3, conforme referido acima.

A partir daí, com o aumento da tensão diferencial, círculos cada vez maiores serão necessários para a geração de falhas (ou para tangenciar a envoltória) e, dessa forma, o eixo de tensão principal menor σ_3 (bem como σ_1) será deslocado para a direita, adentrando o campo compressional. Como consequência, as fraturas perpendiculares a esse eixo, formando-se no campo compressivo, serão fechadas, uma vez que a tensão σ_3, que atua no sentido de fechar a fratura, passa a ser maior que a pressão de fluidos P_f, que atua no sentido de abrir a fratura.

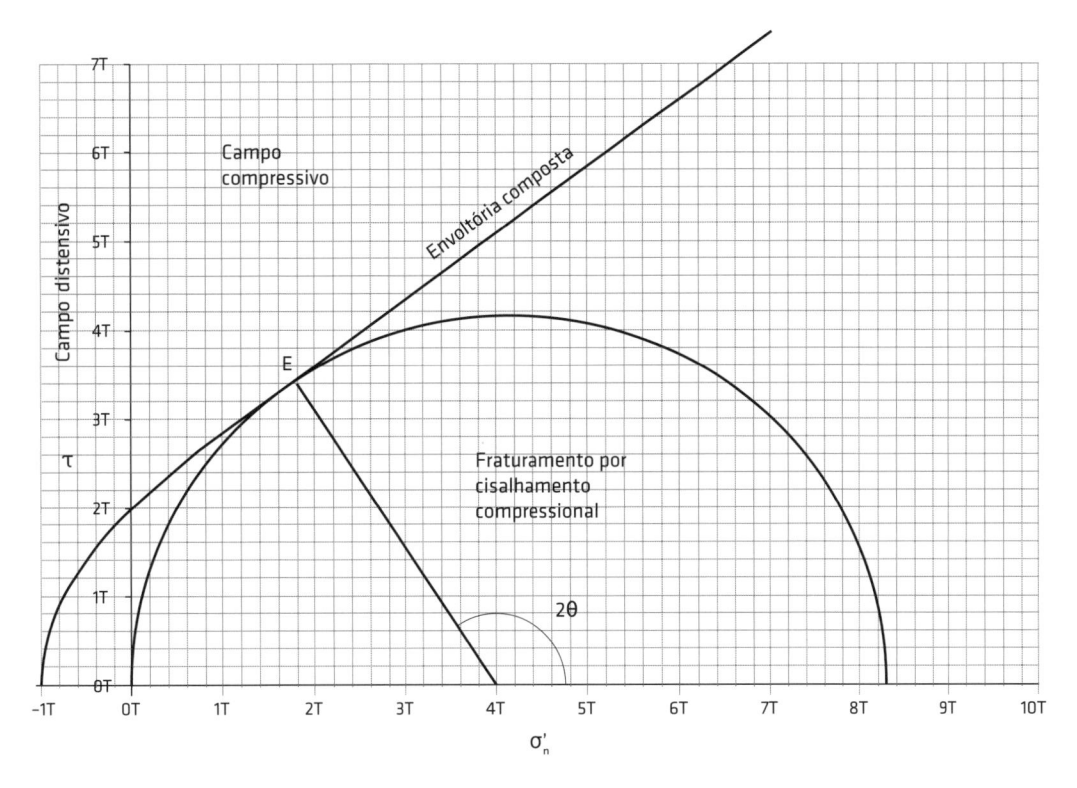

Fig. 4.7 Diagrama de Mohr e o campo de fraturas por cisalhamento compressional, delimitado pelo círculo em que $\sigma'_1 = 8{,}33T$ e $\sigma'_3 = 0T$. O valor de 0T marca o limite de formação de fraturas abertas perpendiculares a σ'_3

4.3.1 Falhas normais

Conforme referido anteriormente, a profundidade máxima na crosta para a ocorrência de fraturas abertas é definida pelo círculo de Mohr em que $\sigma'_3 = 0$ e $\sigma'_1 = 8{,}33$ (ver Fig. 3.9 e Anexo 5 para dedução do valor máximo).

Assim, tendo-se em conta o valor máximo de σ'_1 e a Eq. 4.2, as profundidades máximas na crosta onde podem ocorrer fraturas abertas perpendiculares a σ_3 associadas a falhas normais são dadas pela equação:

$$z_{max} = \frac{8{,}33T}{\rho_r g(1-\lambda_v)} \tag{4.12}$$

A Eq. 4.12 foi plotada na Fig. 4.8 para diversos valores de T e n, considerando-se a densidade das rochas ρ_r como igual a 2.500 kg/m³. Por exemplo, para $\lambda_v = 0{,}4$, fraturas abertas perpendiculares σ'_3 podem ser encontradas a até 4.500 m de profundidade para T = 8. Tais fraturas podem desempenhar um papel importante na migração de fluidos hidrotermais, petróleo ou água subterrânea.

4.3.2 Falhas transcorrentes

No caso de σ_2 vertical e tendo como base a Eq. 4.5, a profundidade máxima de fraturas abertas perpendiculares a σ_3 é dada por:

$$z_{max} = \frac{8{,}33T}{n\rho_r g(1-\lambda_v)} \tag{4.13}$$

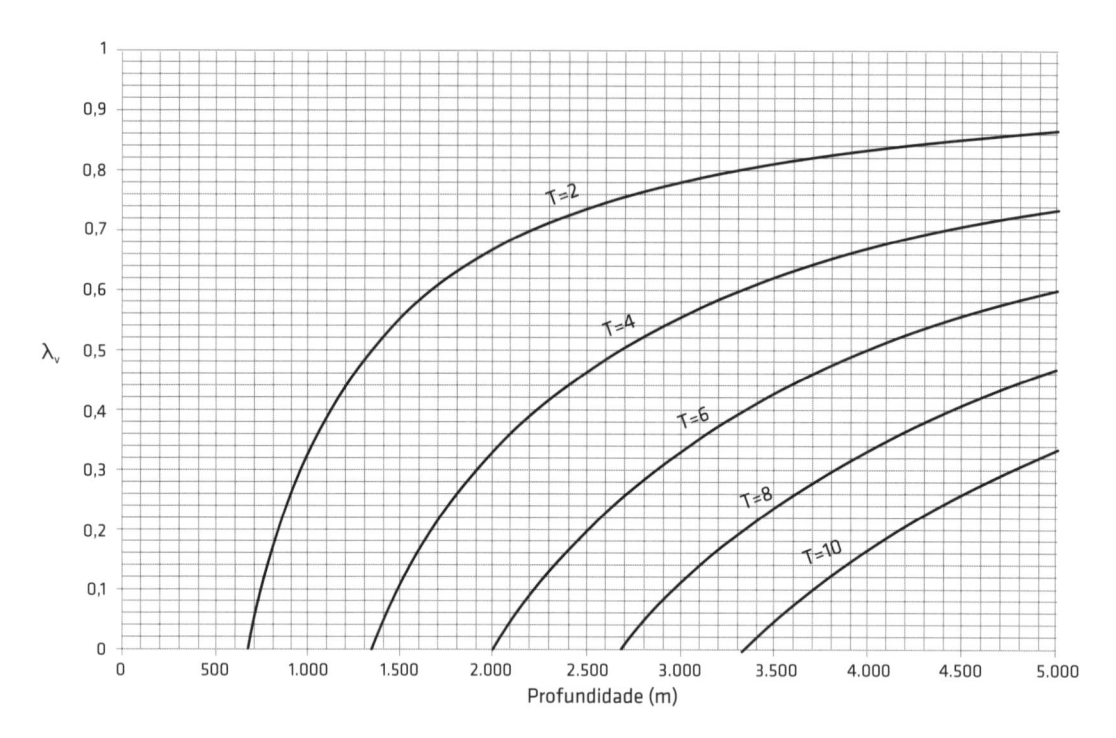

Fig. 4.8 Profundidades máximas na crosta onde podem ocorrer fraturas abertas perpendiculares a σ_3 associadas a falhas normais para diferentes valores de T

A Eq. 4.13 foi plotada na Fig. 4.9 para diversos valores de T e n, considerando-se a densidade das rochas ρ_r como igual a 2.500 kg/m³. Por exemplo, para $\lambda_v = 0{,}4$, fraturas abertas perpendiculares σ_3 podem ser encontradas até 2.750 m de profundidade para n = 2.

4.3.3 Falhas de cavalgamento

No caso em que σ_3 é vertical, a profundidade máxima de fraturas abertas perpendiculares a σ_3, com base na Eq. 4.8, é dada por:

$$z_{max} = \frac{8,33T}{-n\rho_r g(1-\lambda_v)} \tag{4.14}$$

A Eq. 4.14 foi plotada na Fig. 4.10 para diversos valores de T e n, considerando-se a densidade das rochas ρ_r como igual a 2.500 kg/m³. O gráfico evidencia que fraturas abertas perpendiculares a σ_3 associadas a falhas de cavalgamento podem ocorrer a grandes profundidades na crosta, porém associadas a valores de λ_v iguais ou superiores às unidades, o que significa condições de pressões de fluidos iguais ou superiores à pressão litostática.

4.4 Os campos de fraturamento nos diversos sistemas de falhas

Quando os campos de fraturamento são colocados em um único diagrama de profundidade contra o fator de poropressão λ_v, para falhas normais, transcorrentes ou de cavalgamento, evidencia-se uma progressão, em profundidade, do fraturamento hidráulico para fraturamento por cisalhamento tracional e, daí, para o fraturamento por cisalhamento compressional em maior profundidade. O limite entre o campo de fraturamento hidráulico e o de cisalhamento tracional é bem marcado, assim como o

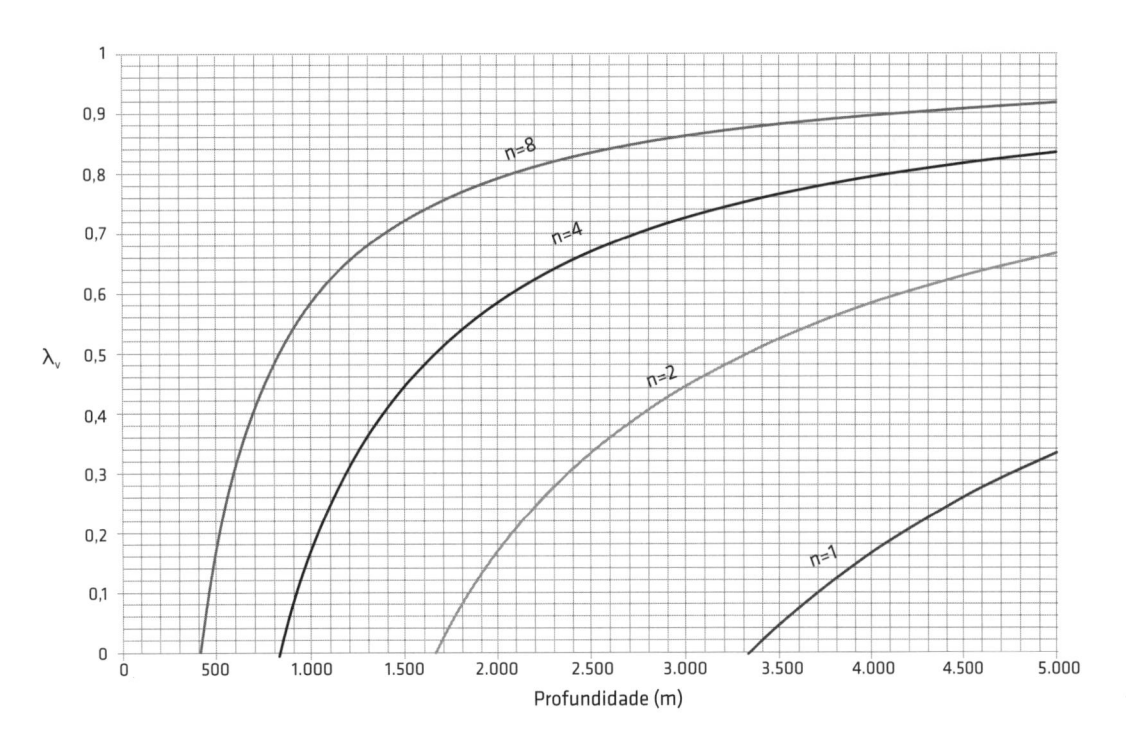

Fig. 4.9 Profundidades máximas na crosta onde podem ocorrer fraturas abertas perpendiculares a σ_3 associadas a falhas transcorrentes

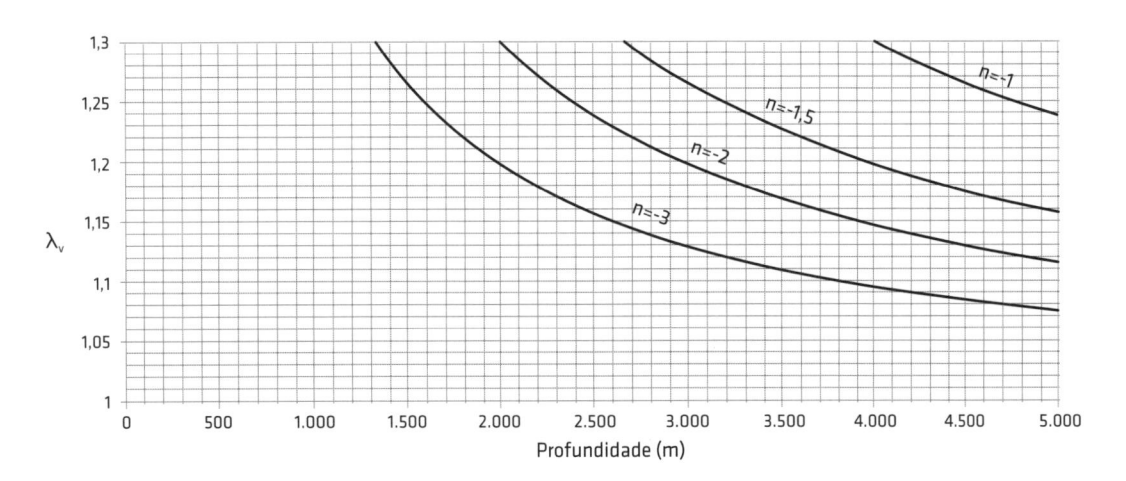

Fig. 4.10 Profundidades máximas na crosta onde podem ocorrer fraturas abertas perpendiculares a σ_3 associadas a falhas de cavalgamento para diferentes valores de T

limite entre o campo do cisalhamento tracional e o de cisalhamento compressional. Também bem marcado é o limite, em profundidade, de ocorrência de fraturas abertas perpendiculares a σ_3, a partir do qual todas as fraturas serão fechadas. As profundidades de transição entre esses modos de ruptura aumentam com a resistência à tração uniaxial. As seções a seguir analisam os campos de fraturamento para cada um dos sistemas de falhas.

4.4.1 Campos de fraturamento no sistema de falhas normais

A Fig. 3.8 mostra os campos dos três modos de fraturamento rúptil no diagrama de Mohr e as tensões diferenciais que controlam cada um dos tipos de fraturas. Assim, dentro de um tipo particular de rocha, o modo de ruptura depende do balanço entre a tensão diferencial ($\sigma_1 - \sigma_3$) e a resistência uniaxial à tração T.

Quando ($\sigma_1 - \sigma_3$) < 4T, fraturas puramente extensionais se formam de acordo com o critério de fraturamento hidráulico, dispondo-se em planos de cisalhamento zero e perpendiculares ao esforço compressivo mínimo σ_3. Sendo σ_3 horizontal, essas fraturas se dispõem em posição vertical. Quando 4T > ($\sigma_1 - \sigma_3$) < 5,66T, ocorre o fraturamento perpendicular a σ_3 (fraturas extensionais) em posição vertical, bem como fraturas ou falhas por cisalhamento, estas últimas no campo tracional, governadas pelo critério de Griffith, com inclinações maiores que 60° em relação à horizontal.

Quando ($\sigma_1 - \sigma_3$) < 5,66T, o fraturamento por cisalhamento se dá no campo compressional, de acordo com o critério de Coulomb, originando falhas ou fraturas de cisalhamento com inclinações em torno de 60° em relação à horizontal. Nesse campo de cisalhamento compressivo há uma zona onde ocorrem fraturas de tensão verticais abertas, na condição em que $\sigma'_3 < 0$ e fraturas extensionais verticais fechadas, quando $\sigma'_3 > 0$, em maiores profundidades. Essas condições, mostradas em um diagrama de λ_v contra a profundidade, assim como os limites entre os diferentes campos de fraturamento, são apresentadas na Fig. 4.11.

Considerando-se ainda essa figura e tomando-se como referência a linha de pressão hidrostática ($\lambda_v = 0,4$), verifica-se que o campo de fraturamento hidráulico estende-se das proximidades da superfície (120 m de profundidade para T = 1) até 2 km de profundidade, para T = 10 MPa, no limite do fraturamento hidráulico/fraturamento por cisalhamento tracional. A partir daí, em maiores profundidades, adentra-se o campo do fraturamento por cisalhamento tracional, que se prolonga até a profundidade de 3,2 km, no limite dos campos

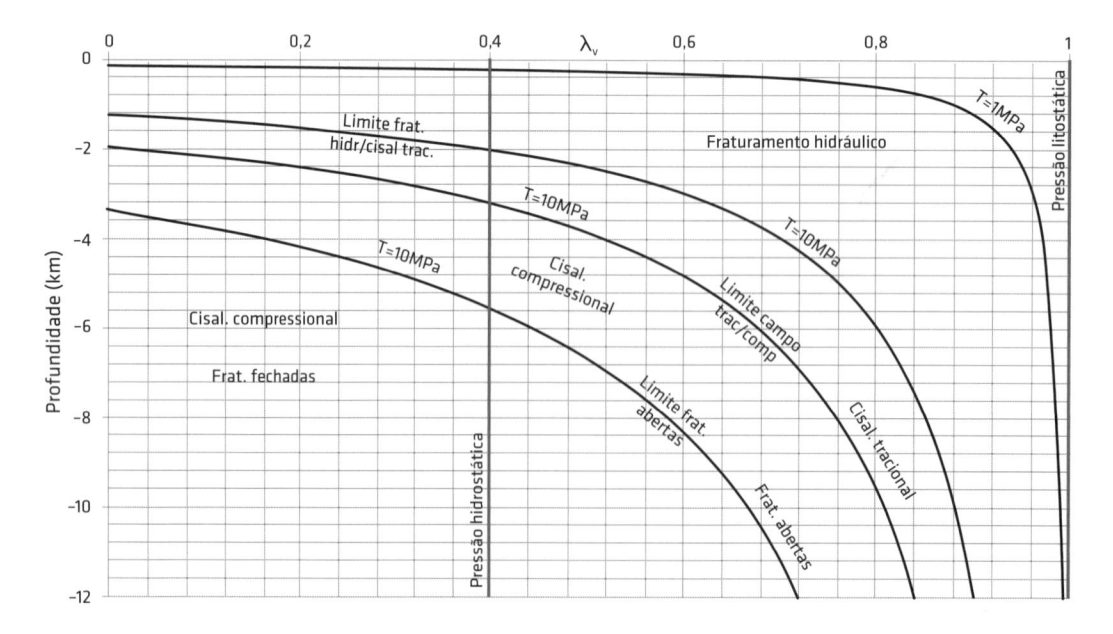

Fig. 4.11 Diagrama de λ_v contra a profundidade e os diferentes campos de fraturamento para um regime de falhamento normal e para T = 10 MPa. A linha de 1 MPa indica o limite mínimo de ocorrência de fraturamento nas rochas

tracional/compressional, momento em que a tensão normal σ_n é nula. As fraturas do par conjugado serão abertas, bem como as fraturas de tensão perpendiculares a σ_3.

A silicificação por processos hidrotermais poderá aumentar a resistência uniaxial à tração T das rochas e, com isso, aumentar as profundidades nas quais as fraturas de tensão poderão ocorrer. A partir desse limite, as fraturas do par conjugado se darão por cisalhamento compressional e serão fechadas, enquanto as fraturas de tensão permanecerão abertas até a profundidade de 5,5 km, no limite das fraturas abertas/fechadas, uma vez que a pressão de fluidos é maior que a pressão mínima σ'_3; a partir desse limite, as fraturas de tensão também passam a ser fechadas. Em condições de sobrepressão $\lambda_v > 0,4$, os limites referidos situam-se em profundidades cada vez maiores, na medida em que aumenta o fator de poropressão.

4.4.2 Campos de fraturamento no sistema transcorrente

Em regimes de falhas transcorrentes, em que $\sigma_v = \sigma_2$, as condições de pressão de fluidos criam um ambiente transtensional quando $\sigma_v = \sigma_2 \cong \sigma_1$ e um ambiente transpressional quando $\sigma_v = \sigma_2 \cong \sigma_3$. A Fig. 4.12 mostra uma situação intermediária, ou um regime transcorrente, em que $\sigma_v = \sigma_2 \cong \frac{1}{2}(\sigma_1 + \sigma_2)$. Os diferentes campos de fraturas, bem como as linhas que os definem, são apresentados para profundidades de até 12 km, em função do fator de poropressão λ_v, e para valores de resistência uniaxial à tração das rochas igual a 10 MPa.

Para o valor $\lambda_v = 0,4$, o limite entre os campos de fraturamento hidráulico e de cisalhamento tracional situa-se a 700 m de profundidade, para T = 10 MPa, enquanto o limite dos campos tracional/compressional situa-se a cerca de 1.000 metros de profundidade. A transição entre as fraturas de tensão abertas/fechadas encontra-se a 1.850 m de profundidade. Nesse modelo, tanto as falhas e fraturas por cisalhamento como as fraturas de tensão dispõem-se em posição vertical, uma vez que σ_3 é horizontal.

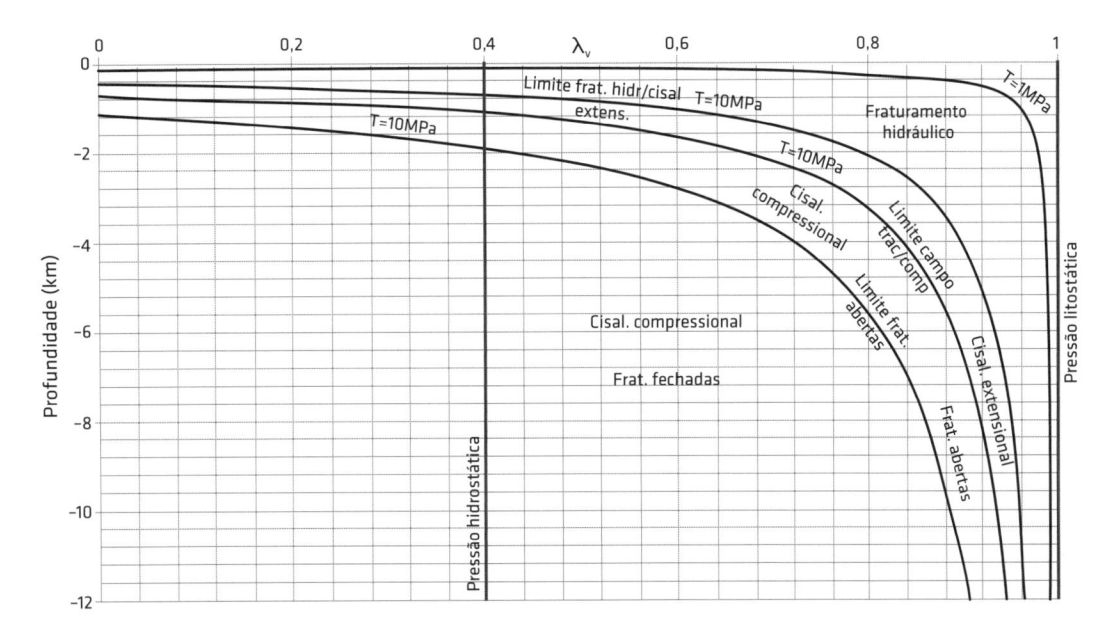

Fig. 4.12 Diagrama de λ_v contra a profundidade e os diferentes campos de fraturamento para um regime de falhamento transcorrente e para T = 10 MPa. A linha de 1 MPa indica o limite mínimo de ocorrência de fraturas nas rochas

Pode-se observar, por comparação com as condições explicitadas para as falhas normais, que os limites entre os diferentes campos de fratura do sistema transcorrente situam-se em profundidades bem menores que os de falhas normais, considerando-se os mesmos valores de λ_v.

4.4.3 Campos de fraturamento no sistema de cavalgamento

Os mesmos campos de fraturas descritos anteriormente podem ser encontrados no sistema de cavalgamento, em que σ_3 é vertical (Fig. 4.13). Nesse caso, porém, a pressão de fluidos exigida é bastante elevada, com valores de $\lambda_v > 1,0$ ou superiores à pressão litostática reinante no local. Assim, considerando-se um valor de $\lambda_v = 1,1$, o limite do fraturamento hidráulico/cisalhamento tracional encontra-se a 4 km de profundidade, enquanto o limite entre os campos tracional/compressional situa-se a 6,4 km de profundidade.

No que diz respeito às fraturas perpendiculares a σ_3, o limite entre fraturas abertas/fechadas situa-se a 11,1 km de profundidade. Deve-se observar que as fraturas de tensão, nesse caso, serão horizontais, uma vez que σ_3 é vertical. As falhas ou fraturas de cisalhamento, por sua vez, terão inclinações de cerca de 30°, no campo compressional, e menores que 30°, no campo distensional.

4.5 Influência da pressão de fluidos na permeabilidade secundária

Evidências de campo sugerem que estruturas compreendendo falhas interligadas com veios e fraturas por cisalhamento tracional e compressional formam importantes condutos para o fluxo de grandes volumes de fluidos hidrotermais e de hidrocarbonetos. Estruturas híbridas que compreendem rupturas de cisalhamento com pequenos deslocamentos e são interligadas com fraturas hidráulicas que funcionam como condu-

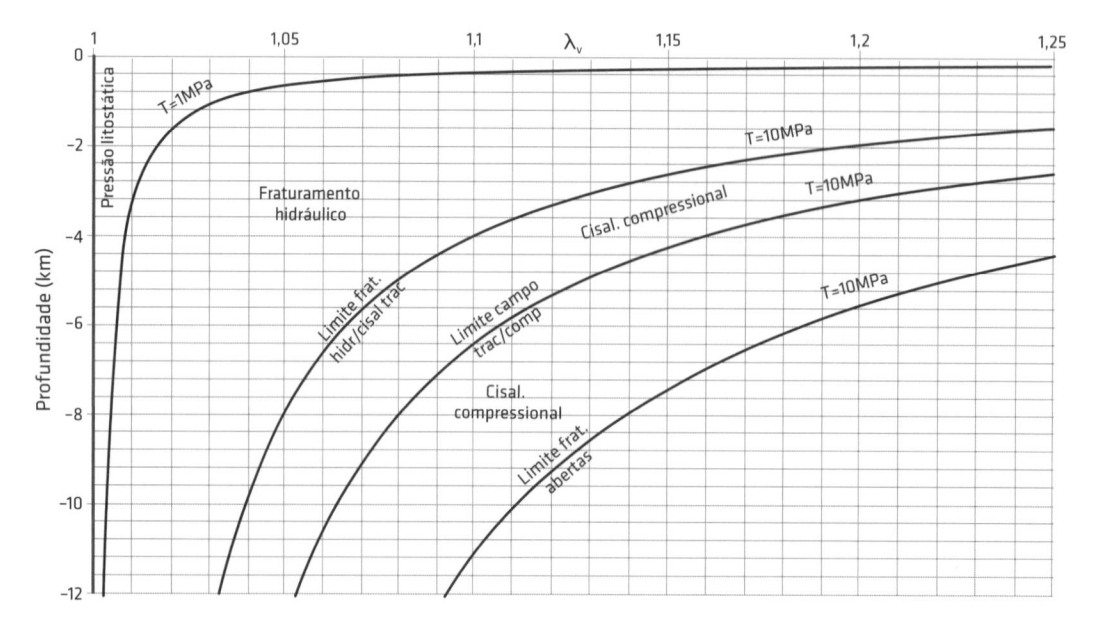

Fig. 4.13 Diagrama de λ_v contra a profundidade e os diferentes campos de fraturamento para um regime de falhamento de cavalgamento e para T = 10 MPa. A linha de 1 MPa indica o limite mínimo de ocorrência de fraturas nas rochas

tos altamente permeáveis podem propiciar as condições necessárias para o fluxo de grandes volumes de fluidos.

Essas estruturas podem ser geradas pela infiltração de fluidos sobrepressurizados em massas rochosas heterogêneas tectonicamente comprimidas. A passagem forçada de fluidos através de estruturas híbridas gera atividades sísmicas referentes a pequenos e numerosos terremotos, mesmo na ausência de um terremoto principal (Sykes, 1970). Pequenos terremotos originados por esse processo situam-se normalmente no domínio dos microterremotos, com deslocamentos da ordem do milímetro ou do centímetro, sendo comuns em áreas de atividades geotermais, em regimes tectônicos transtensionais ou transpressionais.

O mecanismo do fraturamento hidráulico pode ser imaginado da seguinte maneira: enquanto a pressão de fluidos é inferior a um valor crítico, o sistema hidrotermal caracteriza-se por um gradual acúmulo de fluidos e por um aumento de pressão. Esse aumento da pressão de fluidos resulta numa gradual diminuição da pressão efetiva, levando a um deslocamento do círculo de Mohr para a esquerda, em direção à envoltória.

Uma vez alcançada a pressão crítica, ou seja, no momento em que o círculo tangencia a envoltória, as fraturas já existentes serão abertas pela pressão de fluidos, podendo, ao mesmo tempo, serem geradas novas fendas e, com isso, submeter-se a rocha a um processo de brechação, venulação e formação de *stockworks*.

O subsequente decaimento da pressão devido ao aumento de permeabilidade pelo alargamento e pelo aumento na extensão das fraturas e falhas, aliado ao consequente escape de fluidos, pode, por um lado, resultar em algumas discretas inversões de deslocamentos. Por outro lado, a queda da pressão e da temperatura dos fluidos hidrotermais pode levar à precipitação de minerais a partir das soluções saturadas, como é muito comum na gênese de jazidas de ouro e de veios de quartzo, sendo este um importante processo de formação de jazidas minerais de caráter hidrotermal.

Não é raro que o escape dos fluidos, uma vez atingida a pressão crítica de ruptura das rochas, se dê de forma muito rápida, podendo levar à formação de brechas explosivas.

A formação de estruturas híbridas em materiais relativamente competentes tem características de deslocamentos tracionais (aberturas) e de cisalhamento (falhas), daí sua denominação, representando uma gama de estruturas intermediárias entre fraturas puramente extensionais e de cisalhamento tracionais. Sua orientação varia no intervalo entre esses dois tipos de estrutura.

Pode-se considerar que uma estrutura híbrida é cinematicamente equivalente a uma fratura de tração. Nesse caso, a condição $P_f \approx \sigma_3$ é adotada como um critério aproximado para sua ativação e, como consequência, a promoção de um grande fluxo de fluidos. Pelo fato de o fraturamento hidráulico ser uma condição necessária para a formação de estruturas híbridas altamente permeáveis, e considerando-se que T < 10 MPa para a maioria das rochas competentes (Etheridge, 1983), o limite superior da tensão diferencial durante a propagação dessas estruturas é tomado como sendo igual a 40 MPa (Sibson, 1996).

Conforme mostrou Secor (1965), a pressão de fluidos necessária para a ativação de estruturas híbridas em diferentes profundidades da crosta pode ser expressa em um diagrama do fator de poropressão λ_v contra a profundidade z (Fig. 4.14) para diferentes regimes de esforços, assumindo-se uma tensão diferencial máxima igual a 40 MPa. O gráfico é construído assumindo-se os níveis máximos possíveis da tensão diferencial capaz de produzir fraturamento hidráulico $(\sigma_1 - \sigma_3) = 4T$ e T = 1 e 10 MPa.

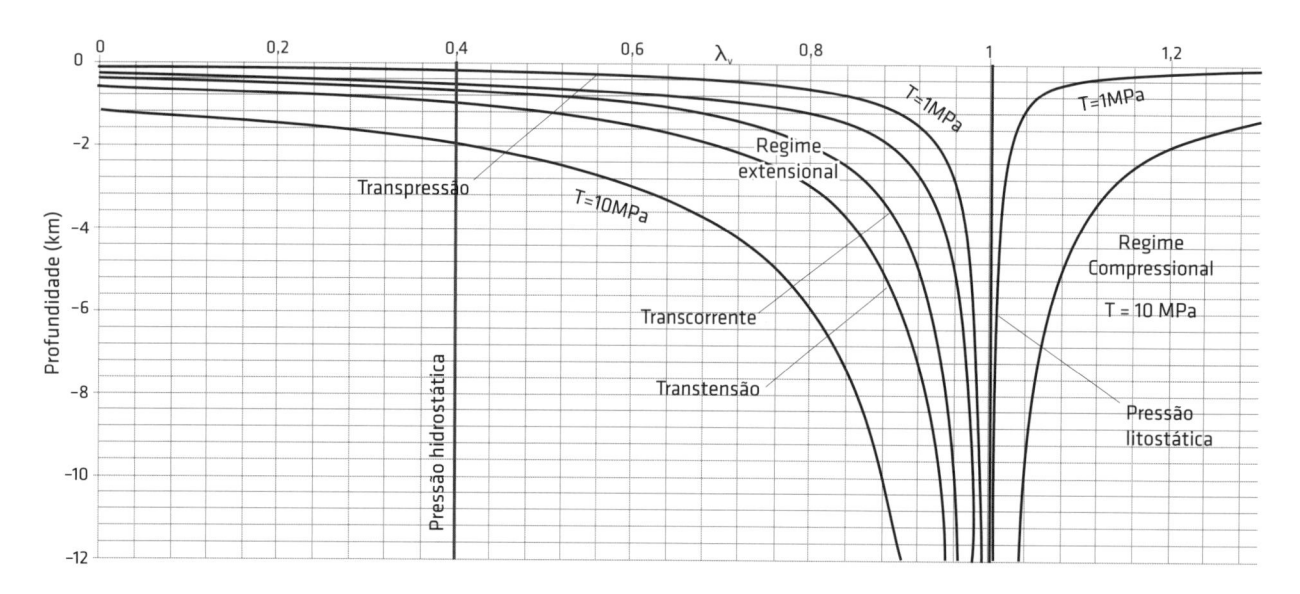

Fig. 4.14 Gráfico de λ_v contra a profundidade z ilustrando as pressões relativas de fluidos necessárias em diferentes profundidades para originar fraturas de extensão em regimes compressionais e tracionais para T = 1 MPa e T = 10 MPa. As curvas para o regime transcorrente foram representadas para a situação intermediária em que $\sigma_v = \sigma_2 \cong \frac{1}{2}(\sigma_1 + \sigma_3)$ e n = 3; para transpressão, $\sigma_2 = 0{,}5$ e n = 6; para transtensão, $\sigma_2 = 1{,}5$ e n = 2

Deve-se observar que em regimes tectônicos tracionais há uma zona próximo à superfície onde fraturas hidráulicas desenvolvem-se sob pressões hidrostáticas de fluidos; abaixo dessa zona, pressões de fluidos supra-hidrostáticas ($0{,}4 < \lambda_v < 1{,}0$) são requeridas para o fraturamento hidráulico, enquanto pressões supralitostáticas ($\lambda_v > 1$) são necessárias para a geração de hidrofraturamento.

Pode-se observar no gráfico da Fig. 4.14 que, enquanto a ativação de estruturas híbridas em um regime compressivo de falhas de cavalgamento ($\sigma_v = \sigma_3$) requer pressões de fluidos litostáticas ($\lambda_v \cong 1$) qualquer que seja a profundidade, a ativação de estruturas híbridas, inclusive com grande capacidade de transporte de fluidos, pode ocorrer sob pressões hidrostáticas ou até menores ($\lambda_v < 0{,}4$), a pouca profundidade, em um regime de falhas normais.

Em regimes de falhas transcorrentes, as condições de pressão de fluidos para a ativação de estruturas híbridas cairão numa situação tracional quando $\sigma_v = \sigma_2 \cong \sigma_1$, em um ambiente transtensional, e numa situação compressional quando $\sigma_v = \sigma_2 \cong \sigma_3$, em um ambiente transpressional.

A ilustração na Fig. 4.14 é para a situação intermediária, em que $\sigma_v = \sigma_2 \cong \frac{1}{2}(\sigma_1 + \sigma_3)$. Em maiores profundidades, as condições de sobrepressões de fluidos ($0{,}4 < \lambda_v < 1{,}0$) são necessárias para ativar estruturas híbridas como condutos de alta permeabilidade. Já em ambientes compressionais, pressões superiores à pressão litostática ($\lambda_v > 1{,}0$) são necessárias para ativar estruturas híbridas como condutos de alta permeabilidade.

4.6 Influência das tensões na permeabilidade secundária ou estrutural

A tensão normal que atua sobre qualquer plano de ruptura numa massa rochosa saturada é reduzida de um valor equivalente à pressão de fluido, resultando na pressão efetiva. A orientação de elementos estruturais originados por diferentes modos de fraturamento rúptil em relação ao campo triaxial de esforços de rochas intactas, homogêneas e isotrópicas é razoavelmente descrita pelas teorias clássicas de ruptura envolvendo uma envoltória de ruptura composta de Griffith-Coulomb. As diferentes condições de esforços controladores das estruturas que afetam as massas rochosas, expressas em termos de pressão de fluidos, são apresentadas no Quadro 4.1.

Quadro 4.1 Diferentes condições de esforços controladores das fraturas de massas rochosas em termos de pressão de fluidos. T = resistência à tensão; (C ≅ 2T) = resistência coesiva; μ_i = coeficiente de atrito interno da rocha intacta; e μ_s = coeficiente de atrito interno de planos de fraqueza preexistentes

Tipo de ruptura	Critério
Fraturamento hidráulico	$P_f = \sigma_3 + T$
Cisalhamento tracional (Griffith)	$P_f = \sigma_n + \dfrac{(4T^2 - \tau^2)}{4T}$
Cisalhamento compressivo (Coulomb)	$P_f = \sigma_n + \dfrac{(2T - \tau)}{\mu_i}$
Reativação de falhas com coesão C	$P_f = \sigma_n + \dfrac{(C - \tau)}{\mu_s}$

As estruturas para rochas intactas incluem: i) fraturas extensionais formadas perpendicularmente a σ_3 por fraturamento hidráulico; ii) fraturas por cisalhamento tracional desenvolvidas em planos que contêm σ_2, mas a ângulos menores ($\theta_{es} < \theta_s$) em relação a σ_3; fraturas de cisalhamento em planos que também contêm σ_2 e situam-se a ângulos tipicamente entre 28° e 37° em relação a σ_3; planos de dissolução, ou estilolíticos, desenvolvidos perpendicularmente a σ_1.

A permeabilidade geralmente aumenta à medida que a pressão de fluidos aproxima-se do valor do esforço mínimo σ_3 e, como consequência, o valor de σ'_3 diminui (Seront et al., 1998), aumentando a taxa de fluxo para um dado gradiente. Entretanto, em massas rochosas de baixa permeabilidade, esta é comandada pelo fluxo nas fraturas, tornando-se fortemente dependente da abertura destas. Segundo Snow (1968), o fluxo varia com o cubo da abertura de uma série de fraturas planares paralelas.

Dessa forma, enquanto falhas podem aumentar significativamente a permeabilidade, especialmente após a movimentação, as taxas máximas de fluxo serão encontradas nos níveis mais altos de pressão de fluidos nas zonas de fraturas extensionais e por cisalhamento tracional, dentro de um determinado volume de rocha. Essa condição requer que uma sobrepressão no campo tracional (ou seja, $\sigma'_3 < 0$) seja mantida, pelo menos localmente, de modo a oferecer as condições adequadas de elevados fluxos dentro de massas rochosas de baixa permeabilidade.

Em um ambiente no qual a razão da pressão de fluidos aumenta constantemente, o círculo de Mohr será deslocado continuamente para a esquerda, indo de encontro à envoltória de ruptura composta (Fig. 4.15). Se o círculo for suficientemente grande, implicando valores altos do esforço diferencial ($\sigma_1 - \sigma_3$), acabará por tangenciar o envelope no campo à direita da ordenada, por exemplo, no ponto F (Fig. 3.10), e, nesse caso, ocorrerá o fraturamento por cisalhamento no campo compressivo e fraturas fechadas perpendiculares a σ_3.

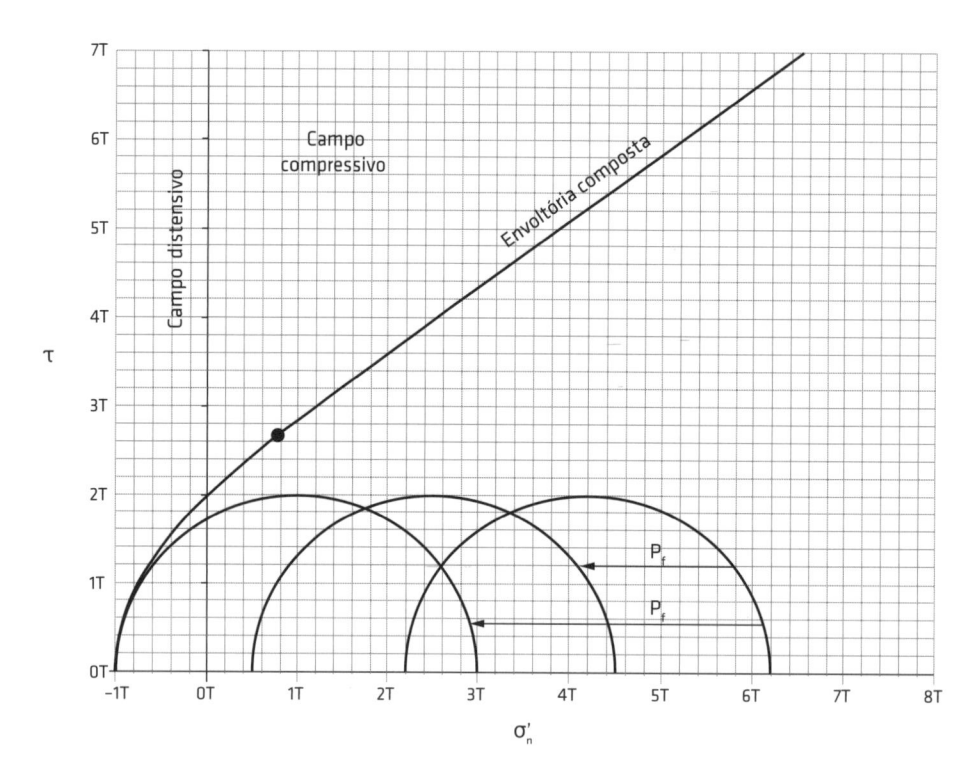

Fig. 4.15 Diagrama de Mohr e os efeitos do aumento da pressão de fluidos P_f na posição do círculo de esforços. O círculo mais à direita representa a situação de uma rocha sem pressão de fluidos. O círculo intermediário, a mesma rocha, porém com uma pressão de fluidos tal que o desloca para a esquerda, mas ainda no campo estável. No círculo mais à esquerda, a pressão de fluidos é de tal ordem que a rocha será rompida no campo de fraturamento hidráulico

Dependendo das posições espaciais de σ_1, σ_2 e σ_3, falhas normais, direcionais ou de cavalgamento serão formadas (Hubbert, 1951; Anderson, 1951; Hubbert; Rubey, 1959). Se o diâmetro do círculo de tensões for menor, o círculo tangenciará a envoltória no ponto E, dando origem a fraturas de cisalhamento no campo compressivo e a fraturas perpendiculares a σ'_3, numa situação em que σ'_3 é igual a P_f.

Se o círculo for menor ainda, tangenciará a envoltória no ponto D, ponto de tangência entre a parábola e a reta; nesse caso, as fraturas de cisalhamento ocorrerão no campo compressivo, mas as fraturas perpendiculares a σ_3 serão abertas; se o círculo for ainda menor, tangenciará a envoltória no ponto C, no limite entre o campo trativo/compressivo, dando origem a fraturas por cisalhamento tracional no limite do campo compressivo/trativo, em que τ é igual a 2T, σ_n é nulo e as fraturas perpendiculares a σ_3 serão abertas.

No ponto B (Fig. 3.10), as fraturas por cisalhamento serão tracionais e as perpendiculares a σ_3 serão abertas, enquanto, no ponto A, as fraturas serão do tipo hidráulico, com a componente de cisalhamento nula.

capítulo 5
Reativação de falhas e formação de novas estruturas

Neste capítulo são analisadas as condições necessárias do campo de tensões para promover a reativação de rupturas preexistentes e/ou as condições para a formação de novas estruturas em uma massa rochosa que já conta com a presença de rupturas. A análise é feita tendo-se em conta duas envoltórias: uma delas é a envoltória composta, que representa as condições de ruptura de rocha intacta, e a outra, a reta de Coulomb, representa as condições de reativação de falhas sem coesão ao longo do plano. A reta de Coulomb situa-se em posição mais baixa no diagrama de Mohr em relação à envoltória composta, uma vez que intercepta o eixo dos Y na origem do sistema de coordenadas.

Para falhas preexistentes orientadas otimamente em relação ao campo de tensões, a reativação das falhas se dará quando o ângulo $2\theta = 45 + \phi/2$. Entretanto, à medida que as orientações das falhas preexistentes tornam-se progressivamente menos favoráveis, o círculo de Mohr, que define as condições de reativação, intercepta a envoltória definida pela reta de Coulomb. Para valores particulares de resistência à tração e de orientação de falhas, existem valores críticos de σ'_3 abaixo dos quais a reativação ocorrerá em decorrência do surgimento de novas falhas e acima dos quais novas falhas ocorrerão em decorrência da reativação de falhas preexistentes.

5.1 Reativação de falhas preexistentes

Considera-se que a coesão ao longo de uma ruptura preexistente é nula, e o atrito ao longo dessa ruptura é referido como *coeficiente de fricção estática* (μ_s). Esse coeficiente determina a quantidade de tensão cisalhante necessária para a renovação de movimento do plano de ruptura preexistente em uma rocha dura ou consolidada, e sua expressão matemática, considerando-se nula a coesão, é dada por:

$$\tau = \mu_s \sigma'_n = \mu_s(\sigma_n - P_f) \tag{5.1}$$

Nessa equação, conhecida como *lei de Byerlee*, o coeficiente de fricção interna $\mu_s = tg\phi_s$ e o ângulo ϕ_s é geralmente referido como *ângulo de fricção*, e surge quando duas superfícies rugosas estão em contato.

Segundo Byerlee (1978), os coeficientes de fricção variam entre $0,6 < \mu_s < 0,85$, tendo o autor se baseado em valores determinados experimentalmente para uma grande variedade de rochas, empregando nos experimentos pressões confinantes de 200 MPa, correspondentes a profundidades de 8 km na crosta. As rochas a até 8 km de profundidade comportam-se ruptilmente; acima dessa pressão (ou profundidade), seu comportamento mecânico passa a ser mais bem descrito incluindo um novo parâmetro, de modo a expressar um comportamento não linear entre τ e σ_n. Assim:

$$\tau = 60 \text{ MPa} + \mu_s \sigma'_n$$

Sendo essa equação válida para profundidades crustais além de 8 km, mas acima da transição rúptil-dúctil, coincidindo com o limite das crostas superior e inferior e posicionada a cerca de 15–20 km de profundidade, dependendo do gradiente geotérmico local. O efeito do aumento da pressão de poros no plano de falha tende a reduzir a tensão normal e, consequentemente, a tensão cisalhante necessária para a renovação do movimento.

5.2 Pressão de fluidos necessária para a reativação de falhas preexistentes

A presença de fluidos em um plano de ruptura interage diretamente com a tensão normal σ_n, diminuindo-a de uma quantidade equivalente à pressão de fluidos e reduzindo, com isso, a tensão cisalhante requerida para a movimentação ao longo do plano. Para determinar a pressão de fluidos necessária para induzir a movimentação em um plano de fraqueza preexistente, é necessário determinar qual a distância em que o círculo de Mohr deverá ser deslocado para a esquerda, de modo que o ponto P, que define a posição espacial da ruptura, venha a se posicionar sobre a envoltória de Mohr, como mostra a Fig. 5.1.

Os cálculos, nesse caso, são um pouco mais complicados do que para rochas intactas, posto que é necessário levar em consideração, além do estado inicial de tensões, também a orientação do plano de ruptura preexistente, dada pelo ângulo σ_3.

Levando-se em consideração os elementos geométricos da Fig. 5.1, têm-se, no triângulo (σ_1 P σ_3), reto em P:

$$A = (\sigma_1 - \sigma_3)\cos\theta \quad \text{(5.2)}$$

E no triângulo (σ_3 P σ_n):

$$\sigma_n = \sigma_3 + A\cos\theta \quad \text{(5.3)}$$

Substituindo-se a Eq. 5.2 na Eq. 5.3, obtém-se:

$$\sigma_n = \sigma_3 + (\sigma_1 - \sigma_3)\cos^2\theta \quad \text{(5.4)}$$

Pode-se também obter, a partir da Fig. 5.1:

$$\sigma_s = A\,\text{sen}\,\theta$$

E substituindo-se o valor de A encontrado na Eq. 5.2:

$$\sigma_s = (\sigma_1 - \sigma_3)\cos\theta\,\text{sen}\,\theta \quad \text{(5.5)}$$

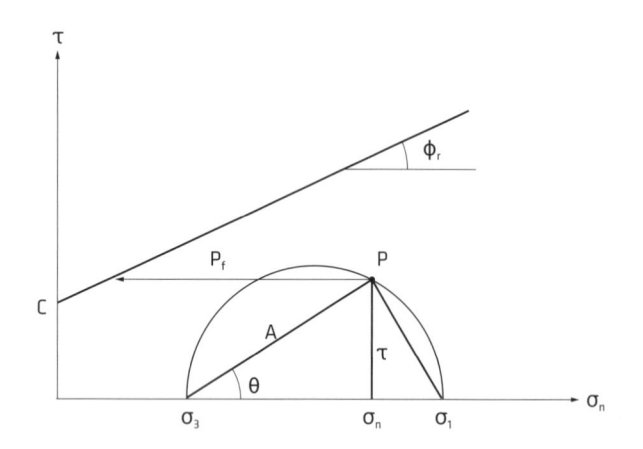

Fig. 5.1 Pressão de fluidos P_f necessária para causar a movimentação em um plano de ruptura preexistente, orientada a um ângulo θ em relação ao esforço principal mínimo. ϕ_r é o ângulo de fricção no plano de ruptura

CAPÍTULO 5 | REATIVAÇÃO DE FALHAS E FORMAÇÃO DE NOVAS ESTRUTURAS

Para que ocorra movimentação ao longo do plano de ruptura preexistente, o ponto P deverá alcançar a envoltória de Mohr, de modo que:

$$\tau = \sigma_s = c_r + (\sigma_n - P_f)tg\phi_s \tag{5.6}$$

A substituição das Eqs. 5.4 e 5.5 na Eq. 5.6 fornece:

$$P_f = \frac{c_r}{tg\phi_s} + \sigma_3 + (\sigma_1 - \sigma_3)\left(\cos^2\theta - \frac{\cos\theta\,\text{sen}\,\theta}{tg\phi_s}\right) \tag{5.7}$$

A Eq. 5.7 define a pressão de fluidos necessária para a reativação de uma falha preexistente na massa rochosa, considerando-se que ela tenha uma coesão c_r e um ângulo θ em relação à direção σ_3.

Ou, ainda, tendo-se em conta que $\sigma'_3 = \sigma_3 - P_f$:

$$\sigma'_3 = -\left[\frac{c_r}{tg\phi_s} + (\sigma_1 - \sigma_3)\left(\cos^2\theta - \frac{\cos\theta\,\text{sen}\,\theta}{tg\phi_s}\right)\right] \tag{5.8}$$

Deve ser observado que, em muitos planos de fraqueza preexistentes nas rochas, o valor de c_r é igual ou muito próximo de zero e o valor de ϕ_s pode também ser bastante baixo, especialmente no caso de os planos estarem preenchidos por material argiloso. Com isso, a pressão de fluidos P_f necessária para a movimentação do plano pode ser extremamente baixa.

No caso da coesão nula no plano de ruptura, a Eq. 5.8 se simplifica:

$$\sigma'_3 = -(\sigma_1 - \sigma_3)\left(\cos^2\theta - \frac{\cos\theta\,\text{sen}\,\theta}{tg\phi_s}\right) \tag{5.9}$$

A reta que representa a envoltória de Mohr para o plano de ruptura preexistente, nesse caso, passa pela origem das coordenadas.

O efeito da presença de um plano de fraqueza na rocha é mostrado na Fig. 5.2. A envoltória (A) representa as condições de ruptura para a rocha intacta, e a envoltória (B), as condições de ruptura para a mesma rocha, porém se considerando a presença de um plano de fraqueza orientado a um ângulo θ em relação a σ_1. Caso o plano de ruptura seja preenchido, a coesão e o ângulo de fricção estática na equação acima podem ser substituídos pela coesão e pelo ângulo de atrito interno do material de preenchimento.

Nas condições representadas, a rocha intacta, mesmo submetida a uma pressão de fluidos igual a P_f, não sofreria ruptura, mas com a presença do plano de fraqueza e submetida a essa pressão, torna-se instável, devendo experimentar movimentação ao longo desse plano. A rocha intacta só viria a se romper se o círculo de Mohr viesse a se deslocar até a posição do círculo representado em pontilhado, implicando um incremento adicional da pressão de fluidos na rocha.

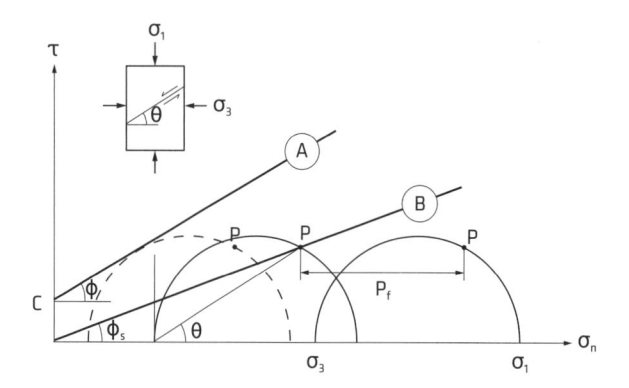

Fig. 5.2 Efeitos da existência de um plano de fraqueza preexistente na rocha e da pressão de fluidos. (A) Envoltória de Mohr para a rocha sã. (B) Envoltória de Mohr para a mesma rocha, porém com um plano de fraqueza preexistente, orientado a um ângulo θ em relação a σ_1

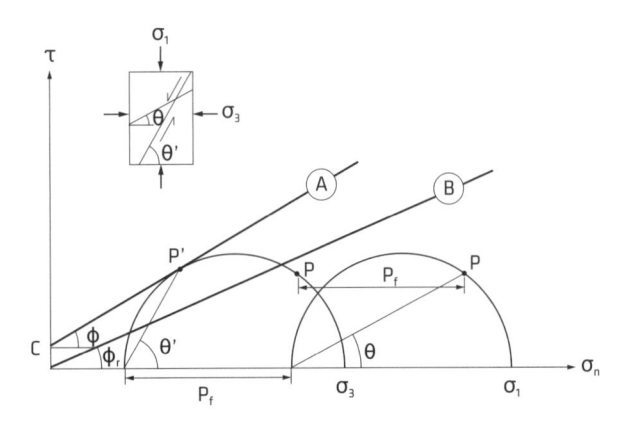

Fig. 5.3 Desenvolvimento preferencial de um novo plano de ruptura na rocha na posição P' antes de ocorrer movimentação no plano de ruptura preexistente P, quando a rocha é submetida a uma pressão de fluidos P_f

A Fig. 5.3 mostra que, mesmo na presença de um plano de ruptura preexistente, mas dependendo das condições de coesão e do valor do ângulo de atrito interno da rocha sã, da coesão residual c_r e do ângulo de fricção ϕ_s no plano de fratura, poderá haver o desenvolvimento de um novo plano de ruptura sob determinada pressão de fluidos P_f em vez da renovação de movimento ao longo do plano preexistente. Essa situação é possível, pois o círculo de Mohr alcança a envoltória de Mohr para a rocha intacta (reta a) antes que o ponto P, que representa o plano de ruptura preexistente, alcance a envoltória que define as condições de reativação (reta b).

Falhas orientadas otimamente em relação ao campo de tensões contêm o eixo σ_2, e aquelas sem coesão estão posicionadas a ângulos $65 < \theta_r < 60$ em relação a σ_3 (Sibson, 1985). A Fig. 5.4 ilustra as condições do campo de tensão para a ocorrência de falhamentos em regimes tectônicos distensionais e compressionais, induzidos pela pressão de fluidos para três situações diferentes: a) quando a carapaça de cobertura está intacta; b) quando a carapaça contém um conjunto de falhas sem coesão, favoravelmente orientadas para a reativação; e c) quando ela contém um conjunto de falhas muito mal orientadas em relação à reativação.

Na ausência de falhas sem coesão favoravelmente orientadas para a reativação, a elevação da pressão de fluidos não terá condições para a geração de estruturas híbridas, pois as falhas sofrerão reativações continuamente, criando novas linhas de drenagem em condições de ($P_f < \sigma_3$) antes que sejam alcançadas as condições para que ocorra o fraturamento hidráulico. Além disso, é improvável que ocorra o desenvolvimento de estruturas híbridas e reativações na presença de falhas favoravelmente orientadas, a menos que tenham readquirido coesão por meio de cimentação hidrotermal.

Com o tempo, as estruturas híbridas inicialmente desenvolvidas em porções intactas da crosta podem evoluir para falhas favoravelmente orientadas no campo de tensões reinante. Como zonas de deformação localizada, essas falhas devem reter uma permeabilidade relativamente alta se comparada com as rochas hospedeiras, na medida em que a pressão de fluidos se aproxima do valor de σ_3 (Zhang; Cox; Paterson, 1994), mas não terão a mesma capacidade de transporte de uma zona de estruturas híbridas de alta permeabilidade, com capacidade de transporte de grandes volumes de fluidos ($P_f > \sigma_3$) em condições de sobrepressão. Isso pode ajudar a explicar por que as falhas com grandes deslocamentos raramente são bem mineralizadas.

As condições de fraturamento hidráulico só são alcançadas na presença de falhas sem coesão muito mal orientadas em relação ao campo de tensões (Sibson, 1985). Em tais circunstâncias, o desenvolvimento de estruturas híbridas poderá incorporar falhas preexistentes que, por sua vez, podem atuar como condutos para a migração de fluidos sob condições de sobrepressão. Episódios de formação de estruturas híbridas como condição preparatória da reativação de falhas mal orientadas podem se alternar com descargas pós-falhamentos em ciclos de atividades de falhas-válvulas (Sibson; Robert; Poulsen, 1988).

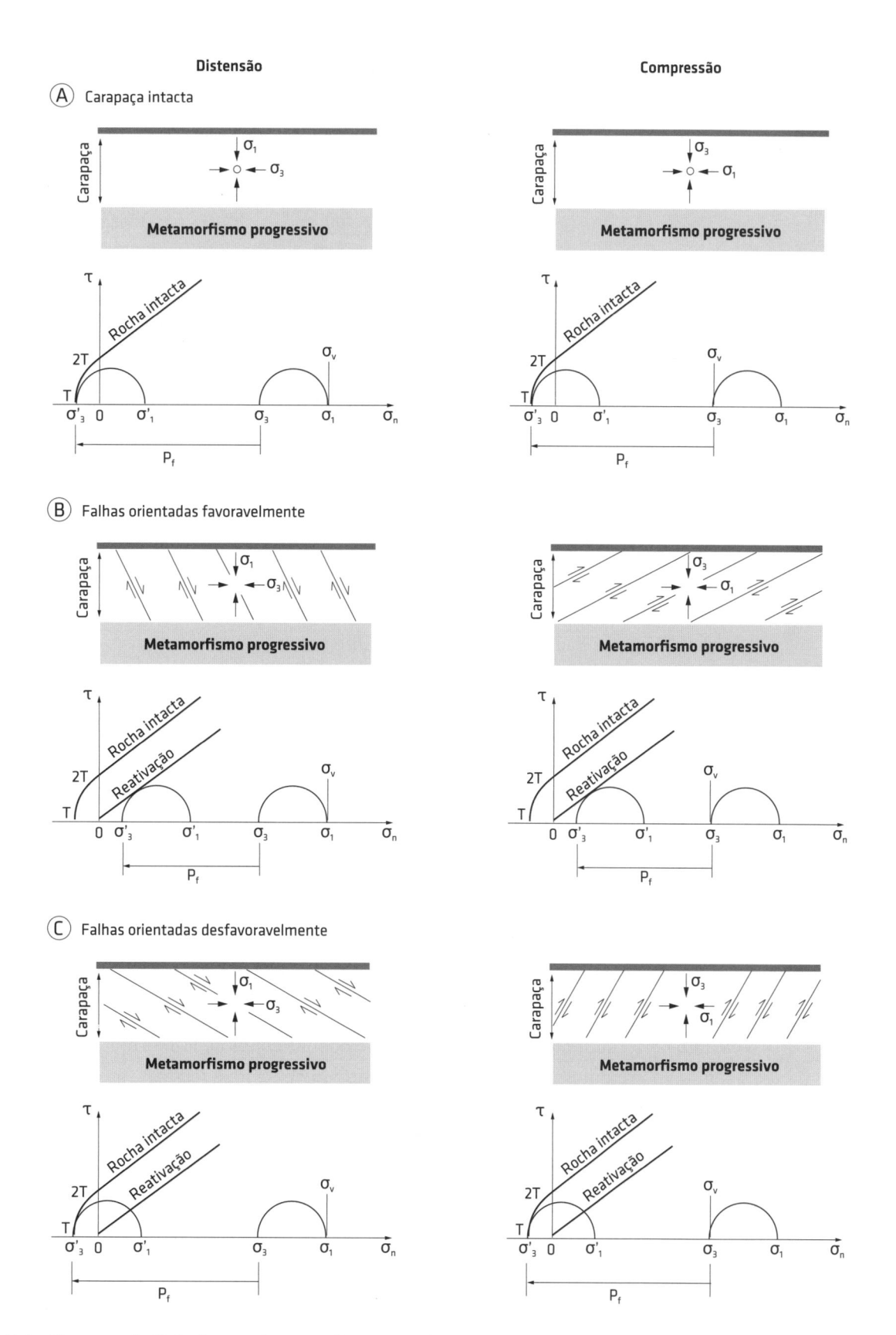

Fig. 5.4 Diagrama de Mohr ilustrando as condições de esforços/pressão de fluidos para a geração de estruturas híbridas por meio de fraturamento hidráulico ou reativação de falhas em regimes tectônicos tracionais e compressionais: (A) geração de estruturas híbridas em rochas intactas da crosta; (B) reativação de falhas preexistentes sem coesão, favoravelmente orientadas para a reativação, inibindo a formação de estruturas híbridas; e (C) geração de estruturas híbridas na presença de falhas existentes muito mal orientadas para a reativação

5.3 Condição do campo de tensões para a reativação de falhas preexistentes

A Eq. 5.1 pode ser reescrita em função dos esforços principais da seguinte forma (ver Anexo 7):

$$\frac{\sigma'_1}{\sigma'_3} = \frac{1 + \mu_s \, \mathrm{tg}\theta_r}{1 - \mu_s \, \mathrm{cotg}\theta_r} \tag{5.10}$$

Na Eq 5.10, θ_r é o ângulo entre σ_3 e o plano de falha a ser reativado e μ_s é o coeficiente de atrito no plano. O ângulo ótimo de reativação, para o qual a razão de esforço atinge um valor positivo mínimo, ocorre quando $\theta_r = -0{,}5\,\mathrm{arctg}\left(\dfrac{1}{\mu_s}\right) \cong 27°$. A Eq. 5.10 pode ser reescrita em termos do esforço diferencial ($\sigma_1 - \sigma_3$) da seguinte forma (ver Anexo 7):

$$(\sigma_1 - \sigma_3) = \frac{\mu_s(\mathrm{tg}\theta_r + \mathrm{cotg}\theta_r)}{(1 - \mu_s \, \mathrm{cotg}\theta_r)} \sigma'_3 \tag{5.11}$$

Para um regime compressional, a Eq. 5.11 adquire a seguinte forma (ver Anexo 7):

$$(\sigma_1 - \sigma_3) = \frac{\mu_s(\mathrm{tg}\theta_r + \mathrm{cotg}\theta_r)}{(1 - \mu_s \, \mathrm{cotg}\theta_r)} \sigma'_v \tag{5.12}$$

E para um regime tracional, adquire a seguinte forma (ver Anexo 7):

$$(\sigma_1 - \sigma_3) = \left[\frac{\mu_s(\mathrm{tg}\theta_r + \mathrm{cotg}\theta_r)}{1 + \mu_s \mathrm{tg}\theta_r}\right] \sigma'_1 \tag{5.13}$$

Conforme referido anteriormente, considerando-se uma quantidade extensiva de dados experimentais apresentados por Byerlee (1978), o valor de μ_s situa-se no intervalo de $0{,}6 < \mu_s < 0{,}85$. Para uma falha com zona de gouge bem estabelecida, Lockner e Byerlee (1993) determinaram uma relação bastante simples entre o coeficiente de atrito interno (μ_i) de um tipo particular de rocha intacta em relação ao coeficiente de fricção (μ_s) de uma camada de gouge derivada daquela mesma rocha:

$$\mu_{as} = \mathrm{sen}(\mathrm{arctg}^{-1}\mu_i)$$

Pelo fato de geralmente não se considerarem apenas zonas de falhas maturas, um valor representativo próximo da parte média do intervalo de Byerlee (ou seja, $\mu_i = 0{,}75$) e com a mesma inclinação da reta de Coulomb para rochas intactas pode também ser considerado como um critério alternativo para a reativação de falhas.

Dessa forma, para valores de $\mu_s = 0{,}6$ e $0{,}75$ e para $\theta_r \cong 63°$, as condições mais favoráveis para a reativação em um regime compressional são, respectivamente:

$$(\sigma_1 - \sigma_3) = 2{,}12\sigma'_v \quad \mathrm{e} \quad (\sigma_1 - \sigma_3) = 3\sigma'_v \tag{5.14}$$

Enquanto para um regime tracional são, respectivamente:

$$(\sigma_1 - \sigma_3) = 0{,}68\sigma'_v \quad \mathrm{e} \quad (\sigma_1 - \sigma_3) = 0{,}75\sigma'_v \tag{5.15}$$

As equações que descrevem os três modos de ruptura frágil, ou seja, fraturamento hidráulico, fraturamento por cisalhamento trativo e fraturamento por cisalhamento compressivo, bem como as que descrevem as condições de reativação de falhas preexistentes, podem ser adequadamente representadas em um gráfico que relaciona o esforço diferencial (ou diâmetro do círculo de Mohr) e a pressão efetiva vertical para uma série de propriedades do material.

Tais gráficos podem ser construídos para diferentes regimes tectônicos e correlacionados com a profundidade para condições particulares de pressão de fluidos, permitindo uma rápida avaliação dos controles físicos na ruptura frágil de rochas e uma rápida comparação nos campos ocupados pelos três modos de ruptura em diferentes sítios tectônicos (Fig. 5.5).

As envoltórias para rochas intactas na Fig. 5.5 foram construídas para $\mu_i = 0,75$ e para $T = 1$ e 10 MPa. Para a reativação levou-se em conta a orientação ótima das falhas sem coesão e $\mu_i = 0,6$. A condição de pressão hidrostática é representada pela linha tracejada $\lambda_v = 0,4$. As setas verticais estendendo-se acima da pressão hidrostática para esforços diferenciais particulares ilustram a sobrepressão máxima sustentável para as diferentes condições de ruptura. O parâmetro ΔP_f representa a perda máxima na pressão de fluidos em seguida à descarga pós-ruptura (modificado de Sibson (2003)).

Além da relevância na compreensão da mecânica estrutural, gráficos desse tipo têm ampla aplicação na avaliação do desenvolvimento inicial e da progressão dos sistemas de falhas-fraturas, especialmente na formação de estruturas de mineralizações hidrotermais em diferentes sítios tectônicos.

Com base nessas equações, o esforço diferencial $(\sigma_1 - \sigma_3)$ requerido para diferentes modos de rupturas pode ser plotado contra o esforço vertical σ'_v como curvas para diferentes valores de resistência à tração uniaxial T das rochas em regimes tectônicos compressionais $(\sigma_v - \sigma_3)$ e

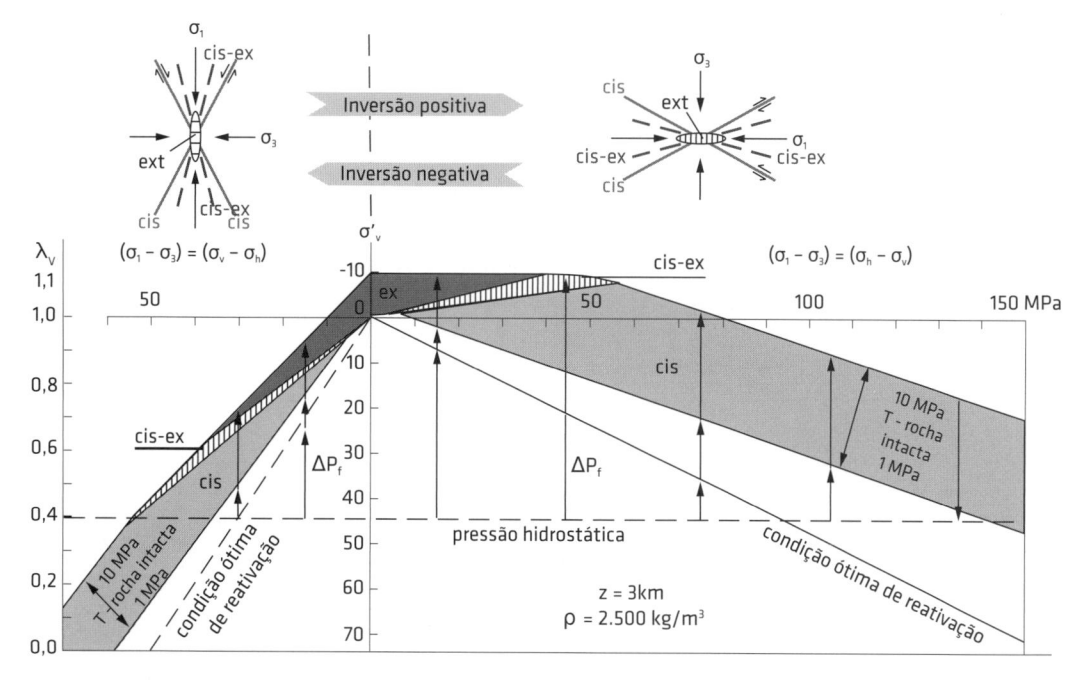

Fig. 5.5 Diagrama de fraturamento rúptil construído para uma profundidade de 3 km nos regimes tectônicos compressional e distensional, com a tensão diferencial $(\sigma_1 - \sigma_3)$ plotada contra o fator de poropressão (λ_v)
ex = campo extensional; cis = campo de cisalhamento; ext = extensional
Fonte: baseado em Sibson (2003).

tracionais ($\sigma_v = \sigma_1$). O critério de ruptura para o fraturamento hidráulico que atende ao critério de Griffith descreve as condições de ruptura no intervalo $0 < (\sigma_1 - \sigma_3) < 4T$; as rupturas por cisalhamento tracional que atendem ao critério de Griffith descrevem as condições de ruptura no intervalo $4T < (\sigma_1 - \sigma_3) < 5{,}66T$; e, finalmente, as rupturas por cisalhamento compressional que atendem ao critério de Coulomb formam-se em condições de $(\sigma_1 - \sigma_3) > 5{,}66T$.

Os valores dos esforços diferenciais requeridos para a reativação de falhas preexistentes otimamente orientadas ($\theta_r \cong 27°$) em relação a σ_3, e sem coesão ao longo dos planos, em regimes tectônicos compressionais e tracionais, são descritos pelas Eqs. 5.14 e 5.15. Conforme referido anteriormente, as determinações da resistência à tração uniaxial das rochas em laboratórios fornecem valores no intervalo de 1 a 10 MPa para rochas sedimentares, mas rochas cristalinas podem apresentar valores de 20 MPa ou até mais (Lockner, 1995).

Como se pode observar na Fig. 5.6, para cada valor do fator de poropressão λ_v em regimes tectônicos compressionais ou tracionais, há uma progressão em profundidade de fraturamento hidráulico para fraturamento por cisalhamento tracional e daí para fraturamento por cisalhamento compressional. As profundidades de transição entre esses modos de ruptura aumentam com a resistência à tração uniaxial.

Em regimes tectônicos compressionais, somente fraturas por cisalhamento compressional podem ocorrer em elevados níveis de tensões diferenciais para $\lambda_v < 1{,}0$, e pressões de fluidos

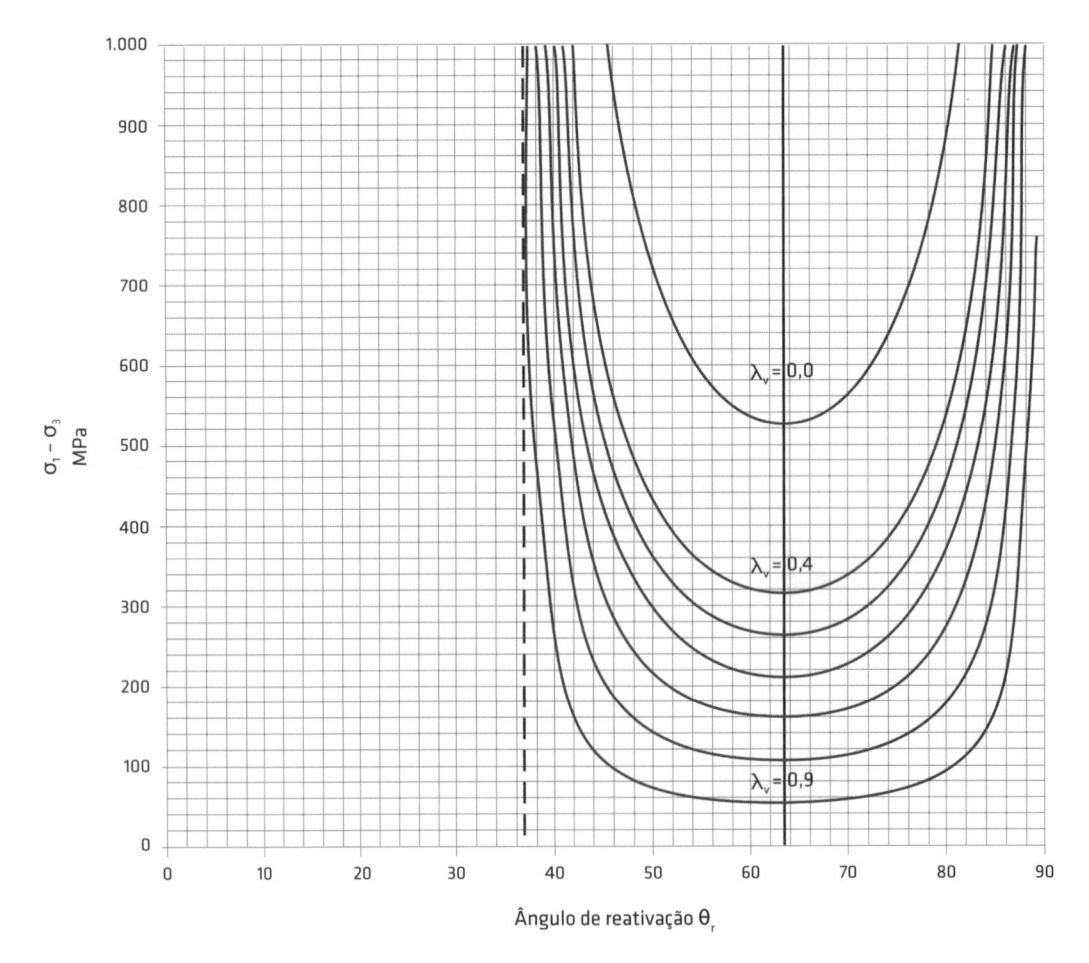

Fig. 5.6 Gráfico da tensão diferencial ($\sigma_1 - \sigma_3$) contra o ângulo de reativação θ_r para reativação de falhas a uma profundidade de 7 km, com diferentes valores do fator de poropressão λ_v

supralitostáticas $\lambda_v > 1,0$ são requeridas para induzir todos os outros modos de ruptura. Diagramas para regimes de falhas transcorrentes podem ser construídos com ($\sigma_v = \sigma_2$), com as curvas se posicionando entre as curvas dos regimes compressionais e tracionais, aproximando-se do regime compressional à medida que ($\sigma_2 \to \sigma_3$) e do regime tracional à medida que ($\sigma_2 \to \sigma_1$).

5.4 Reativação *versus* ruptura de rochas intactas

Levando-se em conta a Eq. 5.12 e tendo-se em vista a Eq. 3.19, e considerando-se $\sigma'_v = \sigma'_3$ (regime compressional), as duas equações podem ser combinadas para fornecer:

$$(\sigma_1 - \sigma_3) = \mu_s \left[(tg\theta_r + cotg\theta_r) / (1 - \mu_s cotg\theta_r) \right] \rho g z (1 - \lambda_v) \tag{5.16}$$

Essa equação relaciona a tensão diferencial requerida para a reativação de falhas em regime compressional a uma profundidade z para valores particulares de ρ, μ_s, θ_r e λ_v.

As curvas que relacionam os esforços diferenciais requeridos para a reativação de falhas em regime compressional a uma profundidade de 7 km, contra o ângulo de reativação θ_r para diferentes valores do fator de poropressão, considerando-se $\mu_s = 0,75$ e $\rho = 2.500$ kg/m^{-3}, são apresentadas na Fig. 5.6. Para um valor particular de λ_v, o esforço diferencial requerido para a reativação apresenta um valor mínimo quando o ângulo para a reativação é ótimo, ou seja, quando o ângulo $\theta_r \cong 63°$.

Considere-se agora uma situação em rochas fraturadas, mas com as fraturas mal orientadas em relação aos esforços de modo que ocorra uma nova fratura, como se a rocha se comportasse como uma rocha sã.

Levando-se em consideração a Eq. 3.25, pode-se fazer (Sibson, 1998):

$$(\sigma_1 - \sigma_3) = \sigma_0 + (K - 1)\sigma'_3 \tag{5.17}$$

Em que σ_0 é a resistência compressiva uniaxial do material e corresponde a $2C\sqrt{K}$, sendo K dado pela Eq. 3.26.

Comparando-se as Eqs. 5.12 e 5.17, as condições nas quais ocorrem a reativação e a ruptura de uma rocha intacta, no mesmo nível de esforços diferenciais, são dadas por:

$$\mu_s[(tg\theta_r + cotg\theta_r)/(1 - \mu_s cotg\theta_r)] = (\sigma_0/\sigma'_v) + (k - 1) \tag{5.18}$$

Com base nessa equação e tendo-se em conta a Eq. 3.19, obtém-se:

$$\lambda_v = \left[\frac{\sigma_0}{\mu_s \left[(tg\theta_r + cotg\theta_r)/(1 - \mu_s cotg\theta_r) - (k-1) \right]} - \rho g z \right] / (-\rho g z) \tag{5.19}$$

As condições de reativação e de ruptura de uma rocha intacta são mostradas na Fig. 5.7, em que o círculo de Mohr, que representa um esforço diferencial particular, tangencia a envoltória composta para rocha intacta no ponto P_i ao mesmo tempo que satisfaz a condição de reativação de uma falha sem coesão no plano, representada pelo ponto P_r, orientada a um ângulo $2\theta_r$ em relação a σ_3. Para efeito de simplificação, considerou-se $\mu_i = \mu_s = 0,57$, correspondente a um ângulo de atrito de 30°.

A Fig. 5.8 mostra a situação da reativação de falhas, na qual $\mu_s = 0{,}85$ e $\mu_s = 0{,}6$. Conforme referido anteriormente, o valor de $\mu_s = 0{,}6$ situa-se no limite inferior do intervalo de Byerlee (1975), enquanto o valor de $\mu_s = 0{,}85$ situa-se na parte superior desse mesmo intervalo. No exemplo da figura anterior, $\mu_s = 0{,}75$ situa-se na parte média desse intervalo.

A Fig. 5.9 representa um intervalo sombreado delimitado pelos ângulos $2\theta_{r_1}$ e $2\theta_{r_2}$, no qual rupturas preexistentes ali posicionadas serão reativadas dentro do campo de esforço diferencial, representado pelo círculo de Mohr, sem geração de novas falhas.

Por sua vez, a Fig. 5.10 mostra as condições do esforço diferencial e do posicionamento espacial de rupturas preexistentes necessárias para gerar uma nova falha sem, no entanto, reativar as rupturas preexistentes.

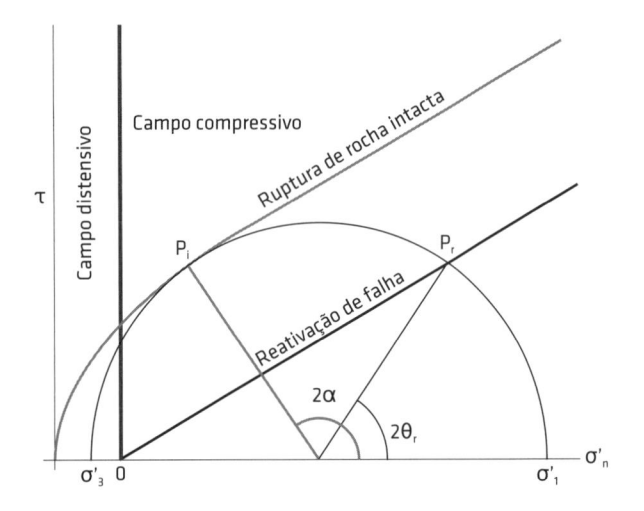

Fig. 5.7 Diagrama de Mohr mostrando as condições de ruptura de uma rocha intacta e a reativação simultânea de uma falha sem coesão ao longo do plano. A situação de esforços diferenciais ilustrada permite a reativação e a geração de nova fratura simultaneamente, formando falhas a ângulos de 2α e $2\theta_r$, em relação a σ_3

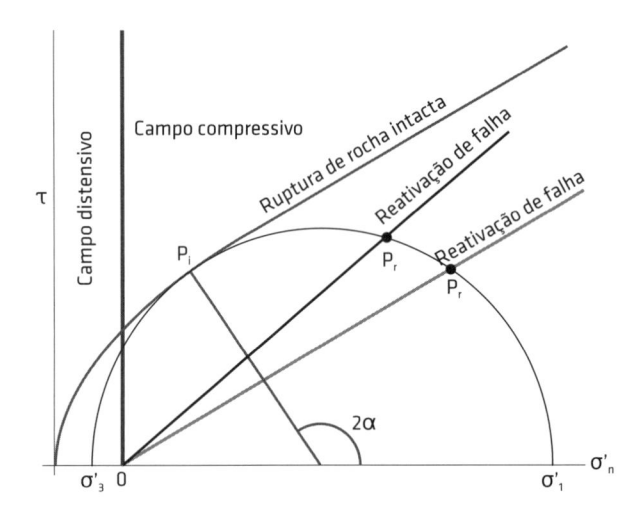

Fig. 5.8 Diagrama de Mohr mostrando as condições de ruptura de uma rocha intacta e o intervalo de reativação de falhas sem coesão ao longo do plano, em que $\mu_s = 0{,}85$ (linha preta), que corresponde a um ângulo de fricção de 40°, e $\mu_s = 0{,}57$ (linha cinza), que corresponde a um ângulo de fricção de 30°

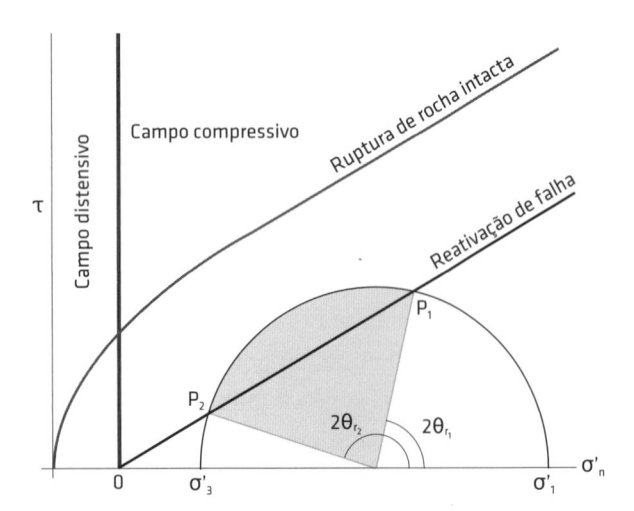

Fig. 5.9 O intervalo sombreado mostra o setor em que rupturas preexistentes serão reativadas

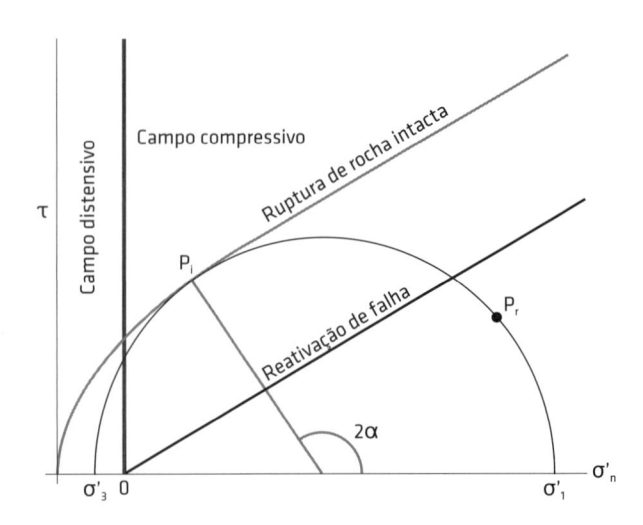

Fig. 5.10 Surgimento de nova falha, sem reativação de ruptura preexistente

Suponha-se um plano de ruptura preexistente com orientação variável em relação a σ_3. Se o plano P_1 estiver orientado paralelamente a σ_3 ou com $\theta = 0$, não haverá tensão cisalhante nesse plano ($\sigma_s = 0$) e, portanto, não haverá possibilidade de movimentação ou reativação (Fig. 5.11). Da mesma forma, se o plano P_1 estiver orientado a 15° e 30° em relação a σ_3, não haverá reativação do plano de falha pelo fato de se situar fora do setor sombreado, que representa o intervalo para a reativação de falhas. Com o plano a 45°, 60° e 75° de σ_3 haverá reativação nas três situações, podendo-se observar, no entanto, que o esforço diferencial é mínimo para o plano orientado a $\theta = 60°$ (o círculo de Mohr é o menor possível). Esse é um plano orientado otimamente em relação ao campo de tensão para a reativação. No caso em que $\theta = 90°$, não haverá movimentação no plano, uma vez que a tensão cisalhante é nula, como também ocorre com o plano posicionado paralelamente a σ_3.

Usando-se a Eq. 5.19, os campos de reativação e da geração de uma nova ruptura na rocha são definidos em um diagrama de λ_v *versus* o ângulo de reativação θ_r, para uma profundidade de 7 km e com $\sigma_0 = 100$ MPa (Fig. 5.12). Para efeito de comparação, a Fig. 5.13 mostra as condições requeridas para a reativação e a geração simultânea de novas rupturas na mesma rocha, a uma profundidade de 3 km.

Assim, por exemplo, tendo-se como base as Figs. 5.12 e 5.13, para $\lambda_v = 0,6$ haverá reativação de falhas no intervalo de θ_r entre 12° e 43° para uma profundidade de 7 km e no intervalo de 8° a 38° para uma profundidade de 3 km.

5.5 Mudança no campo de tensões e redistribuição de fluidos

A interdependência entre a sobrepressão sustentável e a tensão diferencial em um ambiente tectônico específico tem importância fundamental na redistribuição de fluidos que normalmente acompanham as modificações no campo das tensões. Dependendo das condições da sobrepressão, as rochas poderão sofrer um dos três modos de fraturamento rúptil, o que iniciará os falhamentos propriamente ditos e as renovações de movimentação à medida que o fluído escapar através das rupturas geradas, com a consequente diminuição da sobrepressão.

A menos que exista um mecanismo que continue regenerando continuamente as condições de sobrepressão, efeitos de contrações ou extensões tectônicas poderão eventualmente levar a um estado de equilíbrio da tensão diferencial, consistente com as reativações das falhas sob condições de pressão de fluidos, como são normalmente encontradas em zonas cratônicas.

A redistribuição de fluidos advém do efeito de mudanças regionais dos esforços tectônicos. Por meio de uma inversão dos eixos σ_1 e σ_3, por exemplo, falhas e fraturas herdadas de um regime anterior poderão estar mal orientadas para reativações no novo campo de tensões. Uma mudança progressiva de um regime compressional, no qual σ_3 é vertical, para um regime tracional, em que σ_1 é vertical (*inversão negativa*), leva primeiro a um aumento na sobrepressão sustentável, conquanto $\sigma_1 > \sigma_v$, e então a uma abrupta redução na sobrepressão no momento da mudança dos eixos de tensão, quando $\sigma_v = \sigma_1$.

Essa inversão causa uma maciça perda de fluidos por meio da canalização destes ao longo de falhas normais e de fraturas verticais neoformadas perpendicularmente a σ_3, todas resultantes das novas condições tectônicas. A manutenção de elevadas sobrepressões de fluidos associadas com a propagação de cinturões de cavalgamento, em que as

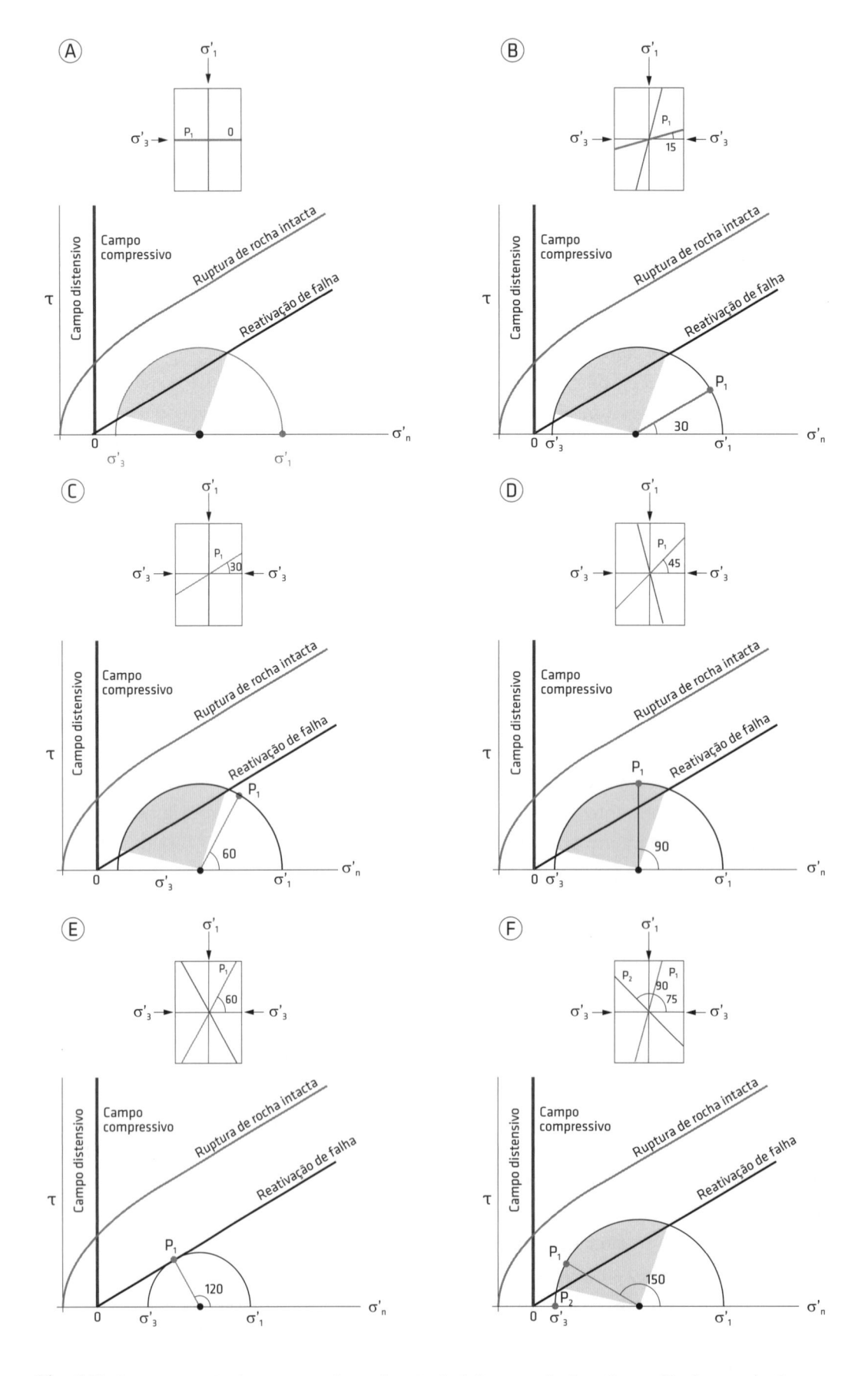

Fig. 5.11 Representação dos campos de reativação de falhas com inclinações variáveis em relação a σ_3

CAPÍTULO 5 | REATIVAÇÃO DE FALHAS E FORMAÇÃO DE NOVAS ESTRUTURAS 107

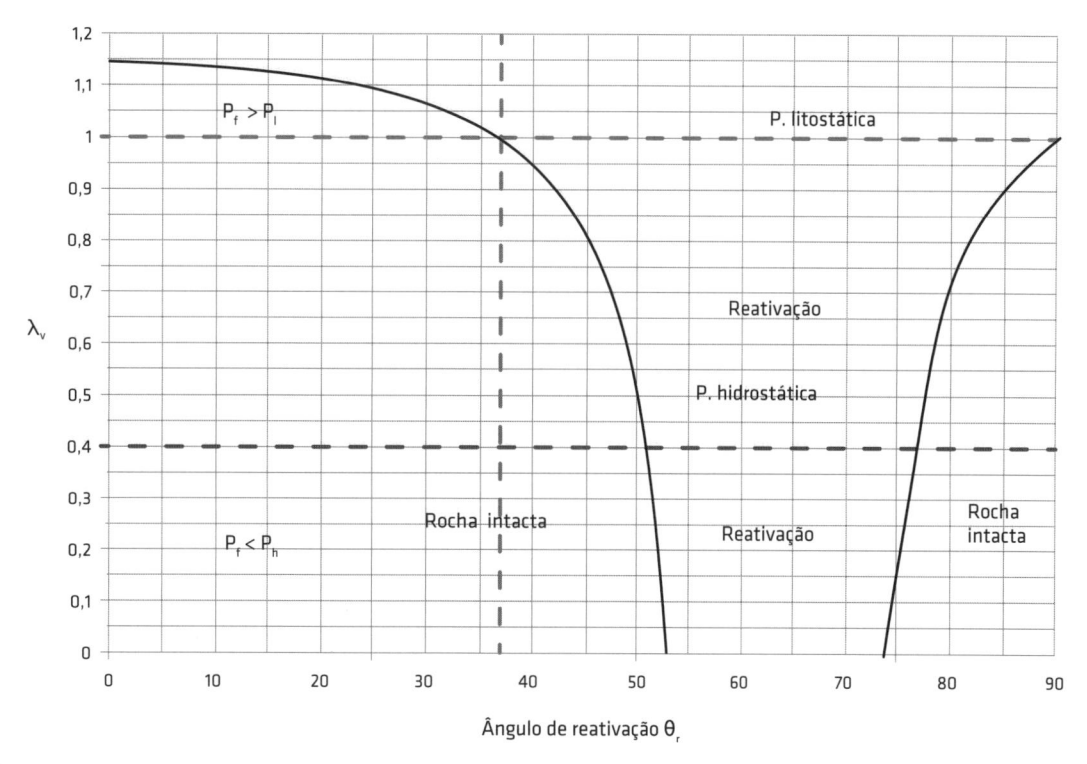

Fig. 5.12 Gráfico do fator de poropressão contra o ângulo de reativação θ_r, definindo os campos de reativação de uma falha preexistente e a ruptura de rocha intacta, a uma profundidade de 7 km, para um material que apresenta uma resistência compressiva uniaxial igual a 100 MPa, $\mu_i = \mu_s = 0{,}75$ e $\rho = 2.500$ kg/m^{-3}. P_l e P_h representam os níveis de pressão de fluidos litostática e hidrostática, respectivamente
Fonte: baseado em Sibson (1998).

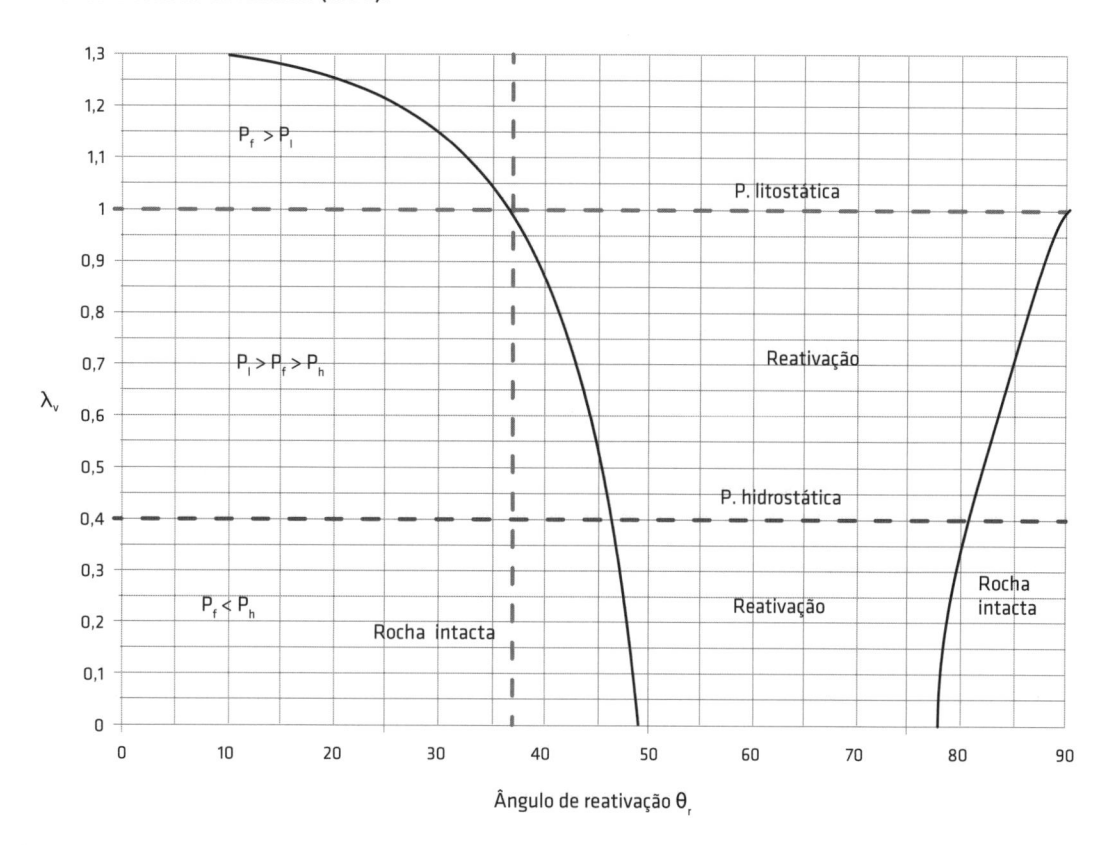

Fig. 5.13 Gráfico do fator de poropressão contra o ângulo de reativação θ_r, definindo os campos de reativação de uma falha preexistente e a ruptura de rocha intacta, a uma profundidade de 3 km, para o mesmo material da figura anterior

fraturas perpendiculares a σ_3 são horizontais, torna-se insustentável no momento em que o campo de tensões sofre inversão para um campo tracional pelo surgimento de um novo conjunto de fraturas de tensão e estruturas híbridas verticalizadas, que facilitam a migração de fluidos para o alto.

A mudança de um campo compressional para tracional permite, portanto, mudanças locais significativas da sobrepressão de fluidos hidrotermais devido à geração de novas estruturas híbridas, que, inclusive, podem vir a hospedar um sistema de veios em zonas mineralizadas. Veios de quartzo mineralizados a ouro, por exemplo, envolvem condições tectônicas que permitam a acumulação e contenção de fluidos sobrepressurizados a valores aproximados de pressões litostáticas na parte média da crosta e seus intermitentes relaxamentos por meio da ação de falhas-válvulas.

As condições de pressão requeridas para a formação desses veios podem ser desenvolvidas somente em circunstâncias extremamente restritas, sendo um fator-chave a ausência de falhas bem orientadas para reativações. Dessa forma, as condições especiais para a manutenção de falhas e fraturas híbridas abertas mal orientadas e que permitam um alto fluxo de fluidos têm, supostamente, uma curta duração de tempo e muitas vezes terminam com a geração de novas falhas, favoravelmente orientadas no novo campo de tensões.

No entanto, a mudança de um regime tracional $\sigma_v = \sigma_1$ para um regime compressional e de falhas reversas $\sigma_v = \sigma_3$ durante uma *inversão positiva* pode levar a um aumento no esforço médio numa sequência sedimentar porosa (*grosso modo*, equivalente a um aumento de soterramento multiplicado por um fator de 3 a 10), a uma maciça perda de fluidos ou a uma elevação na pressão de fluidos.

A velocidade de transição entre os campos de tensão é um fator importante a ser considerado na redistribuição de fluidos, especialmente em inversões positivas, nas quais a elevação da pressão de fluidos depende criticamente da velocidade da transição. Na Bacia Ventura, no sul da Califórnia, nos Apeninos Centrais, na Itália, e na parte norte da Bacia de Los Angeles, na Califórnia, apenas para se ter uma ideia, o tempo estimado de transição entre os campos de tensão é da ordem de 1-2 milhões de anos (Yeats; Huftile; Stirr, 1994; Cavinato; De Celles, 1999; Ghisetti; Kirschner; Vezzani, 2000; Schneider et al., 1996).

Elevadas taxas de sobrepressão são mais fáceis de serem mantidas em regimes tectônicos compressionais, nos quais, inclusive, as elevadas sobrepressões reinantes levam a uma drástica diminuição da resistência ao cisalhamento nas falhas de cavalgamento, como originalmente proposto por Hubbert e Rubey (1959).

O fato de as fraturas de tensão se desenvolverem em posição horizontal é outro fator que facilita a manutenção das elevadas sobrepressões sob regimes compressionais, devido à dificuldade ou mesmo à impossibilidae de escape dos fluidos para níveis mais elevados na crosta, e de pressões mais baixas, na ausência de condutos verticais. O desenvolvimento de mineralizações mesozonais dentro de estruturas híbridas tem mais probabilidade de acontecer em ambientes ricos em fluidos, como nos arcos externos de zonas de subducção, e durante inversões compressionais.

capítulo 6
Fluxo de fluidos através de rochas fraturadas

Neste capítulo é analisado o fluxo de fluidos através de uma massa de rocha fraturada ou de permeabilidade secundária, partindo de princípios básicos, como a *lei de Darcy*. Questões como fluxo vertical, fluxo horizontal e fluxo associado a falhas inclinadas e a sistemas regulares de juntas são enfocados.

A lei básica que descreve o fluxo de fluidos através de um meio permeável foi enunciada por Darcy (1856) e demonstra que o fluxo v por unidade de área de um aquífero é proporcional ao gradiente hidráulico i tomado na direção do fluxo, ou seja:

$$v = Ki \qquad (6.1)$$

Em que:
K = coeficiente de permeabilidade.

A expressão dimensional de K é a de uma velocidade, e no sistema métrico é geralmente expressa em cm/s. Para uma seção de área A perpendicular ao fluxo de uma amostra de solo ou de um aquífero particular, tem-se:

$$Q = vA = AKi \qquad (6.2)$$

Em que:
Q = descarga por unidade de tempo, expressa em unidades de volume.

A *lei de Darcy* é válida somente para fluxo laminar, não sendo adequada para condições de fluxo turbulento. Além disso, não leva em conta que a permeabilidade também depende do peso específico ρ_g, da viscosidade dinâmica μ do fluido envolvido, do tamanho médio d das aberturas (poros ou juntas) e da forma dos poros em um meio poroso.

Outro parâmetro comumente usado é a *permeabilidade específica* k, com frequência referida simplesmente como *permeabilidade*, que depende somente da natureza do maciço rochoso e não da natureza do fluido. A permeabilidade específica e a condutividade hidráulica ou coeficiente de permeabilidade podem ser relacionados da seguinte forma:

$$K = Cd^2 \frac{\gamma}{\mu} = k \frac{\gamma}{\mu} \qquad (6.3)$$

Em que:
C = fator de forma;
$k = Cd^2$ é a *permeabilidade específica* ou *intrínseca*, medida em m^2 ou cm^2 e que depende das aberturas através das quais o fluido se desloca;

μ = viscosidade dinâmica do fluido (9,81 × 10⁻¹⁰ N/(m·s) para água pura a 10 °C;
ρ = densidade do fluido;
g = aceleração da gravidade (9,81 m/s²).

Há certa confusão nos diversos textos que abordam o assunto, quando algumas vezes a condutividade K é chamada simplesmente de *permeabilidade*.

Na Eq. 6.3 assume-se que tanto o meio poroso como a água são mecânica e fisicamente estáveis, mas isso nem sempre é verdadeiro. Por exemplo, trocas iônicas em argilas podem trazer mudanças no volume dos minerais, os quais, por sua vez, afetam a forma e o tamanho dos poros. Pequenas mudanças de temperatura e/ou de pressão podem formar gases a partir das soluções, os quais, por sua vez, podem diminuir os espaços vazios.

O coeficiente de permeabilidade ou condutividade hidráulica representa uma medida da maior ou menor facilidade da água se movimentar através de um maciço rochoso. Um maciço rochoso que permite a fácil passagem da água é dito como de alta condutividade hidráulica ou como altamente permeável, enquanto, no caso contrário, é dito como de baixa condutividade hidráulica ou pouco permeável.

A condutividade hidráulica de um maciço rochoso inclui os efeitos do fluxo através de descontinuidades (*permeabilidade secundária*), como o fluxo intergranular, e através de poros interconectados (*permeabilidade primária*), sendo importantes, nesse contexto, o tamanho das aberturas e o grau de conectividade das descontinuidades. A Tab. 6.1 ilustra diferenças entre condutividades hidráulicas registradas em rochas intactas e fraturadas.

Em um meio poroso com um diâmetro médio (ou efetivo) d, como pode ser encontrado em uma zona de brecha de falha, a condutividade hidráulica é dada por (Bear, 1972):

$$K_p = \frac{N\rho_a g d^2}{\mu} \qquad (6.4)$$

Em que:

K_p = condutividade hidráulica de um meio poroso, com o subscrito p servindo para distingui-la da condutividade de um meio fraturado, como será visto adiante;
N = fator de forma adimensional;
ρ_a = densidade do fluido;
g = aceleração da gravidade;
μ = viscosidade dinâmica (ou absoluta) do fluido.

Tendo-se como base a Eq. 6.3, pode-se fazer:

$$K_p = \frac{k\rho_a g}{\mu} \qquad (6.5)$$

Tab. 6.1 Medidas de condutividade hidráulica em poros e juntas

Tipo de rocha	k (poros) (m/s)	k (juntas) (m/s)	Abertura das juntas (mm)
Lamito	10⁻¹⁵	10⁻⁶	0,1
Arenito	10⁻¹³	10⁻⁵	0,4
Granito	10⁻¹²	10⁻³	2,03

Fonte: Blyth e Freitas (1974).

Essa equação, com g = 9,8 ms^{-1}, ρ_a = 1.000 kgm^{-3} e, segundo Giles (1977), μ = (1,8 e 0,6)10^{-4} Pa (para água a 0 e 50 °C, respectivamente), fornece um valor de K_p = (5,416)10^{16} k. Para a água a 21 °C, comum na parte superior da crosta, μ = 9,8 × 10^{-4} Pa e k ≅ 10^7 k. Esses valores estão próximos aos obtidos em ensaios de maciços rochosos *in situ* (Lee; Farmer, 1993) e sugerem que as zonas de gouge funcionam normalmente como barreiras ao fluxo de água, pelo menos nos períodos intersísmicos.

A *transmissividade* T de um aquífero é uma medida da habilidade que um maciço rochoso tem de transmitir a água através de sua espessura saturada inteira. Pode-se conceituá-la como a taxa de escoamento de água através de uma faixa vertical do aquífero de largura unitária, submetida a um gradiente hidráulico unitário (Cabral, 1997). Para uma brecha em zona de falha, a transmissividade T_p é dada por:

$$T_p = K_p b_p \tag{6.6}$$

Em que:
K_p = condutividade hidráulica média da brecha em zona de falha (m/s);
b_p = espessura da brecha em zona de falha (m).

Uma única descontinuidade de abertura constante b ao longo de um plano de falha terá uma condutividade média K_c dada por (Gudmundsson, 2001, 2000):

$$K_c = \frac{\rho_a g b^2}{12\mu} \tag{6.7}$$

Essa equação descreve, portanto, a condutividade hidráulica média de uma fratura, em que:
ρ_a = densidade do fluido;
g = aceleração da gravidade;
μ = viscosidade dinâmica (ou absoluta) da água;
B = abertura da descontinuidade.

Multiplicando-se ambos os termos da Eq. 6.7 pela abertura b da descontinuidade, tem-se:

$$K_c b = \frac{\rho_a g b^3}{12\mu} \tag{6.8}$$

Essa equação, quando comparada com a Eq. 6.6, passa a representar a transmissividade T_f da descontinuidade ou da fratura, ou seja:

$$T_f = \frac{\rho_a g b^3}{12\mu} \tag{6.9}$$

Admitindo-se que g = 9,8 ms^{-1}, ρ_a = 1.000 kgm^{-3}; b = 0,003 m (3 mm) e μ = 9,8 × 10^{-4} Pa, para a água a 21 °C, obtém-se a transmissividade de uma fratura, pela aplicação da Eq. 6.9, como T_f = 2,2 × 10^{-2} m^{2}s^{-1}.

Os resultados bem diferentes obtidos para as transmissividades T_p e T_f para os períodos intersísmicos, comparados com os períodos sísmicos, têm grandes implicações para o fluxo de fluidos. Em primeiro lugar, justificam a conclusão de que as falhas, em períodos intersísmicos, funcionam como barreiras ao fluxo de fluidos, especialmente em zonas de gouge.

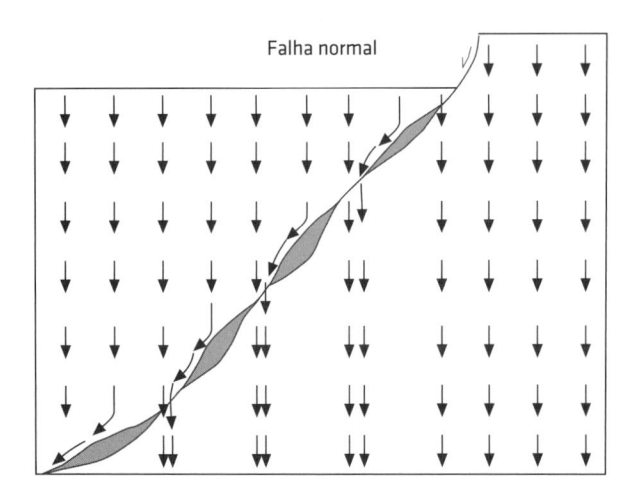

Fig. 6.1 Modelo esquemático de circulação de água nas proximidades de uma zona de falha normal. No exemplo mostrado, o fluxo se dá de cima para baixo, mas pode ser de baixo para cima. A água é transportada através de fraturas e microfraturas subverticais, sendo sua passagem impedida nas zonas impermeabilizadas de brechas

Os fluidos descendentes, quando alcançam zonas com ausência de brechas de baixa permeabilidade, deslocam-se para a lapa da falha e, a partir daí, para níveis crustais mais profundos (Fig. 6.1). Alternativamente, fluidos ascendentes podem se deslocar, impulsionados pelas sobrepressões, através dos planos de falhas, e então migrar em direção à superfície.

Em segundo lugar, os resultados mostram que a transmissividade de um material poroso ao longo de um plano de falha pode aumentar enormemente durante o falhamento do material, podendo ser até 10^{8-11} vezes maior que aquela durante os períodos intersísmicos (Gudmundsson, 2001).

Já o fluxo laminar de um fluido incompressível através de uma única junta de abertura constante b com uma área A perpendicular à direção do fluxo, tendo-se em vista a Eq. 6.2, é dado por (Serafim; Del Campo, 1965; Snow, 1965, 1968):

$$Q_x = \frac{b^2 A \rho_a g}{12\mu} i \qquad (6.10)$$

Ou

$$Q_x = \frac{b^3 W \rho_a g}{12\mu} \nabla h \qquad (6.11)$$

A equação acima descreve o fluxo segundo uma direção x paralela à junta, em que:
∇h = módulo do gradiente da carga total h na direção do fluxo, ou seja, $\nabla h = \frac{\partial h}{\partial z}$;
ρ_a = densidade da água;
g = aceleração da gravidade;
μ = viscosidade dinâmica (ou absoluta) da água.

A área da seção da fratura que é perpendicular ao fluxo é igual a A = bW. A carga total h é definida como:

$$h = \frac{P}{\rho_a} + z \qquad (6.12)$$

Em que:
P = pressão piezométrica de um ponto posicionado a uma elevação z acima de um plano horizontal de referência.

6.1 Fluxo vertical

Fraturas verticais podem ser alimentadas a partir de veios sub-horizontais ou *sills* de água (Sun, 1969; Fyfe; Price; Thompson, 1978), e vice-versa. Considere-se o caso de uma fratura vertical sendo alimentada por uma fratura horizontal preenchida com um fluido (Fig. 6.2).

Se o sill de água está sujeito a uma sobrepressão P_e (pressão em excesso em relação à pressão compressiva no teto do sill), as condições para a ruptura e iniciação de uma hidrofratura são dadas por:

$$P_l + P_e \geq \sigma_3 + T_0$$

Em que:

P_l = pressão litostática na profundidade do sill;

P_e = excesso de pressão de fluidos, e que corresponde à diferença entre a pressão total P no sill no momento da ruptura e a pressão litostática ($P_e = P - P_l$);

σ_3 = esforço compressivo mínimo atuando perpendicularmente à hidrofratura;

T_0 = resistência à tração uniaxial da rocha hospedeira, no topo do sill.

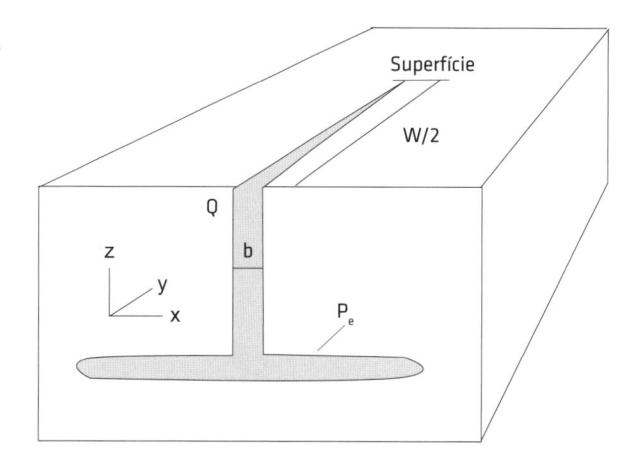

Fig. 6.2 Modelo esquemático de uma fratura vertical suprida com água a partir de um sill de água horizontal. A abertura b, a vazão Q, a metade do comprimento W e o excesso de pressão P_e são indicados

O *datum* de referência usado na definição do gradiente hidráulico na Eq. 6.11, usualmente considerado no nível do mar, é aqui coincidente com a parte superior do sill (que representa o plano de contato da rocha com o fluido). Dessa forma, a pressão de fluido que induz o hidrofraturamento é tomada a partir do mesmo nível que z, de modo que a elevação z acima do nível de referência é igual a zero.

Considerando-se z = 0 na Eq. 6.12 e derivando-a em relação a z:

$$\frac{\partial h}{\partial z} = \frac{\partial}{\partial z}\left(\frac{P}{\rho_a g}\right) = \frac{1}{\rho_a g}\frac{\partial P}{\partial z} \qquad (6.13)$$

No caso do fluxo vertical, a pressão de fluidos total no topo do sill é dada por:

$$P = -\rho_a g z + P_e \qquad (6.14)$$

Derivando-se essa equação em relação a z, tem-se:

$$\frac{\partial P}{\partial z} = -\rho_a g + \frac{\partial p_e}{\partial z} \qquad (6.15)$$

A substituição da Eq. 6.15 na Eq. 6.13 resulta em:

$$\frac{\partial h}{\partial z} = \frac{1}{\rho_a g}\left[-\rho_a g + \frac{\partial p_e}{\partial z}\right] \qquad (6.16)$$

As rochas têm dois modos de responder à propagação de uma hidrofratura vertical. Numa delas a fratura não se deforma, significando que as paredes das rochas são rígidas, e em outra situação as rochas hospedeiras, incluindo o sill de água, deformam-se, geralmente de forma elástica, em função da pressão do fluido (Gudmundsson, 2000, 2001; Gudmundsson et al., 2001).

O fluxo Q, no caso das paredes rígidas das fraturas, tendo-se em vista a Eq. 6.11 e a Eq. 6.15, resulta em:

$$Q = -\frac{b^3 W \rho_a g}{12\mu}\left[\frac{1}{\rho_a g}\right]\left[-\rho_a g + \frac{\partial p_e}{\partial z}\right] \qquad (6.17)$$

E logo:

$$Q_z^s = -\frac{b^3 W}{12\mu}\left[\rho_a g - \frac{\partial p_e}{\partial z}\right] \qquad (6.18)$$

O sinal de menos no segundo termo da Eq. 6.17 indica que o fluxo flui na direção do decréscimo da pressão total, conforme dado pela Eq. 6.12, e, assim, a Eq. 6.18 inclui o sinal de menos. Durante os cálculos, o termo $\left(-\dfrac{\partial p_e}{\partial z}\right)$ torna-se positivo e é adicionado ao termo $\rho_a g$. O subscrito z denota a direção do fluxo e o sobrescrito s indica que as paredes das fraturas não se deformam.

Considere-se agora a situação em que as paredes das fraturas se deformam à medida que o fluido é transferido do *sill* para cima, através da fratura representada na Fig. 6.2. O peso das rochas acima do *sill* deverá ser suportado pela pressão do fluido, e pelo fato de a densidade da rocha hospedeira ρ_r ser diferente da densidade do fluido ρ_a, o termo de flutuação deverá ser adicionado na Eq. 6.14, que se torna:

$$P = -(\rho_r - \rho_a)gz + P_e \qquad (6.19)$$

O fluxo Q, no caso das paredes das fraturas que se deformam sob a pressão dos fluidos, passa a ser dado então por:

$$Q_z^e = -\frac{b^3 W}{12\mu}\left[(\rho_r - \rho_a)g - \frac{\partial p_e}{\partial z}\right] \qquad (6.20)$$

O sobrescrito e no fluxo Q indica que as paredes das fraturas se deformam de uma maneira elástica, sob a pressão de fluidos. Novamente, o termo $\left(-\dfrac{\partial p_e}{\partial z}\right)$ é negativo, uma vez que a pressão diminui para cima, e é adicionado ao termo $\rho_a g$.

Na Eq. 6.20, por efeito de simplificação, a abertura b das fraturas é considerada constante, mesmo se sabendo que depende da pressão de fluidos e do estado de tensão da rocha (Gudmundsson et al., 2001).

As equações que se aplicam a fraturas verticais podem ser adaptadas para fraturas inclinadas. Se o mergulho da falha for indicado por α, então a componente da gravidade na direção do mergulho da falha torna-se $g \operatorname{sen}\alpha$. Se o fluido se desloca ao longo de um comprimento L pelo mergulho da falha, então, para uma falha cujas paredes não se deformam, tem-se:

$$Q_L^s = \frac{b^3 W}{12\mu}\left[\rho_a g \operatorname{sen}\alpha - \frac{\partial p_e}{\partial L}\right] \qquad (6.21)$$

E, da mesma forma, para uma falha cujas paredes se deformam, tem-se:

$$Q_L^s = \frac{b^3 W}{12\mu}\left[(\rho_r - \rho_a)g \operatorname{sen}\alpha - \frac{\partial p_e}{\partial L}\right] \qquad (6.22)$$

6.2 Fluxo horizontal

No caso do fluxo horizontal, o primeiro termo do lado direito da Eq. 6.14 é zero, de modo que $P = P_e$. Usando-se o subscrito x para indicar a direção do fluxo e o sobrescrito s para indicar que as paredes das fraturas não se deformam, por analogia com a Eq. 6.18, tem-se:

$$Q_z^s = -\frac{b^3 W}{12\mu}\left[\frac{\partial p_e}{\partial z}\right] \quad (6.23)$$

O sinal de menos indica que o fluxo se dá na direção do decréscimo de pressão.

Essa mesma equação pode ser prontamente obtida a partir da Eq. 6.21 ou da Eq. 6.22, considerando-se uma fratura no plano XY com abertura b, largura W, medida ao longo do eixo Y e perpendicular ao fluxo, e comprimento L, medido ao longo do eixo X. Substituindo-se ∂L por ∂x nessas equações, considerando-se o ângulo de inclinação $\alpha = 0$ de modo que sen $\alpha = 0$, obtém-se a Eq. 6.23. O excesso de pressão P_e refere-se ou à pressão do sill propagando-se horizontalmente, em seu próprio plano, ou à pressão na junção entre a hidrofratura horizontal e a hidrofratura vertical que suprime o fluido.

6.3 Transporte de fluidos e atitude de falhas

Considere-se uma falha com uma abertura máxima de 0,3 cm e uma largura de 10 m e, ainda, que a água é transportada para cima ao longo do plano, através de fraturas interconectadas, a partir de uma fonte situada a 2 km de profundidade. Tomando-se a temperatura da água como igual a 21 °C sua viscosidade dinâmica será igual a $\mu = 9,8 \times 10^{-4}$ Pa, e a densidade, igual a $\rho_a = 1.000$ kg/m³.

Considere-se, no exemplo, um excesso de pressão $P_e = T_0 = 3$ MPa, assumindo-se ainda que essa pressão tenha o potencial de deslocar a água até a superfície, onde o excesso de pressão é igual a zero. O mergulho da falha é de 40°, e a profundidade na vertical, de 2 km. Dessa forma, tem-se que $\partial L = \partial z/\text{sen}\,40 = 3,1$ km, sendo o gradiente $\frac{\partial P_e}{\partial z} = -970$ Pa/m.

Usando-se esses valores e ainda b = 0,3 cm, W = 10 m e g = 9,8 m/s², obtém-se, pela aplicação da Eq. 6.21, a vazão para uma falha em um corpo rígido de rocha igual a $Q_z^s = 0,17$ m³s⁻¹. Para efeito de comparação, se a rocha hospedeira apresentar um comportamento elástico e tiver uma densidade $\rho_r = 2.600$ kg/m³, então $Q_z^e = 0,25$ m³s⁻¹. Observa-se, dessa forma, que, levando-se em conta o efeito de flutuação, o fluxo de fluidos ao longo da falha aumenta por um fator de aproximadamente 1,5.

Para o caso de uma falha transcorrente, usando-se os mesmos parâmetros do caso anterior, exceto pelo mergulho da falha, em que $\alpha = 90°$, de modo que sen 90° = 1, e o gradiente $\frac{\partial P_e}{\partial z} = \frac{\partial P_e}{\partial z} - 1.500$ Pa/m, a vazão ao longo de uma falha numa rocha hospedeira rígida, pela aplicação da Eq. 6.18 e da Eq. 6.21, é $Q_z^s = Q_L^s \cong 0,26$ m³s⁻¹. Para uma rocha hospedeira elástica, a vazão é de $Q_z^s = Q_L^s \cong 0,40$ m³s⁻¹. Adicionalmente, esses cálculos evidenciam que uma falha vertical normalmente transporta mais fluidos que uma falha inclinada.

6.4 Sistema regular de juntas

A Eq. 6.11 descreve o fluxo em uma única junta. Para um sistema regular de juntas, com espaçamento d e abertura constante b, e considerando-se que a permeabilidade é inversamente proporcional ao espaçamento, a vazão é dada por (Snow, 1970):

$$Q_x^s = -\frac{b^3 W \rho_a g}{12\, d\mu} \nabla h \tag{6.24}$$

Considere-se agora três sistemas de juntas mutuamente perpendiculares, cada um com espaçamento d e mesma abertura b. O fluxo na direção paralela a cada uma das interseções dos sistemas é igual ao somatório do fluxo através dos dois sistemas de juntas intervenientes; em direções oblíquas, a vazão pode ser descrita considerando-se suas componentes nas direções das fraturas. No presente caso, o fluxo através de dois sistemas de juntas mutuamente perpendiculares, com o mesmo espaçamento e abertura, é igual ao dobro do fluxo através de um único sistema, como descrito pela Eq. 6.24, ou seja:

$$Q_x = -\frac{b^3 W \rho_a g}{6\, d\mu} \nabla h \tag{6.25}$$

Comparando-se as Eqs. 6.25 e 6.2, obtém-se o valor da condutividade hidráulica ou coeficiente de permeabilidade em função da abertura b e do espaçamento d das juntas de um maciço rochoso:

$$K = \frac{b^3 W \rho_a g}{6\, d\mu} \tag{6.26}$$

Wittke (1973) sugeriu que se o espaçamento entre as descontinuidades for pequeno em comparação com a dimensão da massa rochosa, é possível substituir as rochas fissuradas, no que diz respeito à sua permeabilidade, por um meio anisotrópico contínuo, cuja permeabilidade poderá ser descrita por meio da *lei de Darcy*.

Valores de condutividade hidráulica podem ser obtidos a partir de testes de laboratório ou, preferencialmente, a partir de testes de poços. Para aquíferos em que a água flui através de juntas e fissuras, um valor aproximado da condutividade hidráulica pode ser obtido a partir da abertura e frequência das juntas no maciço rochoso, como mostra a Fig. 6.3.

Segundo Younger e Elliot (1995, 1996), para um sistema de três famílias de juntas mutuamente perpendiculares, contínuas e com igual frequência e abertura, a condutividade hidráulica ou coeficiente de permeabilidade K é dado pela seguinte fórmula (Rouleau; Gale, 1987):

$$K = \left(\frac{\rho_a g}{\mu}\right)\left(\frac{b^3 WN}{6}\right) \tag{6.27}$$

Em que:

N = frequência ou número de fraturas por metro linear de rocha;

ρ_a = densidade da água;

g = aceleração da gravidade;

μ = viscosidade dinâmica da água e que representa uma medida da resistência da água ao fluxo;

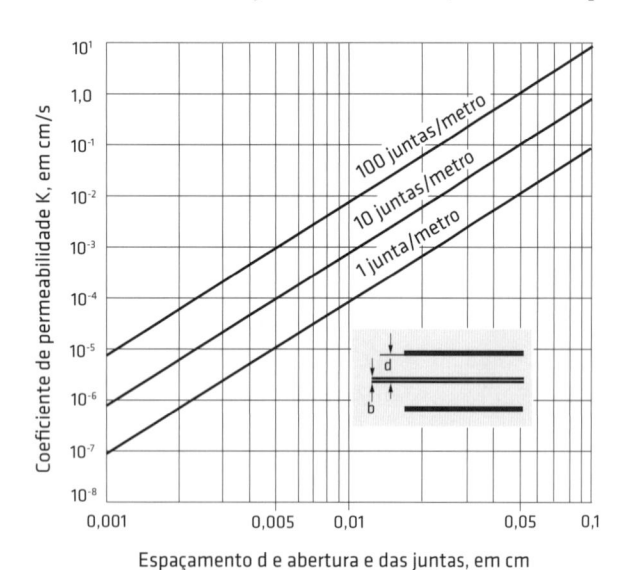

Fig. 6.3 Influência da frequência na condutividade hidráulica K de maciços rochosos na direção de uma família de juntas paralelas
Fonte: Hoek e Bray (1981).

b = abertura do sistema de fraturas;

W = largura medida ao longo do eixo Y e perpendicular ao fluxo.

Essa equação, na verdade, pode ser obtida a partir da Eq. 6.26, lembrando-se de que d = 1/f_d, em que f_d = N. Para um valor de K em cm/s, N em cm^{-1} e W em cm e uma temperatura da água subterrânea de 10 °C, tendo-se em vista a Tab. 6.2, em que:

$$\rho = 0,999700 \text{ g/cm}^3; \mu = 0,013077 \text{ g/s.cm e g} = 980 \text{ cm/s}^2$$

E substituindo-se esses valores na Eq. 6.27, obtém-se, para um valor unitário de W:

$$K = 1,248 \times 10^4 b^3 N \qquad (6.28)$$

Tab. 6.2 Densidade absoluta e viscosidade da água em função da temperatura

Temperatura (°C)	Densidade (kg/cm³)	Densidade (g/cm³)	Viscosidade (g/s.cm)
0	999,841	0,999841	0,017921
1	999,900	0,999900	0,017313
2	999,941	0,999941	0,016728
3	999,965	0,999965	0,016191
4	999,973	0,999973	0,015674
5	999,965	0,999965	0,015188
6	999,941	0,999941	0,014728
7	999,902	0,999902	0,014284
8	999,849	0,999849	0,013860
9	999,781	0,999781	0,013462
10	999,700	0,999700	0,013077
11	999,605	0,999605	0,012713
12	999,498	0,999498	0,012363
13	999,377	0,999377	0,012028
14	999,244	0,999244	0,011709
15	999,099	0,999099	0,011404
16	998,943	0,998943	0,011111
17	998,774	0,998774	0,010828
18	998,595	0,998595	0,010559
19	998,405	0,998405	0,010299
20	998,203	0,998203	0,010050
21	997,992	0,997992	0,009810
22	997,770	0,997770	0,009579
23	997,538	0,997538	0,009358
24	997,296	0,997296	0,009142
25	997,044	0,997044	0,008937
26	996,783	0,996783	0,008737
27	996,512	0,996512	0,008545
28	996,232	0,996232	0,008360
29	995,944	0,995944	0,008180
30	995,646	0,995646	0,008007
35	994,029	0,994029	0,007225
40	992,214	0,992214	0,006560
45	990,212	0,990212	0,005988
50	988,047	0,988047	0,005494

Fonte: Handbook... (1986).

Para um valor de K em m/dia, N em m⁻¹ e W em m e uma temperatura da água subterrânea de 10 °C, usando-se a Tab. 6.2 e lembrando-se de que um dia tem 86.400 segundos, tem-se:

$$K = 1{,}078 \times 10^9 b^3 N \tag{6.29}$$

Essa equação assume a temperatura da água subterrânea a 10 °C, três conjuntos de fraturas mutuamente perpendiculares, abertura constante b em m e frequência N em m⁻¹.

A *porosidade total* η_f relacionada ao fraturamento do maciço rochoso com três conjuntos de fraturas mutuamente perpendiculares é dada por (Younger; Elliot, 1995):

$$\eta_f = 3bN \tag{6.30}$$

O *armazenamento específico* S_s de um aquífero saturado é definido como o volume de água liberado por unidade de volume de aquífero, sendo este volume submetido a um decréscimo unitário da altura piezométrica ou da carga hidráulica, e é dado pela seguinte expressão (Jacob, 1950; Cooper, 1966).

$$S_s = \rho_a g(\alpha + \eta\beta) \tag{6.31}$$

Em que:

ρ_a = densidade da água;
g = aceleração da gravidade;
α = compressibilidade do aquífero (4,4 × 10⁻⁹ cm²/dina);
η = porosidade;
β = compressibilidade da água (4,8 × 10⁻¹⁰ cm²/dina).

O *coeficiente de armazenamento* S é o volume de água cedido por um aquífero de área unitária e espessura constante b quando submetido a uma redução unitária de altura piezométrica, sendo dado por:

$$S = S_s b \tag{6.32}$$

O coeficiente de armazenamento de aquíferos não confinados varia de 0,02 a 0,30.

Em um aquífero não confinado, o nível de saturação sobe ou baixa em função da quantidade de água armazenada. Quando o nível da água baixa, como consequência do escape, através dos poros ou espaços abertos na rocha, a quantidade de água cedida é medida pela *cedência específica* (*specific yield*) S_y do aquífero. Para um aquífero não confinado, a cedência específica é dada por:

$$S = S_y + bS_s \tag{6.33}$$

Em que:
b = espessura da zona saturada.

O valor de S é diversas ordens maior que bS_s para um aquífero não confinado e, por isso, a cedência específica S_y e o coeficiente de armazenamento S são usualmente considerados iguais. Segundo Younger (1993), a cedência específica pode ser prontamente estimada com base no valor da porosidade total, ou seja:

$$S_y = 0,8\, \eta_f \tag{6.34}$$

A condutividade hidráulica de maciços rochosos é dependente do grau de fraturamento e das características das descontinuidades presentes, e pode variar dentro de amplos limites, como mostra a Fig. 6.4.

Deve-se ter em mente que o grau de fraturamento de uma massa rochosa não é homogêneo nem isotrópico, e da mesma forma se comporta um maciço rochoso em relação à condutividade hidráulica. Em maciços rochosos estratificados horizontalmente, a condutividade horizontal pode ser de 1,5 a 2 vezes maior do que a condutividade vertical. Devido à redução da abertura das juntas em profundidade pelo aumento da pressão litostática e, frequentemente, também pelo aumento do espaçamento entre as fraturas, há uma diminuição da condutividade hidráulica com a profundidade.

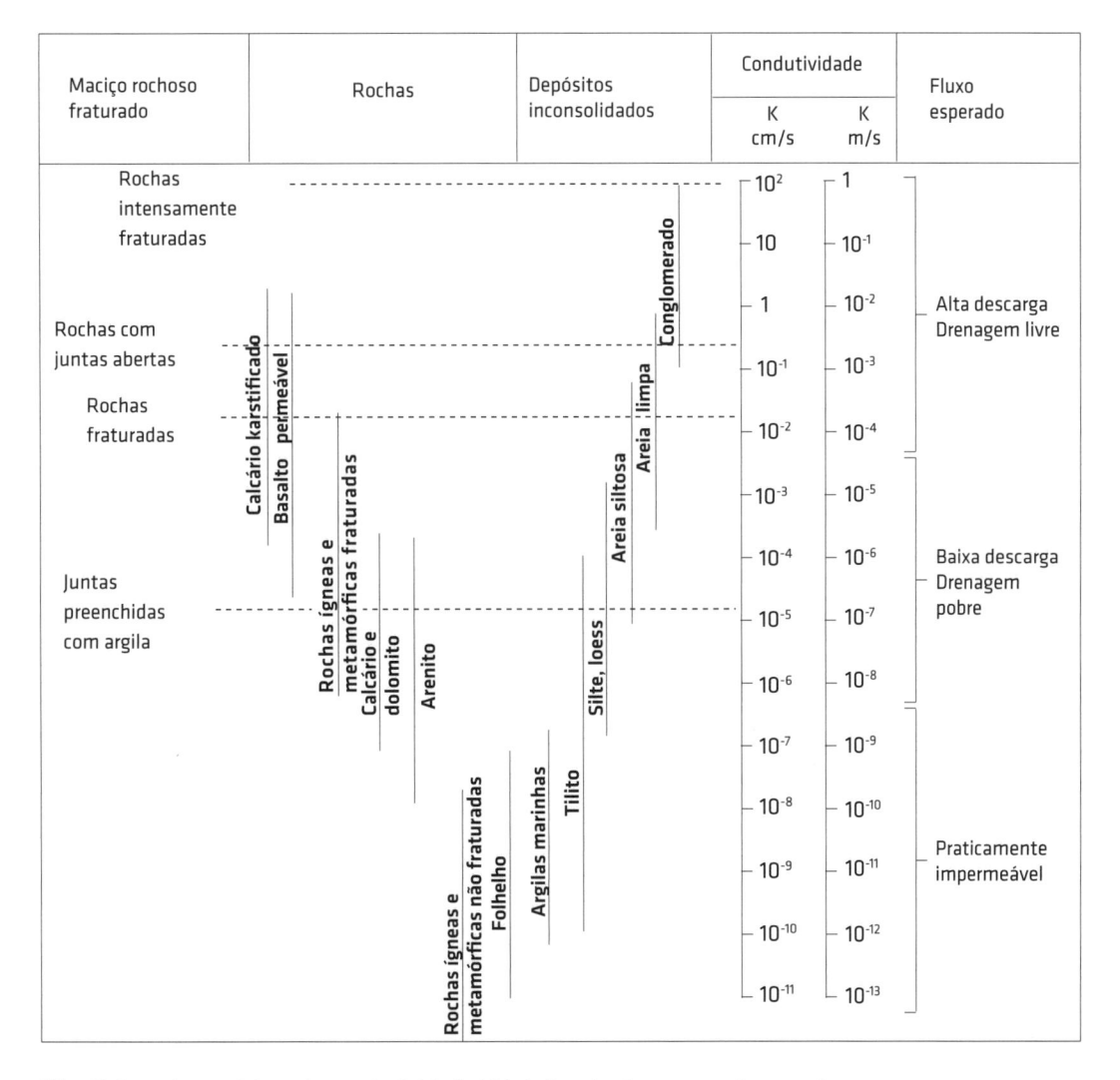

Maciço rochoso fraturado	Rochas	Depósitos inconsolidados	Condutividade		Fluxo esperado
			K cm/s	K m/s	
Rochas intensamente fraturadas		Conglomerado	10^2	1	Alta descarga Drenagem livre
	Calcário karstificado		10	10^{-1}	
	Basalto permeável		1	10^{-2}	
Rochas com juntas abertas		Areia limpa	10^{-1}	10^{-3}	
Rochas fraturadas		Areia siltosa	10^{-2}	10^{-4}	
	Rochas ígneas e metamórficas fraturadas		10^{-3}	10^{-5}	Baixa descarga Drenagem pobre
	Calcário e dolomito		10^{-4}	10^{-6}	
Juntas preenchidas com argila	Arenito	Silte, loess	10^{-5}	10^{-7}	
			10^{-6}	10^{-8}	
	Folhelho	Tilito	10^{-7}	10^{-9}	
	Rochas ígneas e metamórficas não fraturadas	Argilas marinhas	10^{-8}	10^{-10}	Praticamente impermeável
			10^{-9}	10^{-11}	
			10^{-10}	10^{-12}	
			10^{-11}	10^{-13}	

Fig. 6.4 Valores típicos de condutividade hidráulica de algumas rochas e solos
Fonte: adaptado de Freeze e Cherry (1979) e Hoek e Bray (1981).

Parte II | Análise da Deformação: Modelos e Superposição de Deformações

capítulo 7
Conceitos básicos de deformação

O objetivo deste capítulo é apresentar conceitos básicos empregados na análise da deformação, que serão utilizados na parte III deste livro. Conceitos como elipsoide de deformação, tipos de deformação, cisalhamentos puro e simples e medidas de deformação serão aqui examinados.

7.1 O elipsoide de deformação

As rochas, em sua longa evolução, são constantemente submetidas a um campo variável de esforços, o que leva a uma mudança do estado de tensão de seus vários constituintes. Essa mudança, que pode ser entendida como o resultado da aplicação de um esforço tectônico, altera a posição da massa e, frequentemente, sua forma e volume, sendo esse fenômeno conhecido como deformação. Assim, *deformação* pode ser definida como a mudança na posição, forma ou volume de um corpo rochoso devido à ação de um campo de tensões dirigido ou tectônico.

A *análise da deformação* trata essencialmente da descrição geométrica do estado deformado de um objeto ou de um corpo rochoso, e a quantidade de deformação é definida pela comparação de seus estados *deformados* e *indeformados*.

Um dos modos mais adequados para visualizar o processo deformacional é imaginar uma esfera no interior de um corpo de prova e analisar sua mudança de forma após a deformação. Se a deformação for homogênea, o sólido proveniente dessa esfera será um elipsoide, designado de *elipsoide de deformação*, e descreverá de maneira adequada a deformação do corpo de prova.

O elipsoide de deformação tem três diâmetros principais, ortogonais entre si e, normalmente, de tamanhos diferentes, de modo que os deslocamentos entre as partículas têm seus valores máximo, intermediário e mínimo. O maior de todos é denominado eixo X, que corresponde a uma direção de extensão máxima; o intermediário, eixo Y, que normalmente corresponde a uma direção de não deformação ou neutra; e o menor dos três, eixo Z, que corresponde a uma direção de máximo encurtamento (Fig. 7.1).

Na análise da deformação, esses eixos devem ser convenientemente relacionados ao sistema de coordenadas cartesianas X, Y e Z, procurando-se, sempre que possível, fazer coincidir os eixos do elipsoide de deformação com os eixos cartesianos para simplificar o tratamento matemático.

A deformação de muitos materiais rochosos se processa segundo uma evolução muito próxima da *deformação plana*, segundo a qual todos os movimentos se sucedem ao longo de superfícies ou planos paralelos e, nesse caso, o eixo intermediário do elipsoide de deformação permanece invariável. Por conseguinte, a análise pode ser simplificada pelo estudo da deformação apenas no plano do elipsoide que contém os eixos máximo e mínimo.

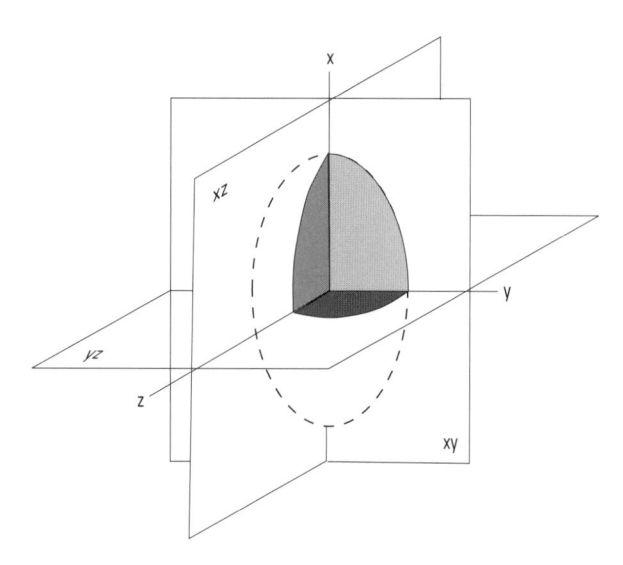

Fig. 7.1 Elipsoide de deformação. X, Y e Z são os eixos principais de deformação

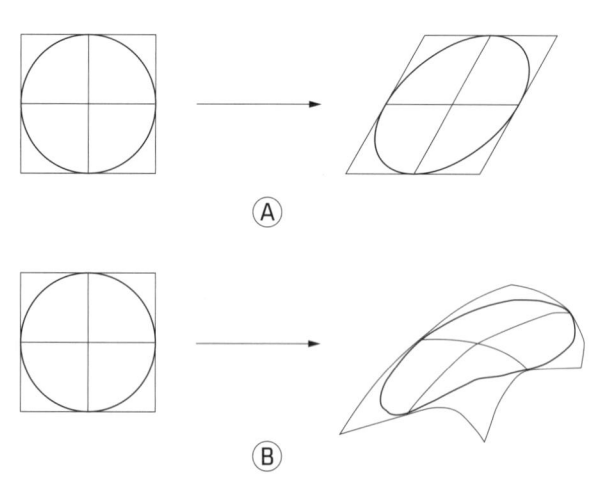

Fig. 7.2 Deformação homogênea (A) e deformação heterogênea (B)

As seções do elipsoide que contêm dois dos três eixos principais são denominadas *elipse de deformação*, existindo três planos principais, denominados segundo os dois eixos contidos: XZ, XY e YZ. Na deformação plana, Y é tido como invariável, e o plano que mais interessa à análise é aquele que contém os eixos X e Z (Fig. 7.1).

7.2 Tipos de deformação
7.2.1 Deformação homogênea e deformação heterogênea

Se a quantidade de deformação em todas as partes infinitesimais de um corpo é igual, a deformação é dita *homogênea* (Fig. 7.2A). Nesse caso, o corpo inicialmente regular se deforma, mas mantém as relações geométricas regulares e proporcionais, ou seja, certas linhas retas e paralelas no estado indeformado continuam retas e paralelas no estado deformado. Se, por outro lado, a deformação não é similar em todos os pontos do corpo, ela é dita *heterogênea*, e o resultado final é que as linhas retas se tornam curvas e as paralelas perdem seu paralelismo (Fig. 7.2B).

O estudo da deformação heterogênea é mais complexo do que o da deformação homogênea. Porém, uma maneira de simplificar a análise é considerar partes suficientemente pequenas do corpo, de modo que possam ser consideradas como deformadas homogeneamente, como é o caso do pequeno cubo da Fig. 7.3B. Ainda que o corpo como um todo se apresente deformado heterogeneamente, o pequeno cubo continua tendo linhas retas e paralelas apresentando-se homogeneamente deformadas. Essa é uma técnica muito comum na análise estrutural tradicional, quando são definidos setores homogêneos para a análise geométrica das estruturas planares ou lineares.

7.2.2 Cisalhamentos puro e simples

Se um corpo se deforma de maneira homogênea, sofrendo um encurtamento ao longo do eixo Z e uma extensão ao longo do eixo X do elipsoide de forma tal que as linhas no corpo indeformado paralelas aos eixos X e Z permaneçam paralelas a esses eixos no estado deformado, a deformação é dita *irrotacional* ou *pura*, e o processo é conhecido como *cisalhamento puro* (Fig. 7.4A).

Por outro lado, se linhas dantes paralelas ao eixo cartesiano X sofrem uma mudança de orientação, a deformação é dita *rotacional* ou *simples*, e o processo é conhecido como *cisalhamento simples* (Fig. 7.4B). Na verdade, conforme será visto adiante, o processo de deformação por cisalhamento simples envolve uma rotação dos eixos X e Z do elipsoide de deformação em torno do eixo Y, fenômeno este que não ocorre com o cisalhamento puro.

7.2.3 Medidas da deformação

Como consequência da deformação, ocorrem mudanças tanto no comprimento como no valor angular entre as linhas dentro de um corpo rochoso. Medindo-se o valor dessas mudanças é possível determinar o estado de deformação interna de uma rocha.

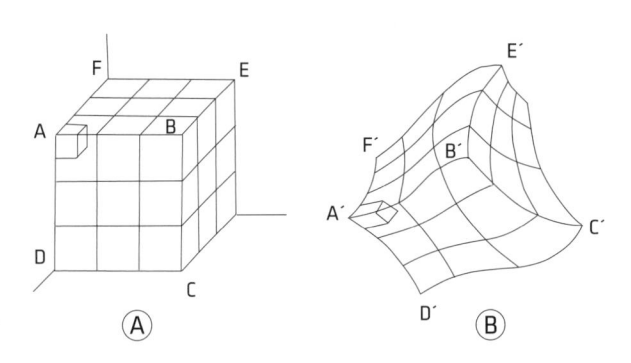

Fig. 7.3 Exemplo de um setor com deformação homogênea dentro de um corpo deformado homogeneamente (A) e heterogeneamente (B) Fonte: Ragan (1985).

A *elongação* e é uma medida comumente usada e é definida como a mudança relativa do comprimento por unidade de comprimento. Assim, se l_0 é o comprimento inicial de uma linha, e l_1, seu comprimento final após a deformação (Fig. 7.5), a elongação será dada por:

$$e = \frac{l_1 - l_0}{l_0} \tag{7.1}$$

Ou ainda, conforme alguns autores:

$$e = \frac{\Delta l}{l_0} \tag{7.2}$$

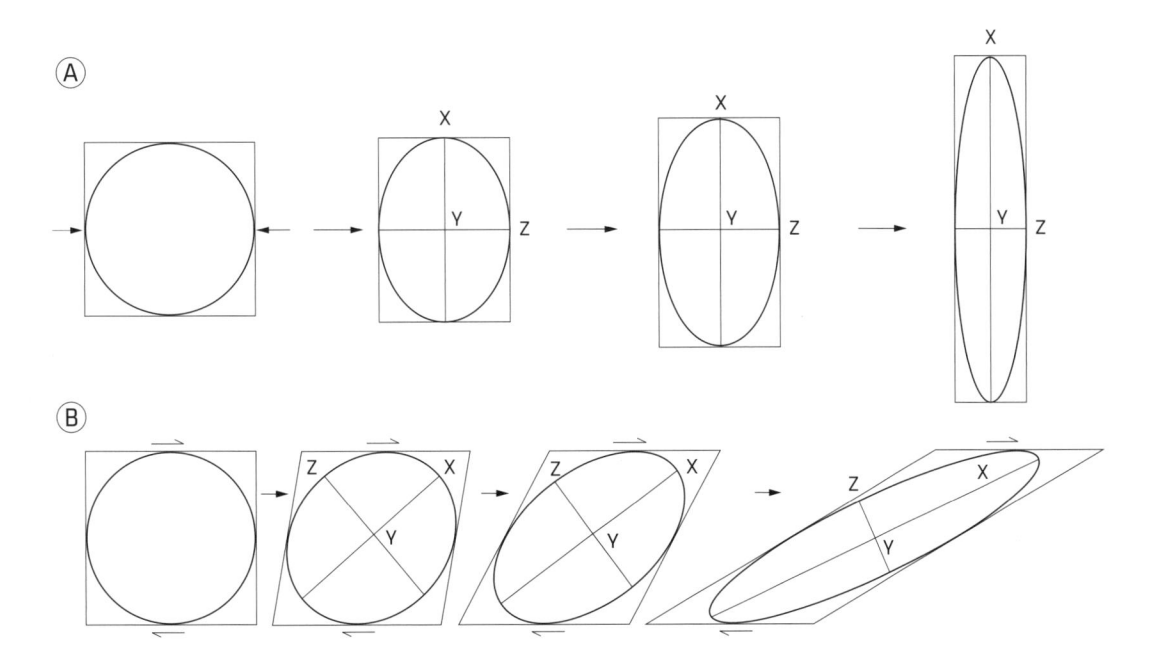

Fig. 7.4 Cisalhamentos puro (A) e simples (B) progressivos. No cisalhamento puro, a posição dos eixos X e Z do elipsoide não muda durante a deformação. No cisalhamento simples, os eixos X e Z do elipsoide rotacionam em torno do eixo Y, perpendicular à figura, e nesse caso em sentido horário

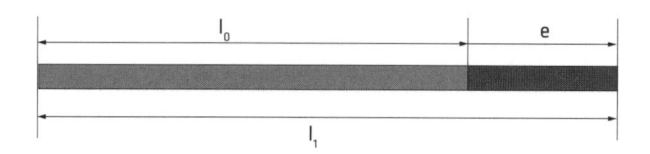

Fig. 7.5 Extensão de um corpo devido à deformação

A medida de *encurtamento* de um corpo é dada por um valor *negativo*, enquanto a *extensão* é dada por um valor *positivo* da elongação, sendo ambos comumente expressos em porcentagem.

Uma expressão alternativa da mudança de comprimento de uma linha é a *elongação quadrática*, identificada por λ (lambda) e definida como o quadrado do comprimento de uma linha, cuja dimensão original é a unidade. Partindo-se da Eq. 7.1:

$$e = \frac{l_1}{l_0} - \frac{l_0}{l_0}$$

E logo:

$$(e+1) = \frac{l_1}{l_0} \quad (7.3)$$

Elevando-se ambos os membros ao quadrado, obtém-se:

$$\lambda = (e+1)^2 = \left(\frac{l_1}{l_0}\right)^2 \quad (7.4)$$

As elongações ao longo dos eixos principais do elipsoide serão denominadas e_1, e_2 e e_3, e as elongações quadráticas, $\sqrt{\lambda_1}$, $\sqrt{\lambda_2}$ e $\sqrt{\lambda_3}$, respectivamente, para os eixos X, Y e Z. A simbologia aqui usada segue essencialmente aquela adotada por Ramsay (1967) e Ramsay e Huber (1983, 1987).

A Fig. 7.6 mostra o resultado da deformação de um círculo de raio unitário em uma elipse, a relação existente entre os eixos X e Z do elipsoide e as extensões quadráticas $\sqrt{\lambda_1}$ e $\sqrt{\lambda_3}$. O eixo Y é perpendicular ao plano representado na figura, entrecruzando-se com os eixos X e Z no centro da elipse. A extensão quadrática, que mede a quantidade de deformação ao longo desse eixo, é igual a $\sqrt{\lambda_2}$, geralmente idêntica à unidade.

Quando as deformações são muito grandes, é necessário introduzir a chamada *deformação natural* ou *logarítmica* (ε). Esta é também relacionada à Eq. 7.1, simplesmente se substituindo l_0 por l, que representa o comprimento instantâneo da linha em um determinado momento da deformação progressiva. A deformação

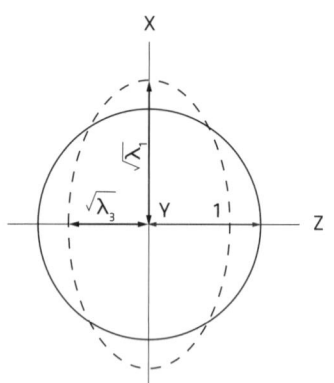

Fig. 7.6 O exemplo mostra a deformação de um círculo em uma elipse e a relação existente entre os eixos X e Z e as extensões quadráticas $\sqrt{\lambda_1}$ e $\sqrt{\lambda_3}$

total é o resultado da soma de uma série de pequenos incrementos progressivos, e sua medida pode ser expressa por:

$$\varepsilon = \sum_{l_0}^{l_1} \frac{\Delta l}{l} \qquad (7.5)$$

Se Δl é um incremento infinitamente pequeno, então a deformação interna pode ser expressa da seguinte forma:

$$\varepsilon = \int_{l_0}^{l_1} \frac{de}{e} = l_n\left(\frac{l_1}{l_0}\right)$$

Pela Eq. 7.3, tem-se:

$$\varepsilon = l_n(1+e)$$

E ainda, levando-se em conta a Eq. 7.4:

$$\varepsilon = l_n \sqrt{\lambda}$$

E finalmente:

$$\varepsilon = \frac{1}{2} l_n \lambda \qquad (7.6)$$

Nas deformações infinitesimais, os valores fornecidos pelas Eqs. 7.4 e 7.6 praticamente coincidem.

A medida da deformação natural é particularmente útil na análise das relações esforço/deformação, uma vez que, em substâncias isotrópicas e homogêneas, o incremento da deformação interna logarítmica mostra uma relação linear com o estado de esforços.

capítulo 8
Modelo de cisalhamento puro

O modelo de deformação por cisalhamento puro envolve a aplicação de um esforço colinear em um corpo. Este, ao se deformar, induz modificações tanto no comprimento como no ângulo entre linhas existentes no corpo indeformado. Linhas originalmente paralelas aos eixos X, Y e Z sofrem mudanças de comprimento com a deformação, mas não sofrem rotações. Por outro lado, linhas oblíquas a esses eixos sofrem não apenas mudanças de comprimento como também rotação, denominada *rotação interna*.

De modo geral, os corpos na natureza apresentam deformação plana, que consiste em um encurtamento na direção Z e um alongamento na mesma proporção, na direção X, sendo invariável na direção Y. Neste capítulo, além de plana, a deformação será considerada isovolumétrica, em que o volume inicial do corpo é igual ao volume final. A análise tridimensional, bem como de alguns casos de variação volumétrica dos corpos submetidos a uma deformação, será realizada em capítulos posteriores.

8.1 Variação no comprimento de linhas

Em razão de uma dada deformação finita, o comprimento da maior parte das linhas de um corpo se modifica em uma quantidade $(1 + e)$ ou $\sqrt{\lambda}$. Seja o ponto P(x,y) situado no vértice do quadrado da Fig. 8.1 e que representa o estado indeformado. No estado indeformado a linha OP tem um comprimento unitário e encontra-se disposta a um ângulo θ em relação ao eixo X do elipsoide.

Após o processo de deformação, o quadrado transforma-se em retângulo e o ponto P(xy) desloca-se a uma posição $P_1(x_1,y_1)$. Sendo θ o ângulo formado por uma linha OP qualquer e o eixo X antes da deformação, e θ' o mesmo ângulo depois da deformação, têm-se:

$$x_1 = x\sqrt{\lambda_1} \tag{8.1}$$

$$y_1 = y\sqrt{\lambda_3} \tag{8.2}$$

Porém, como pela Fig. 8.1 $x = \cos\theta$ e $y = \mathrm{sen}\theta$, substituindo-se esses valores nas Eqs. 8.1 e 8.2 obtém-se:

$$x_1 = \cos\theta\sqrt{\lambda_1} \tag{8.3}$$

$$y_1 = \mathrm{sen}\theta\sqrt{\lambda_3} \tag{8.4}$$

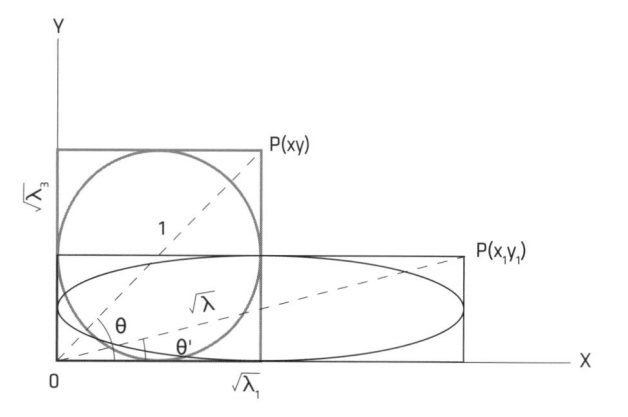

Fig. 8.1 Deformação de uma linha OP. No estado deformado ocorrem mudanças tanto no comprimento da linha como no ângulo θ, que muda para θ'

Pela aplicação do teorema de Pitágoras, tem-se, com base na Fig. 8.1:

$$\left(\sqrt{\lambda}\right)^2 = x_1^2 + y_1^2$$

Substituindo-se nessa equação os valores de x_1 e de y_1 e após desenvolvimento, obtém-se:

$$\lambda = \lambda_1 \cos^2\theta + \lambda_3 \sen^2\theta \qquad (8.5)$$

Substituindo-se por ângulos duplos, obtém-se:

$$\lambda = \frac{\lambda_1 + \lambda_3}{2} + \frac{\lambda_1 - \lambda_3}{2}\cos 2\theta \qquad (8.6)$$

A Eq. 8.5 fornece a elongação quadrática de linhas em função do ângulo que elas formavam com o eixo X no *estado indeformado*.

Na prática, porém, é mais fácil medir-se o ângulo θ' no estado deformado. Invertendo-se a ordem de deformação e considerando-se o comprimento final $l_1 = 1$ (nesse caso, o retângulo será transformado no quadrado inicial), obtém-se, com base na Fig. 8.1:

$$x = \frac{x_1}{\sqrt{\lambda_1}} \qquad (8.7)$$

$$y = \frac{y_1}{\sqrt{\lambda_3}} \qquad (8.8)$$

Mas, como $x_1 = \cos\theta'$ e $y_1 = \sen\theta'$, substituindo-se esses valores nas Eqs. 8.7 e 8.8 obtém-se:

$$x = \frac{\cos\theta'}{\sqrt{\lambda_1}} \qquad (8.9)$$

$$y = \frac{\sen\theta'}{\sqrt{\lambda_3}} \qquad (8.10)$$

Pelo teorema de Pitágoras, tem-se:

$$\left(\frac{1}{\sqrt{\lambda}}\right)^2 = x^2 + y^2$$

Substituindo-se nessa equação os valores de x e y, obtém-se finalmente:

$$\frac{1}{\lambda} = \frac{\cos^2\theta'}{\lambda_1} + \frac{\sen^2\theta'}{\lambda_3} \qquad (8.11)$$

Essa equação fornece a variação do comprimento de linhas de um corpo em função do ângulo que elas formam com o eixo X no *estado deformado*.

Observe que, na Fig. 8.1, a circunferência inscrita dentro do quadrado no estado indeformado transforma-se, no estado deformado, em elipse, e o quadrado, em retângulo. O eixo de encurtamento Z da elipse de deformação coincide, nesse caso, com o eixo das ordenadas ou com o lado menor do retângulo, enquanto o eixo de alongamento X da elipse coincide com o eixo das abscissas do sistema cartesiano.

Supondo-se uma circunferência de raio unitário e centro na origem do sistema de coordenadas, um ponto P(xy) situado sobre ela será deslocado para uma nova posição $P_1(x_1y_1)$ sobre a elipse da Fig. 8.2 após a deformação.

A equação dessa elipse é dada por:

$$\frac{x_1^2}{\lambda_1} + \frac{y_1^2}{\lambda_3} = 1 \quad (8.12)$$

E é conhecida como *primeira equação padrão da elipse*. A equação da circunferência de raio r e centro em o é dada por:

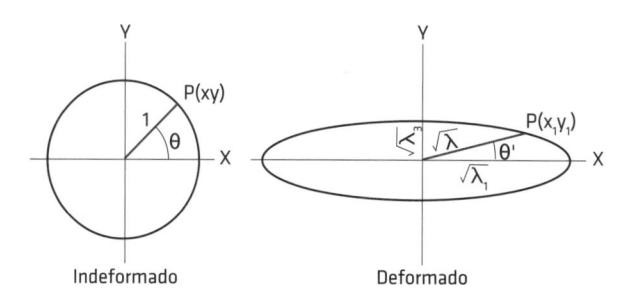

$$x^2 + y^2 = r^2 \quad (8.13)$$

Fig. 8.2 Deformação de um círculo de raio unitário em uma elipse como resultado de uma deformação homogênea por cisalhamento puro

Se o raio é unitário, então a equação se reduz a:

$$x^2 + y^2 = 1 \quad (8.14)$$

As extensões quadráticas dos eixos principais da elipse recíproca de deformação são definidas pelo valor recíproco da extensão quadrática dos eixos da elipse de deformação e são iguais $\lambda' = 1/\lambda$. Substituindo-se pelas extensões quadráticas recíprocas na Eq. 8.11, obtém-se:

$$\lambda' = \lambda_1' \cos^2 \theta' + \lambda_3' \mathrm{sen}^2 \theta' \quad (8.15)$$

Essa equação, reescrita em função de ângulos duplos, adquire a seguinte forma:

$$\lambda' = \frac{\lambda_1' + \lambda_3'}{2} + \frac{\lambda_1' - \lambda_3'}{2} \cos 2\theta$$

8.2 Variação nos ângulos

O ângulo que qualquer linha forma com o eixo X antes da deformação muda após a deformação, de acordo com a seguinte equação, que descreve as relações trigonométricas na Fig. 8.2:

$$\mathrm{tg}\theta' = \frac{y_1}{x_1} = \frac{y\sqrt{\lambda_3}}{x\sqrt{\lambda_1}} = \mathrm{tg}\theta \sqrt{\frac{\lambda_3}{\lambda_1}} \quad (8.16)$$

Fazendo-se:

$$R = \frac{\sqrt{\lambda_1}}{\sqrt{\lambda_3}} \quad (8.17)$$

E substituindo-se na equação acima:

$$\mathrm{tg}\theta' = \frac{1}{R} \mathrm{tg}\theta \quad (8.18)$$

Em que R é denominado *razão de deformação*.

Igualmente, em função do seno e do cosseno e com base nas relações trigonométricas da Fig. 8.2, obtém-se:

$$\cos\theta' = \frac{x_1}{\sqrt{\lambda}} = \frac{x\sqrt{\lambda_1}}{\sqrt{\lambda}} = \frac{\cos\theta\sqrt{\lambda_1}}{\sqrt{\lambda}} \quad \text{(8.19)}$$

$$\text{sen}\theta' = \frac{y_1}{\sqrt{\lambda}} = \frac{y\sqrt{\lambda_3}}{\sqrt{\lambda}} = \frac{\text{sen}\theta\sqrt{\lambda_3}}{\sqrt{\lambda}} \quad \text{(8.20)}$$

Essas três equações fornecem o valor do ângulo θ' no estado deformado, conhecendo-se o valor do ângulo θ medido no estado indeformado e a razão R da deformação finita.

8.3 Linhas de elongação finita nula

No processo de deformação ilustrado na Fig. 8.3, algumas linhas se alongam segundo algumas direções, enquanto outras se contraem, havendo, porém, linhas dentro da elipse de deformação que mantêm o mesmo comprimento de quando o estado era indeformado.

Essas linhas são denominadas *deformação longitudinal nula* e podem ser encontradas onde a circunferência descrita pela Eq. 8.14 corta a elipse (Eq. 8.12), ou, de maneira mais simples, fazendo-se $\lambda = 1$ na Eq. 8.5. Assim:

$$1 = \lambda_1 \cos^2\theta + \lambda_3 \text{sen}^2\theta \quad \text{(8.21)}$$

Sabendo-se que

$$\text{sen}^2\theta = 1 - \cos^2\theta$$

E após a substituição na equação acima:

$$\cos^2\theta = \frac{1 - \lambda_3}{\lambda_1 - \lambda_3} \quad \text{(8.22)}$$

$$\text{sen}^2\theta = \frac{\lambda_1 - 1}{\lambda_1 - \lambda_3} \quad \text{(8.23)}$$

Dividindo-se as equações, pode-se também obter:

$$\text{tg}^2\theta = \frac{\lambda_1 - 1}{1 - \lambda_3} \quad \text{(8.24)}$$

Da mesma forma, a partir da Eq. 8.15, a posição das linhas de não elongação finita pode se referir a ângulos medidos no estado deformado:

$$1 = \lambda_1' \cos^2\theta' + \lambda_3' \text{sen}^2\theta' \quad \text{(8.25)}$$

$$\cos^2\theta' = \frac{\lambda_3' - 1}{\lambda_3' - \lambda_1'} \quad \text{(8.26)}$$

$$\text{sen}^2\theta' = \frac{1 - \lambda_1'}{\lambda_3' - \lambda_1'} \quad \text{(8.27)}$$

$$\text{tg}^2\theta' = \frac{1 - \lambda_1'}{\lambda_3' - 1} \quad \text{(8.28)}$$

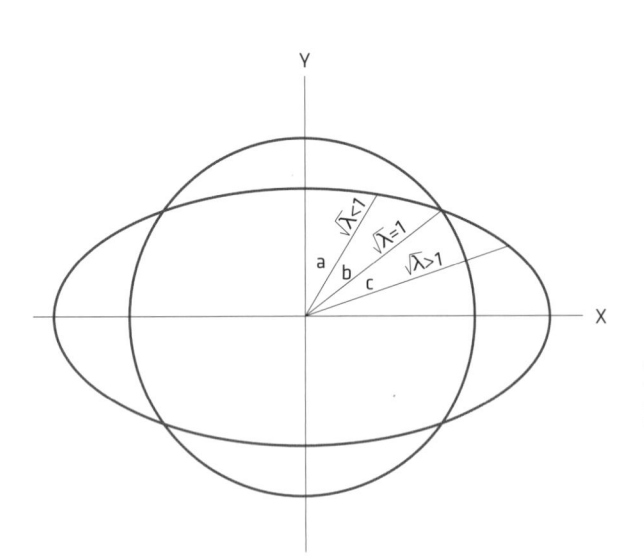

Fig. 8.3 Deformação de um círculo em uma elipse. A linha a sofre um encurtamento ($\lambda < 1$), a linha b não muda de comprimento ($\lambda = 1$) e a linha c sobre um alongamento ($\lambda > 1$). Todas as três linhas tinham um comprimento unitário antes da deformação

8.4 Rotação interna

A rotação interna envolve apenas linhas dentro do modelo de deformação por cisalhamento puro. Em capítulo posterior será analisado o mecanismo da deformação por cisalhamento simples, que envolve, além da rotação interna, uma rotação externa, exemplificada pela mudança de posição dos eixos X e Z do elipsoide durante a deformação.

Qualquer linha não paralela aos eixos X e Z (ou X e Y do sistema de coordenadas) sofrerá, à medida que o círculo se transforma em elipse, uma rotação, conhecida como *rotação interna*, ou uma componente de cisalhamento simples dentro do modelo de cisalhamento puro.

O *cisalhamento simples linear*, também denominado *rotacional*, é definido como a modificação angular de linhas que tinham inicialmente um ângulo reto entre si. É representado por γ (gama) e, geometricamente, pela igualdade:

$$\gamma = \text{tg}\psi \qquad (8.29)$$

Em que ψ (psi) é o ângulo final entre as duas linhas que eram inicialmente ortogonais. O ângulo ψ é também conhecido como *cisalhamento angular*, e a igualdade acima representa o valor do *cisalhamento simples linear* γ por unidade de comprimento.

Considerando-se a Fig. 8.4, se o ponto A(xy) da circunferência descrita pela Eq. 8.14 se desloca a um ponto $A_1(x_1y_1)$ sobre a elipse de deformação (Eq. 8.12), a equação da reta tangente à elipse em um ponto qualquer $A_1(x_1y_1)$ é dada por:

$$\frac{xx_1}{\lambda_1} + \frac{yy_1}{\lambda_3} = 1 \qquad (8.30)$$

Sendo x_1 e y_1 os pontos de tangência (Lehmann, 1982, p. 160, teorema 4).

A distância perpendicular do centro da elipse à linha tangente é OR = p, e logo:

$$\sec\psi = \frac{\sqrt{\lambda}}{p} \qquad (8.31)$$

Utilizando-se a identidade trigonométrica:

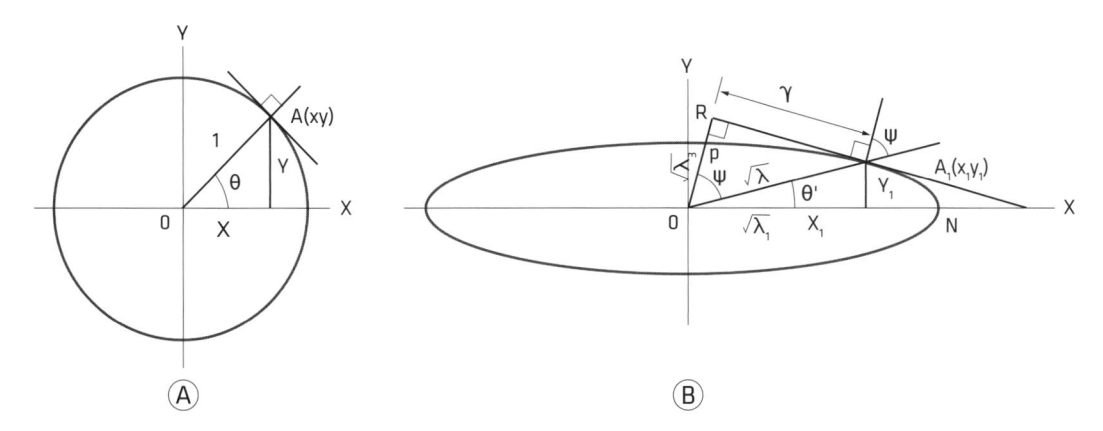

$$\text{tg}^2\psi = \sec^2\psi - 1 \qquad (8.32)$$

Fig. 8.4 Geometria da elipse de deformação. Rotação interna de linhas. (A) Círculo unitário. (B) Elipse derivada da deformação do círculo unitário

E levando-se em conta a Eq. 8.29, obtém-se, por substituição na Eq. 8.31:

$$\gamma^2 = \left(\frac{\sqrt{\lambda}}{p}\right)^2 - 1 \tag{8.33}$$

Partindo-se da equação geral da tangente à elipse no ponto (x_1, y_1), como visto anteriormente, e nela se substituindo as Eqs. 8.3 e 8.4, obtém-se:

$$\left(\frac{\cos\theta\sqrt{\lambda_1}}{\lambda_1}\right)x + \left(\frac{\mathrm{sen}\theta\sqrt{\lambda_3}}{\lambda_3}\right)y = 1 \tag{8.34}$$

Que é a equação da linha tangente à elipse no ponto $A1(x_1, y_1)$ na forma $ax + by = 1$, expressa em termos das deformações principais e da orientação θ da linha em questão.

Essa equação pode ser reescrita na forma reduzida da equação da reta:

$$y = -\left(\frac{a}{b}\right)x + \frac{1}{b} \tag{8.35}$$

Em que a/b é o coeficiente angular da reta tangente e $1/b$ é a ordenada do ponto de interseção no eixo Y. A abscissa do ponto de interseção no eixo X é então $(1/a)$, que pode ser obtida fazendo-se $y = 0$ na Eq. 8.35. Na Fig. 8.4, corresponde ao ponto N, ou à distância ON a partir da origem das coordenadas.

Fazendo-se $\alpha = \theta' + \psi$, obtém-se:

$$\cos\alpha = \frac{p}{\frac{1}{a}} = a \cdot p \tag{8.36}$$

O coeficiente angular da reta normal OR à tangente é igual ao recíproco negativo do coeficiente angular da tangente (Eq. 8.35), ou seja:

$$\mathrm{tg}\alpha = \frac{b}{a}$$

Dessa forma, define-se um triângulo retângulo comum de ângulo α, um lado oposto b e um lado adjacente a. A hipotenusa desse triângulo é dada por $\sqrt{(a^2 + b^2)}$. Nesse mesmo triângulo, pode-se fazer:

$$\cos\alpha = \frac{a}{\sqrt{(a^2 + b^2)}}$$

Substituindo-se nessa equação a Eq. 8.36, obtém-se:

$$p = \sqrt{\frac{1}{a^2 + b^2}}$$

Em que a e b são os coeficientes da equação da reta $ax + by = 1$. Substituindo-se os valores de a e b da Eq. 8.34 na equação anterior:

$$p = \sqrt{\frac{1}{\frac{\cos^2\theta}{\lambda_1} + \frac{\mathrm{sen}^2\theta}{\lambda_3}}}$$

O valor de p obtido pode agora ser substituído na Eq. 8.33, donde:

$$\gamma^2 = \lambda\left[\left(\frac{\cos^2\theta}{\lambda_1}\right) + \left(\frac{\sen^2\theta}{\lambda_3}\right)\right] - 1 \qquad (8.37)$$

Substituindo-se a Eq. 8.5 na equação acima:

$$\gamma^2 = (\lambda_1\cos^2\theta + \lambda_3\sen^2\theta)\left(\frac{\cos^2\theta}{\lambda_1} + \frac{\sen^2\theta}{\lambda_3}\right) - 1 \qquad (8.38)$$

Essa equação, da forma como está, parece muito complexa por ser do quarto grau. Porém, fazendo-se:

$$(\cos^2\theta + \sen^2\theta)^2 = 1$$

E subtraindo-se a expressão da Eq. 8.38, após combinação, reordenação de termos e extração da raiz quadrada, simplifica-se muito, ou seja:

$$\gamma^2 = (\cos^2\theta - \sen^2\theta)\left(\frac{\lambda_1}{\lambda_3} + \frac{\lambda_3}{\lambda_1} - 2\right)$$

E logo:

$$\gamma = \left(\frac{\lambda_1}{\lambda_3} + \frac{\lambda_3}{\lambda_1} - 2\right)^{\frac{1}{2}} \sen\theta\cos\theta \qquad (8.39)$$

A Eq. 8.39 pode ser ainda mais simplificada:

$$\gamma^2 = \cos^2\theta\,\sen^2\theta\left(\frac{\lambda_1^2 + \lambda_3^2 - 2\lambda_1\lambda_3}{\lambda_1\lambda_3}\right)^{\frac{1}{2}}$$

E logo:

$$\gamma = \left(\frac{\lambda_1 - \lambda_3}{\sqrt{\lambda_1\lambda_3}}\right)\sen\theta\cos\theta \qquad (8.40)$$

Substituindo-se nessa equação por ângulos duplos:

$$\gamma = \frac{1}{\sqrt{\lambda_1\lambda_3}}\left(\frac{\lambda_1 - \lambda_3}{2}\right)\sen 2\theta \qquad (8.41)$$

A Eq. 8.40 fornece o valor da deformação por cisalhamento simples γ em função do ângulo θ obtido no estado indeformado. Ao se substituírem nessa equação os parâmetros das Eqs. 8.19 e 8.20, obtém-se:

$$\gamma = \frac{(\lambda_1 - \lambda_3)^2}{\sqrt{\lambda_1\lambda_3}}\frac{\sqrt{\lambda}}{\sqrt{\lambda_3}}\sen\theta'\frac{\sqrt{\lambda}}{\sqrt{\lambda_1}}\cos\theta'$$

E após o desenvolvimento:

$$\frac{\gamma}{\lambda} = \left(\frac{1}{\lambda_3} - \frac{1}{\lambda_1}\right)\sen\theta'\cos\theta' \qquad (8.42)$$

O termo γ/λ é definido como γ'. Uma vez que $\lambda_1' = 1/\lambda_1$ e $\lambda_3' = 1/\lambda_3$, após a substituição na equação anterior obtém-se:

$$\gamma' = (\lambda_3' - \lambda_1')\,\text{sen}\,\theta'\cos\theta' \qquad (8.43)$$

Essa equação fornece o valor do cisalhamento simples tendo-se em conta os ângulos obtidos no estado deformado. Para uma deformação plana, em que $\lambda_1 = 1/\lambda_3$, tem-se:

$$\gamma' = \left(\frac{1}{\lambda_3} - \lambda_3\right)\text{sen}\,\theta'\cos\theta' \qquad (8.44)$$

Tendo-se em conta que:

$$\text{sen}\,2\theta' = 2\,\text{sen}\,\theta'\cos\theta'$$

E substituindo-se na equação acima:

$$\gamma' = \frac{1}{2}\left(\frac{1}{\lambda_3} - \lambda_3\right)\text{sen}\,2\theta' \qquad (8.45)$$

8.5 Valor máximo do cisalhamento simples

O valor máximo do cisalhamento simples pode ser obtido com base na Eq. 8.39. Diferenciando-se em relação ao ângulo θ, obtém-se:

$$\frac{\partial\gamma}{\partial\theta} = \frac{\lambda_1 - \lambda_3}{\sqrt{\lambda_1\lambda_3}}\cos 2\theta$$

Os valores máximos da equação aparecem quando $\partial\gamma/\partial\theta = 0$, ou seja, quando $\cos 2\theta = 0$ e, portanto, quando $2\theta = 90°$ ou $270°$ ou $\theta = 45°$ ou $135°$.

Utilizando-se a Eq. 8.16, pode-se determinar a posição das linhas de máxima deformação por cisalhamento simples no estado deformado, que são dadas por:

$$\text{tg}\,\theta' = \text{tg}\,\theta\sqrt{\frac{\lambda_3}{\lambda_1}}$$

As linhas que inicialmente formavam um ângulo de 45° com os eixos da elipse de deformação e que formam um ângulo $\text{arctg}\sqrt{\lambda_3/\lambda_1}$ após a deformação mostram um valor máximo de γ que é obtido fazendo-se $\theta = 45°$ ou $135°$ na Eq. 8.39. Assim:

$$\gamma_{\max} = \pm\frac{\lambda_1 - \lambda_3}{2\sqrt{\lambda_1\lambda_3}}$$

8.6 Mudança de área

A área da elipse de deformação é dada por:

$$\text{Área Elipse} = \pi\sqrt{\lambda_1}\sqrt{\lambda_3}$$

A área de um círculo é dada por:

$$\text{Área Círculo} = \pi r^2$$

Em que r = 1, a mudança de área Δ de um círculo de raio unitário para uma elipse de deformação será dada por:

$$\Delta = \frac{A_f - A_i}{A_i} = \frac{\pi\sqrt{\lambda_1}\sqrt{\lambda_3} - \pi}{\pi}$$

Em que A_i e A_f são as áreas final e inicial, respectivamente. Logo:

$$\Delta = \sqrt{\lambda_1 \lambda_3} - 1 \qquad (8.46)$$

Se Δ = 0, isto é, quando não há mudança de área durante o processo de deformação, então $\sqrt{\lambda_1} = \frac{1}{\sqrt{\lambda_3}}$ e a deformação é do tipo plana.

Quando há mudança de volume no processo deformacional, então:

$$(1 + \Delta) = \sqrt{\lambda_1 \lambda_2 \lambda_3}$$

E (1 + Δ) < 1 implica diminuição de volume (Δ é menor que zero), (1 + Δ) > 1 indica aumento de volume (Δ é maior que zero) e, no caso de (1 + Δ) = 1, não há mudança de volume no processo deformacional (Δ = 0).

capítulo 9
Modelo de cisalhamento simples

Neste capítulo será analisado o modelo de deformação por cisalhamento simples. *Cisalhamento simples* é um tipo especial de deformação rotacional produzida por deslocamentos de uma substância ao longo de uma série de planos distintos, denominados *planos de cisalhamento*. A direção de deslocamento é conhecida como *direção de cisalhamento*, e a orientação dos eixos principais da elipse de deformação finita depende da quantidade de cisalhamento.

O conteúdo do capítulo é baseado essencialmente nos trabalhos de Ramsay e colaboradores, como, por exemplo: Ramsay (1967, 1969, 1980), Ramsay e Graham (1970), Ramsay e Wood (1973) e Ramsay e Huber (1983, 1987). Mais recentemente, aplicações desses trabalhos podem ser vistas em Mazzoli e Di Bucci (2003), Carrera, Druguet e Griera (2005), Puelles et al. (2005), Vitale e Mazzoli (2009), entre outros. Deduções mais detalhadas das equações poderão ser encontradas em Fiori (1997).

No modelo de cisalhamento simples, todos os pontos se deslocam paralelamente a uma direção fixa, por exemplo, o eixo X de um sistema de coordenadas, de modo que a abscissa de qualquer ponto se desloca de um ângulo ψ após a deformação, sendo os deslocamentos proporcionais às distâncias perpendiculares à direção X (Fig. 9.1).

O ângulo ψ é também chamado de *cisalhamento angular*, e γ, de *cisalhamento simples linear* ou, como é mais comum, apenas *cisalhamento simples*, sendo a relação entre ambos, para uma largura unitária da zona de cisalhamento, dada por:

$$\gamma = \text{tg}\Psi \tag{9.1}$$

Cumpre aqui lembrar que o cisalhamento simples γ, por convenção, é negativo no sentido horário.

Quando um corpo é deformado por esse processo, há uma mudança na configuração relativa das partículas componentes do corpo. Para descrever essas mudanças, imagine-se um corpo indeformado com um quadrado e um círculo inscritos (Fig. 9.2).

No estado deformado, considerando-se uma deformação homogênea, o quadrado transforma-se em um paralelogramo, e o círculo, em uma elipse. A deformação é definida pela comparação da forma e do tamanho da elipse (ou elipsoide) com a forma e o tamanho do círculo (ou esfera) inicial.

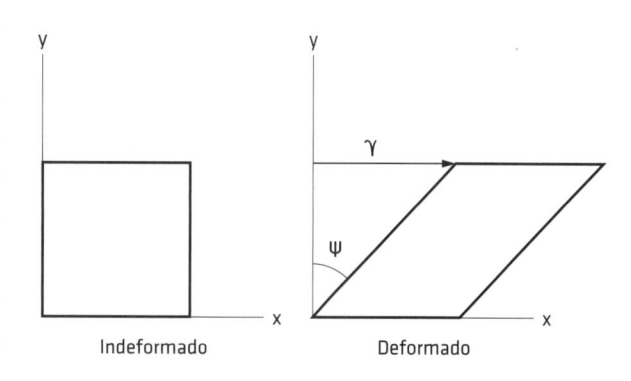

Fig. 9.1 Deformação de um quadrado por cisalhamento simples. O ângulo ψ representa o cisalhamento angular, e γ, o cisalhamento simples linear

O quadrado na Fig. 9.2A foi deformado por cisalhamento simples, transformando-se em um paralelogramo, enquanto o círculo inscrito transformou-se em uma elipse. Os eixos principais dessa elipse são ab e cd e correspondem aos eixos principais da deformação λ_1 e λ_3 ou X e Y, respectivamente. Linhas dentro dessas figuras mudam de comprimento e de ângulo, em relação ao sistema de coordenadas ou a uma linha qualquer de referência, em função do grau de deformação.

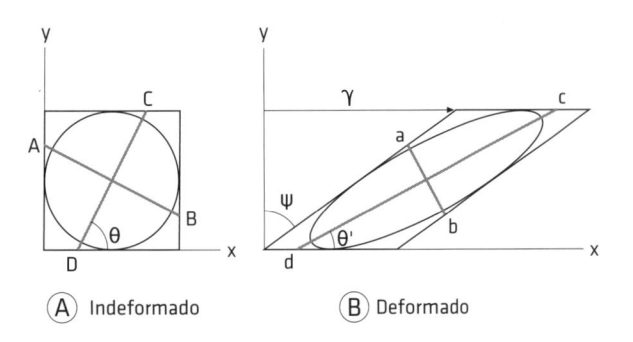

Fig. 9.2 Corpo no estado indeformado com um quadrado e um círculo inscritos (A). O mesmo corpo após a deformação por cisalhamento simples (B)

9.1 Extensão de uma linha qualquer

A extensão de uma linha qualquer dentro do modelo de cisalhamento simples pode ser expressa em termos de sua orientação inicial ou final. Considere-se uma linha OB, de comprimento unitário, que no estado indeformado faz um ângulo α com o eixo das abscissas (Fig. 9.3). Após a deformação, essa linha muda para a posição OB_1, formando um ângulo α' com a mesma direção X. Seu comprimento final é agora (1 + e) ou $\sqrt{\lambda}$.

Chamando-se a atenção para o fato de a distância AA_1 ser igual à distância BB_1, tem-se, pelo teorema de Pitágoras (Fig. 9.3):

$$(1+e)^2 = x_1^2 + y_1^2 \tag{9.2}$$

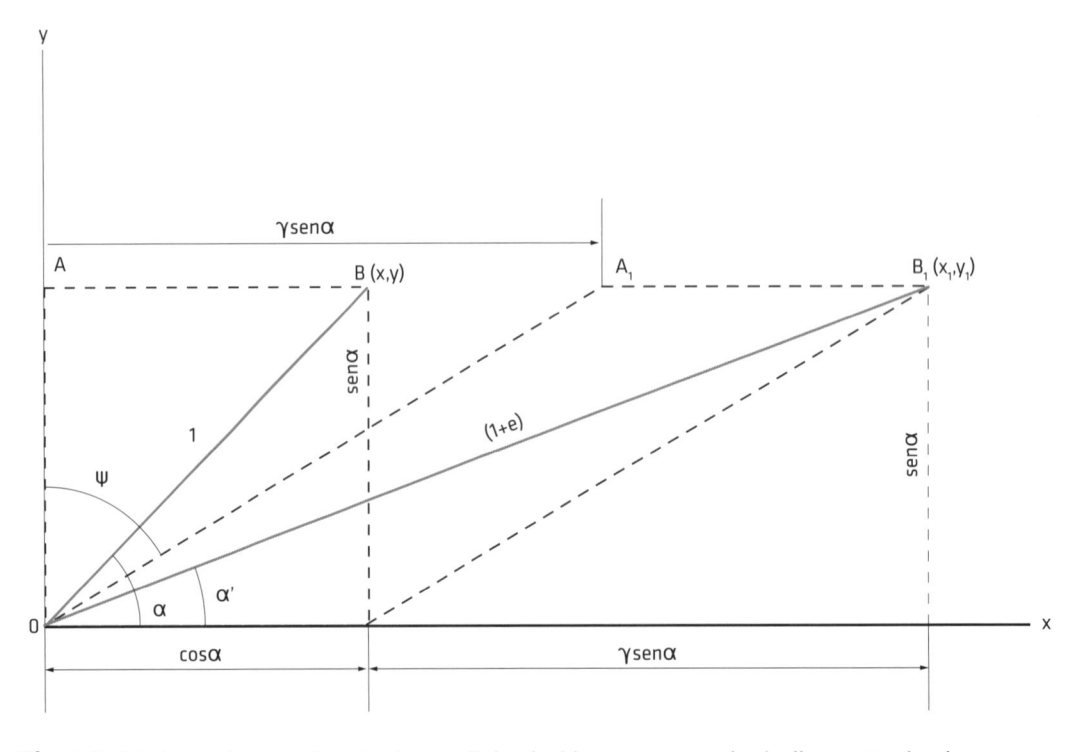

Fig. 9.3 Mudança de comprimento de uma linha devido ao processo de cisalhamento simples

Substituindo-se os respectivos valores:

$$(1+e)^2 = (\cos\alpha + \gamma \operatorname{sen}\alpha)^2 + \operatorname{sen}^2\alpha$$

E logo:

$$(1+e)^2 = 1 + 2\gamma \cos\alpha \operatorname{sen}\alpha + \gamma^2 \operatorname{sen}^2\alpha \tag{9.3}$$

E como:

$$(1+e)^2 = \lambda$$

Tem-se:

$$\lambda = 1 + 2\gamma \cos\alpha \operatorname{sen}\alpha + \gamma^2 \operatorname{sen}^2\alpha \tag{9.4}$$

O valor de (1 + e) ou $\sqrt{\lambda}$ pode ser expresso em função da orientação final α′ da linha OB_1. Com base na Fig. 9.3, tem-se:

$$\operatorname{sen}\alpha' = \frac{\operatorname{sen}\alpha}{\sqrt{\lambda}}$$

Donde:

$$\operatorname{sen}\alpha = \operatorname{sen}\alpha'\sqrt{\lambda} \tag{9.5}$$

E ainda:

$$\cos\alpha' = \frac{\cos\alpha + \gamma \operatorname{sen}\alpha}{\sqrt{\lambda}}$$

Donde:

$$\cos\alpha = \cos\alpha'\sqrt{\lambda} - \gamma \operatorname{sen}\alpha'\sqrt{\lambda} \tag{9.6}$$

Pelo teorema de Pitágoras, com base na Fig. 9.3 tem-se que:

$$\operatorname{sen}^2\alpha + \cos^2\alpha = 1$$

Substituindo-se as equações anteriores na equação acima:

$$\left(\operatorname{sen}\alpha'\sqrt{\lambda}\right)^2 + \left(\cos\alpha'\sqrt{\lambda} - \gamma \operatorname{sen}\alpha'\sqrt{\lambda}\right)^2 = 1$$

Após o desenvolvimento, obtém-se:

$$\frac{1}{\lambda} = 1 - 2\gamma \operatorname{sen}\alpha'\cos\alpha' + \gamma^2 \operatorname{sen}^2\alpha' \tag{9.7}$$

Tendo-se em vista que $(1+e)^2 = \lambda$, obtém-se finalmente:

$$(1+e)^{-1} = (1 - 2\gamma \operatorname{sen}\alpha' \cos\alpha' + \gamma^2 \operatorname{sen}^2 \alpha')^{\frac{1}{2}} \qquad (9.8)$$

As Eqs. 9.4, 9.7 e 9.8 expressam o valor da extensão para todas as direções definidas pelos ângulos α e α' em termos das orientações iniciais e finais de uma linha específica, dentro do modelo de cisalhamento simples.

9.2 Orientação de uma linha qualquer

A orientação final α' da linha, em termos de sua orientação inicial α e do cisalhamento γ, é dada por (Fig. 9.3):

$$\operatorname{tg}\alpha' = \frac{y_1}{x_1} = \frac{\operatorname{sen}\alpha}{\cos\alpha + \gamma \operatorname{sen}\alpha} \qquad (9.9)$$

Dividindo-se o numerador e o denominador do segundo termo da equação por $\cos\alpha$:

$$\operatorname{tg}\alpha' = \frac{\operatorname{tg}\alpha}{1 + \gamma \operatorname{tg}\alpha} \qquad (9.10)$$

Essa equação pode ainda ser escrita da seguinte forma:

$$\frac{1}{\operatorname{tg}\alpha'} = \frac{1 + \gamma \operatorname{tg}\alpha}{\operatorname{tg}\alpha}$$

Dividindo-se agora o numerador e o denominador do segundo termo da equação acima por $\operatorname{tg}\alpha$, obtém-se finalmente:

$$\operatorname{cotg}\alpha' = \gamma + \operatorname{cotg}\alpha \qquad (9.11)$$

Considerando-se que, para o movimento lateral direito, o valor de γ é negativo, a equação acima toma a seguinte forma:

$$\operatorname{cotg}\alpha' = -\gamma + \operatorname{cotg}\alpha \qquad (9.12)$$

9.3 Orientação das extensões principais

Um importante aspecto na análise do modelo de cisalhamento simples é a determinação do ângulo θ' no plano XZ do elipsoide, entre o eixo maior da elipse e a direção do plano de cisalhamento, sendo esta última coincidente com a direção da abscissa X (Fig. 9.2).

O eixo da elipse, conforme pode ser observado na figura, não coincide com a diagonal do quadrado nem representa o diâmetro vertical do círculo primitivo. Sua importância para a Geologia está no fato de que, ao longo dessa linha ou no plano XY do elipsoide, desenvolve-se uma anisotropia ou foliação, denominada foliação S, dentro dos tectonitos C.

As orientações das extensões principais após a deformação podem ser obtidas com base nas Eqs. 9.3 e 9.8, determinando-se seus valores máximos e mínimos. O comprimento máximo de uma linha será atingido quando esta coincidir com a direção de máxima extensão ou com o eixo X do elipsoide de deformação, e nessa situação $\alpha' = \theta'$.

O comprimento mínimo dessa linha será quando ela coincidir com o eixo menor Z do elipsoide e, nesse caso, $\alpha' = \theta' + 90$. Em termos de cálculo de máximos e mínimos, determina-se o valor das Eqs. 9.3 e 9.8 em que a derivada $\partial_{e\alpha}/\partial_\alpha$ é igual a zero, ou seja:

$$2(1+e_\alpha)\frac{\partial_{e\alpha}}{\partial_\alpha} = 2\gamma(\cos^2\alpha - \text{sen}^2\alpha) + 2\gamma^2\,\text{sen}\,\alpha\cos\alpha$$

Usando-se a forma de ângulos duplos, em que sen $2\alpha = 2$ sen α cos α e cos $2\alpha = \cos^2\alpha - \text{sen}^2\alpha$, igualando-se $\partial_{e\alpha}/\partial_\alpha$ a zero e substituindo-se α por θ, que representa a direção dos eixos da elipse de deformação, obtêm-se as orientações das extensões máximas e mínimas para ângulos medidos no estado indeformado.

$$\text{tg}\,2\theta = -\frac{2}{\gamma} \tag{9.13}$$

A Eq. 9.8, pelo mesmo tratamento matemático acima, fornece o valor de γ em função do ângulo θ' medido no estado deformado, ou seja:

$$\text{tg}\,2\theta' = \frac{2}{\gamma} \tag{9.14}$$

9.4 Ângulo de rotação dos eixos principais de deformação

A deformação por cisalhamento simples é do tipo rotacional, e a rotação finita de um ângulo w dos eixos do elipsoide é dada por $w = \theta - \theta'$ (ver Fig. 9.2). Sabendo-se, com base na fórmula de ângulos duplos, que:

$$\text{tg}\,2\theta' = \frac{2\,\text{tg}\,\theta'}{1-\text{tg}^2\theta'}$$

Substituindo-se nessa equação a Eq. 9.14, obtém-se:

$$\text{tg}^2\theta' + \gamma\,\text{tg}\,\theta' - 1 = 0$$

E finalmente:

$$\text{tg}\,\theta' = \frac{-\gamma + \sqrt{\gamma^2+4}}{2} \tag{9.15}$$

Com base na Eq. 9.13, pelo mesmo procedimento, obtém-se:

$$\text{tg}\,\theta = \frac{\gamma + \sqrt{\gamma^2+4}}{2} \tag{9.16}$$

Como tg $w = $ tg $(\theta - \theta')$ e sabendo-se que (fórmula de subtração de ângulos):

$$\text{tg}(\theta - \theta') = \frac{\text{tg}\,\theta - \text{tg}\,\theta'}{1 + \text{tg}\,\theta\,\text{tg}\,\theta'}$$

Substituindo-se nessa equação as Eqs. 9.15 e 9.16, obtém-se finalmente:

$$\text{tg}\,w = \text{tg}(\theta - \theta') = \frac{\gamma}{2} \tag{9.17}$$

9.5 Magnitude das extensões principais

Os valores das extensões principais λ_1 e λ_3 podem ser obtidos com base na Eq. 9.17. Sabendo-se de relações trigonométricas que:

$$\operatorname{sen} \theta' = \frac{\operatorname{tg} \theta'}{\sqrt{1+\operatorname{tg}^2 \theta'}} \qquad (9.18)$$

$$\cos \theta' = \frac{1}{\sqrt{1+\operatorname{tg}^2 \theta'}} \qquad (9.19)$$

$$\operatorname{sen} 2\theta' = 2 \operatorname{sen} \theta' \cos \theta' \qquad (9.20)$$

Substituindo-se nessa equação a Eq. 9.15, obtém-se:

$$\operatorname{sen} 2\theta' = \frac{2}{\sqrt{\gamma^2 + 4}} \qquad (9.21)$$

Sabendo-se que:

$$\cos 2\theta' = \cos^2 \theta' - \operatorname{sen}^2 \theta'$$

E substituindo-se nessa equação a Eq. 9.15:

$$\cos 2\theta' = \frac{\gamma}{\sqrt{\gamma^2 + 4}} \qquad (9.22)$$

A Eq. 9.7 pode ser reescrita da seguinte forma, tendo-se em conta as fórmulas de ângulos duplos abaixo:

$$\operatorname{sen} \alpha' \cos \alpha' = \frac{\operatorname{sen} 2\alpha'}{2}$$

$$\operatorname{sen}^2 \alpha = \frac{1 - \cos 2\alpha'}{2}$$

$$\frac{1}{\lambda} = 1 - 2\gamma \frac{\operatorname{sen} 2\alpha'}{2} + \gamma^2 \left(\frac{1 - \cos 2\alpha'}{2} \right)$$

E finalmente:

$$\frac{1}{\lambda} = \frac{1}{2}(2 - 2\gamma \operatorname{sen} 2\alpha' + \gamma^2 - \gamma^2 \cos 2\alpha') \qquad (9.23)$$

Substituindo-se nessa equação as Eqs. 9.21 e 9.22, obtém-se, após o desenvolvimento:

$$\frac{1}{\lambda_1} = \lambda_3 = \frac{1}{2}\left(2 + \gamma^2 - \gamma\sqrt{\gamma^2 + 4}\right) \qquad (9.24)$$

A substituição das Eqs. 9.21 e 9.22 na equação acima equivale à determinação da extensão máxima de uma linha quando esta vier a coincidir com o eixo máximo da elipse de deformação. No caso em exame, a extensão quadrática da linha é igual a λ e o ângulo α' coincide com o ângulo θ'.

A extensão mínima de uma linha pode ser obtida pela substituição do ângulo α' por $(\alpha' + 90°)$ na Eq. 9.7. Lembrando-se de que, pelas fórmulas de redução, $\text{sen}(90° + \alpha') = \cos \alpha'$ e $\cos(90° + \alpha') = -\text{sen}\,\alpha'$, obtém-se, após as substituições:

$$\frac{1}{\lambda_3} = (1 + 2\gamma\,\text{sen}\,\alpha' \cos\alpha' + \gamma^2 \cos^2\alpha')$$

Utilizando-se as fórmulas de ângulos duplos anteriormente apresentadas e após a substituição das Eqs. 9.21 e 9.22 e ainda do ângulo α' por θ' na equação acima, tem-se finalmente:

$$\frac{1}{\lambda_3} = \lambda_1 = \frac{1}{2}\left(2 + \gamma^2 + \gamma\sqrt{\gamma^2 + 4}\right) \quad \textbf{(9.25)}$$

Pela comparação das Eqs. 9.24 e 9.25, pode-se fazer:

$$\frac{1}{\lambda_3} = \lambda_1 = \frac{1}{2}\left(2 + \gamma^2 + \gamma\sqrt{\gamma^2 + 4}\right) \quad \textbf{(9.26)}$$

A equação acima fornece, portanto, as magnitudes das extensões principais λ_1 e λ_3 da elipse de deformação em função da deformação cisalhante γ.

9.6 Modificação na espessura

Um dique, veio ou camada, ao ser interceptado por uma zona de cisalhamento, sofre uma mudança de espessura, podendo aumentar ou diminuir a espessura original conforme sua orientação em relação a essa zona. A Fig. 9.4 mostra dois exemplos relacionados a zonas de cisalhamento, notando-se em A o aumento e em B a diminuição de espessura.

Sendo α o ângulo entre a direção do plano de cisalhamento e o corpo no estado indeformado, α' o mesmo ângulo, porém no estado deformado, e t e t' as espessuras do dique antes e após a deformação (Fig. 9.5), pode-se fazer:

$$\text{sen}\,\alpha = \frac{t}{\text{hip}}$$

$$\text{sen}\,\alpha' = \frac{t'}{\text{hip}}$$

Nas equações acima, hip representa a hipotenusa dos triângulos retângulos em que t e t' são os catetos opostos. Logo:

$$\frac{t'}{t} = \frac{\text{sen}\,\alpha'}{\text{sen}\,\alpha} \quad \textbf{(9.27)}$$

Deve-se observar que a razão t'/t não é uma medida do estiramento S de uma linha, como visto anteriormente, pois t e t' não representam medidas da mesma linha nos estados deformado e indeformado.

Nos casos em que a direção do plano de cisalhamento não é conhecida, para a determinação do valor de γ pode-se utilizar a mudança de orientação de

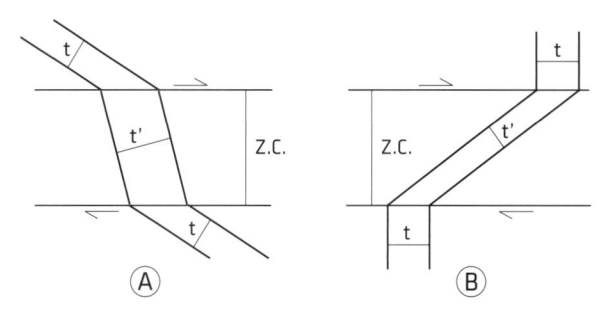

Fig. 9.4 Modificação na espessura de corpos dentro de zonas de cisalhamento

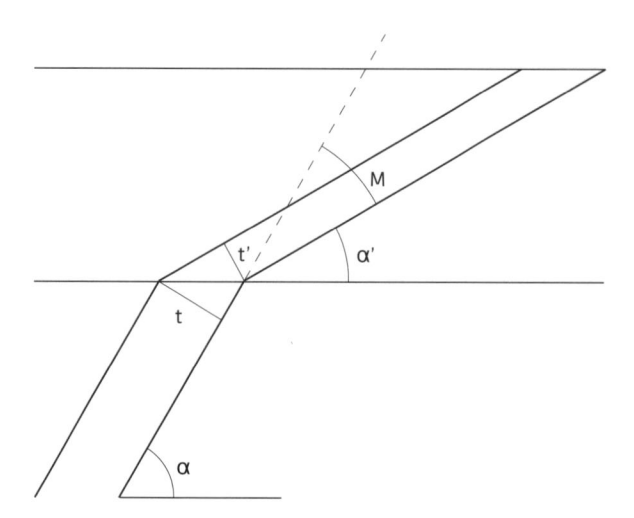

Fig. 9.5 Reorientação de um corpo geológico por cisalhamento simples

diques e veios, juntamente com sua correspondente mudança de espessura ao passar do estado indeformado para o estado deformado. Fazendo-se o ângulo de rotação do dique e substituindo-se na Eq. 9.27, em que $\alpha = M + \alpha'$, tem-se:

$$\frac{t'}{t} = \frac{\operatorname{sen}\alpha'}{\operatorname{sen}(M+\alpha')} \qquad (9.28)$$

Na equação acima, a razão t'/t pode ser determinada diretamente e M pode ser medido no afloramento ou em mapa, permitindo o cálculo do valor de α' e, consequentemente, da direção da zona de cisalhamento. A seguir, pela aplicação das Eqs. 9.11 e 9.28, pode-se determinar o valor de γ.

Uma interessante aplicação do cálculo de deslocamento ao longo de zonas de cisalhamento, tendo como base a deformação de veios de quartzo em superfícies de afloramentos arbitrariamente orientadas, é exposta por Grigull e Little (2008). Os autores apresentam um método algébrico e gráfico que permite a projeção, no plano de movimento da zona de cisalhamento, de fotografias de marcadores de deformação observados em planos arbitrários de afloramentos, e que permite, ao mesmo tempo, delinear o marcador tal como seria visto na seção paralela ao vetor de deslocamento.

9.7 Mudança de direção de linhas

Linhas que originalmente perfaziam um ângulo α com a zona de cisalhamento sofrem uma mudança de direção, formando um novo ângulo α' com o mesmo plano de cisalhamento. Com base na Fig. 9.6, as relações entre as direções das linhas nos estados deformado e indeformado são dadas por:

$$\operatorname{cotg}\alpha' = -\gamma + \operatorname{cotg}\alpha$$

Essa equação é igual à Eq. 9.12, vista anteriormente.

A determinação do estiramento S dessa linha é também de interesse na análise da deformação. Tendo-se como base os elementos geométricos da Fig. 9.6, pode-se fazer:

$$l_o = \frac{1}{\operatorname{sen}\alpha}$$

$$l_1 = \frac{1}{\operatorname{sen}\alpha'}$$

E logo, por definição:

$$S = \frac{l_1}{l_o} = \frac{\operatorname{sen}\alpha}{\operatorname{sen}\alpha'} \qquad (9.29)$$

Na realidade, há duas diferentes histórias de deformação dessas linhas. Aquelas orientadas a um ângulo ($\alpha < 90°$) mostram uma evolução marcada por um contínuo alongamento,

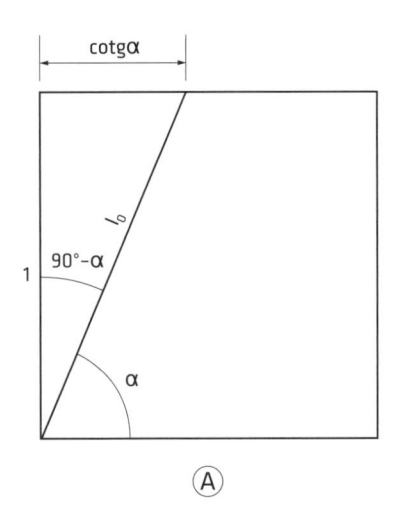

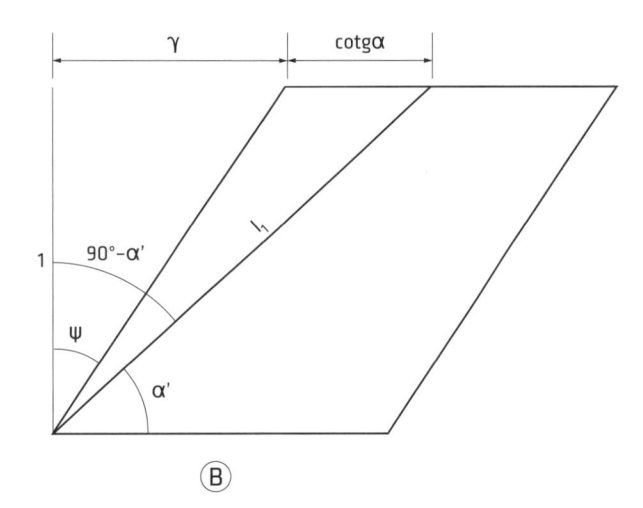

Fig. 9.6 Mudança de orientação de uma linha em uma zona de cisalhamento simples. α e α' são ângulos medidos em relação à zona de cisalhamento respectivamente nos estados indeformado e deformado

enquanto linhas orientadas para um ângulo (α > 90°) mostram uma história evolutiva mais complexa, envolvendo dois estágios: inicialmente sofrem um encurtamento até alcançar um valor máximo quando (α' = 90°), e, a partir daí, passam a sofrer uma contínua extensão à medida que prossegue a deformação.

Não é raro que zonas de cisalhamento mostrem uma componente dilatacional perpendicularmente à sua largura (ou à sua direção), e as direções de linhas mostrem valores diferentes do modelo de cisalhamento simples anteriormente discutido.

No caso de haver aumento de área, como mostra a Fig. 9.7, por relações trigonométricas pode-se fazer:

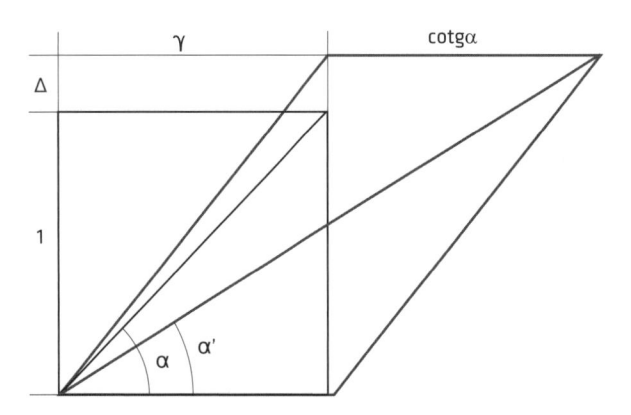

Fig. 9.7 Cisalhamento simples seguido de mudança de área perpendicular à zona de cisalhamento

$$\cotg \alpha' = \frac{\gamma + \cotg \alpha}{(1 + \Delta)} \quad \text{(9.30)}$$

Na equação acima, (1 + Δ) representa mudança de área. Quando (1 + Δ) < 1, a zona de cisalhamento sofre uma diminuição ou encurtamento na largura, sendo esse modelo conhecido como transpressão. Se (1 + Δ) = 1, a largura da zona de cisalhamento não sofre alteração, e o modelo é o de cisalhamento simples. No caso de (1 + Δ) > 1, a zona de cisalhamento é submetida a um aumento de largura e o modelo de deformação é conhecido como transtensão.

9.8 O método de Thomson e Tait

Thomson e Tait (1867) descreveram a cinemática do cisalhamento simples em termos de construção gráfica, sendo essa técnica adaptada ao contexto geológico moderno por Treagus (1981).

O método desses autores permite a rápida determinação da orientação e a quantificação da deformação em zonas de cisalhamento por meio de uma construção gráfica

Tensões e deformações em Geologia

simples, sendo também um excelente método para a dedução de algumas equações vistas anteriormente.

A chave da construção de Thomson e Tait é a identificação de duas linhas cujos comprimentos ficam inalterados após a deformação, e que podem ser definidas como linhas de não deformação longitudinal. A Fig. 9.8 mostra uma zona de cisalhamento de largura unitária, em que o ponto P é deslocado para uma nova posição P', de modo que PP' representa a deformação cisalhante γ.

O ponto médio da distância PP' é representado pelo ponto N, pelo qual é baixada uma perpendicular até O, situado no limite da zona. OP' é uma linha de não deformação longitudinal, correspondendo à linha OP antes da deformação, e PP' é a outra linha de não deformação longitudinal, com o mesmo comprimento da linha CP no estado indeformado.

Pode-se observar, na Fig. 9.9, que o eixo maior X da elipse de deformação (linha dc) bissecta o ângulo agudo formado pelas duas linhas de não deformação longitudinal, enquanto

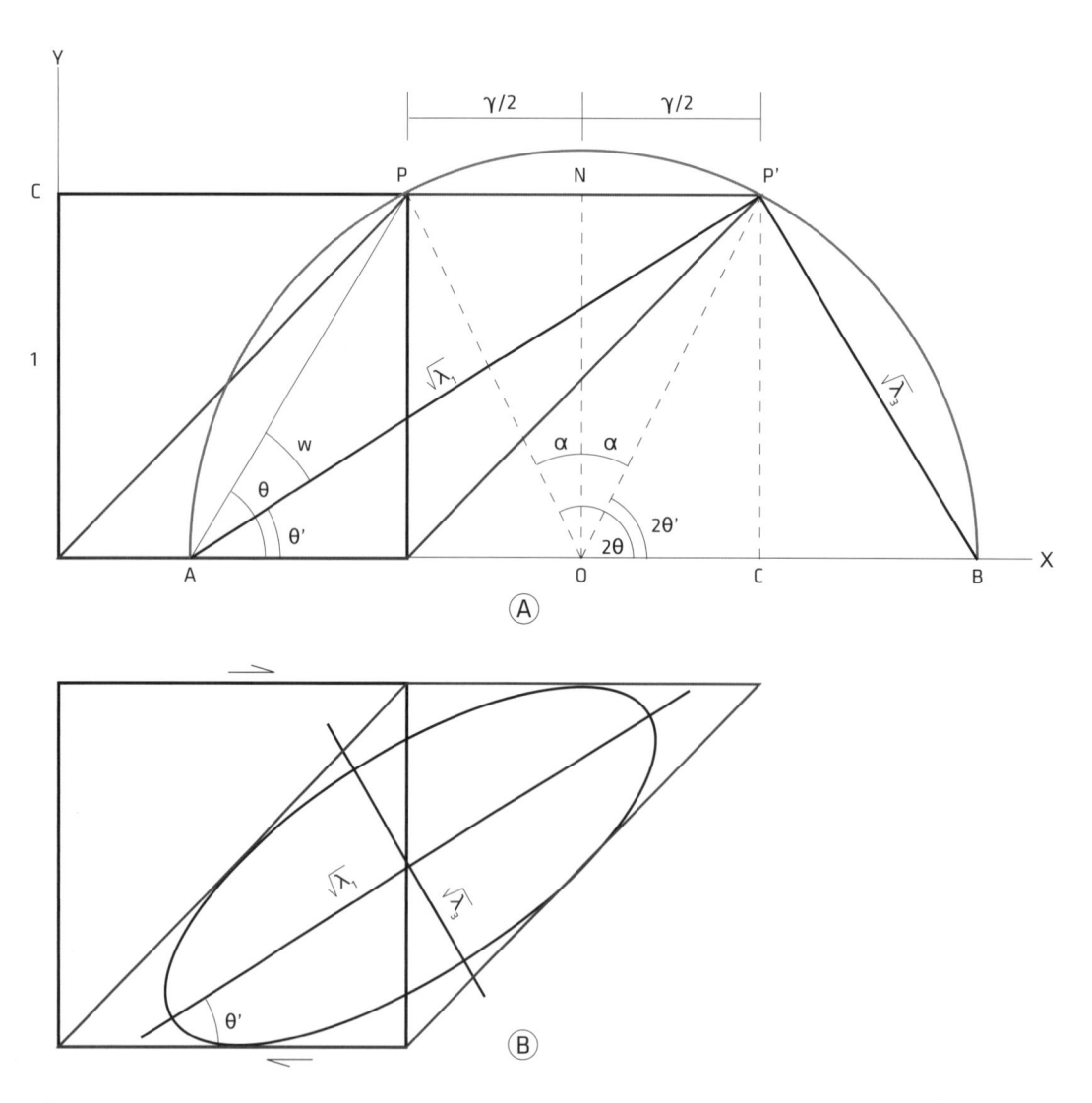

Fig. 9.8 (A) Construção de Thomson e Tait (1867) para a deformação por cisalhamento simples de uma zona de cisalhamento de largura unitária. As linhas AP' e P'B representam os eixos maior e menor da elipse de deformação. (B) Modelo de cisalhamento simples e respectiva elipse de deformação

o eixo menor Z da elipse (linha ab) bissecta o ângulo obtuso formado pelas mesmas duas linhas.

No presente caso, a linha AP', que bissecta o ângulo agudo entre as linhas de não deformação longitudinal OP' e PP', é a direção de elongação máxima, correspondendo ao eixo X da elipse, e a linha BP', que bissecta o ângulo obtuso entre OP' e PP', é a direção de encurtamento máximo, correspondendo ao eixo Z da mesma elipse.

O valor da elongação máxima $(1 + e_1)$ ou $\sqrt{\lambda_1}$ é igual à razão AP'/AP, que é equivalente à razão AP'/BP'. Observe que AP' corresponde à linha AP no estado deformado, e a razão AP'/BP' corresponde à cotangente do ângulo θ', no triângulo AP'B, reto em P'.

Com base na Fig. 9.8, uma série de equações podem ser rápida e facilmente formuladas.

No triângulo AP'B, obtém-se:

$$\cotg\,\theta' = \frac{AP'}{P'B} = \frac{AP'}{AP}$$

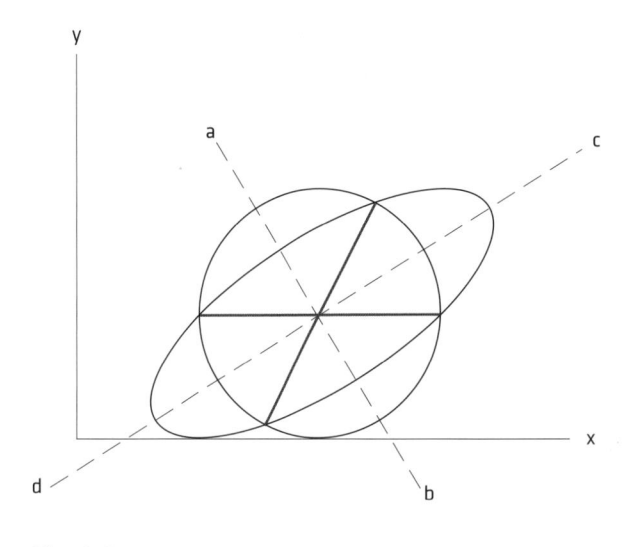

Fig. 9.9 Deformação de um círculo em uma elipse por cisalhamento simples. As duas linhas dentro do círculo são de não deformação finita

E finalmente:

$$\cotg\,\theta' = \sqrt{\lambda_1} \qquad (9.31)$$

Se a deformação é plana:

$$\tg\,\theta' = \sqrt{\lambda_3} \qquad (9.32)$$

Com base no triângulo OCP', reto em C:

$$\tg\,2\theta' = \frac{2}{\gamma} \qquad (9.33)$$

Dois ângulos satisfazem a equação acima: θ' fornece a orientação da extensão máxima de linhas ou a direção X do eixo maior da elipse de deformação, e (90° + θ'), a orientação da extensão mínima de linhas ou a direção Z do eixo menor da elipse de deformação. A orientação dos eixos principais de deformação antes da deformação também pode ser obtida.

Com base em relações trigonométricas na Fig. 9.8, tem-se:

$$\tg(180° - 2\theta) = \frac{2}{\gamma}$$

Porém, da trigonometria sabe-se que $\tg(180° - 2\theta) = -\tg 2\theta$. Logo, pela comparação das duas igualdades, tem-se:

$$\tg\,2\theta = -\frac{2}{\gamma} \qquad (9.34)$$

Essa equação fornece as orientações dos eixos principais no estado indeformado. As duas equações são equivalentes às Eqs. 9.13 e 9.14.

A magnitude das extensões das linhas pode também ser obtida. Substituindo-se a Eq. 9.31 na Eq. 9.33 e lembrando-se da identidade trigonométrica:

$$tg\,2x = \frac{2\,tg\,x}{1 - tg^2 x}$$

Obtém-se:

$$\gamma = \sqrt{\lambda_1} - \frac{1}{\sqrt{\lambda_1}} \tag{9.35}$$

Para uma deformação plana, tem-se:

$$\gamma = \sqrt{\lambda_1} - \sqrt{\lambda_3} \tag{9.36}$$

Com base na Eq. 9.35, o valor de λ pode ser determinado em função de γ da seguinte forma:

$$\left(\sqrt{\lambda_1}\right)^2 - \gamma\sqrt{\lambda_1} - 1 = 0$$

Essa é uma equação do segundo grau, e, portanto:

$$\sqrt{\lambda_1} = \frac{\gamma + \sqrt{\gamma^2 + 4}}{2} \tag{9.37}$$

Partindo-se da Eq. 9.35 e considerando-se a deformação plana, tem-se:

$$\gamma = \frac{1}{\sqrt{\lambda_3}} - \sqrt{\lambda_3}$$

Donde:

$$\left(\sqrt{\lambda_3}\right)^2 + \gamma\sqrt{\lambda_3} - 1 = 0$$

E logo:

$$\sqrt{\lambda_3} = \frac{-\gamma + \sqrt{\gamma^2 + 4}}{2} \tag{9.38}$$

As Eqs. 9.37 e 9.38 correspondem às Eqs. 9.25 e 9.24, bastando para isso elevar ambos os membros das duas últimas equações ao quadrado.

O ângulo de rotação de linhas pode ser obtido com base na Fig. 9.8, observando-se que a linha AP representa a orientação do eixo X antes da deformação. Após a deformação, ela é transformada na linha AP', que representa a direção do eixo X no estado deformado. Assim, tendo-se em vista as relações angulares na Fig. 9.8:

$$\theta - \theta' = w \quad \text{e} \quad 2\theta - 2\theta' = 2\alpha$$

Da comparação dessas duas igualdades, tem-se que $w = \alpha$.

Por outro lado, observando-se que tgα = γ/2, tem-se, por comparação:

$$\text{tg}\,w = \frac{\gamma}{2} \qquad (9.39)$$

Essa equação corresponde à Eq. 9.17.

A razão de deformação R_s é, por definição, igual a:

$$R_s = \frac{\sqrt{\lambda_1}}{\sqrt{\lambda_3}}$$

E substituindo-se as Eqs. 9.31 e 9.32 na equação acima:

$$R_s = \frac{1}{\text{tg}^2\,\theta'} \qquad (9.40)$$

9.9 Integração da deformação em zonas de cisalhamento

Um interessante método de cálculo de deslocamento dúctil em zonas de cisalhamento se faz por meio do emprego da técnica de integração da deformação. Teoricamente, a deformação cisalhante γ aumenta gradualmente dos bordos para o centro de uma zona de cisalhamento dúctil, e a integração dessa deformação permite a determinação do deslocamento mínimo entre os blocos adjacentes.

O deslocamento mínimo significa que o método leva em conta apenas a componente dúctil do deslocamento total, não considerando a componente do deslocamento rúptil. O deslocamento total é dado pela soma do deslocamento em condições dúcteis e do deslocamento rúptil.

A Fig. 9.10 mostra a geometria da deformação dentro de uma zona de cisalhamento simples dúctil. Como resultado da deformação, o ponto A desloca-se para A', com o deslocamento D sendo dado por tgψ = D/y, e, como tgψ = γ, tem-se:

$$D = y\gamma$$

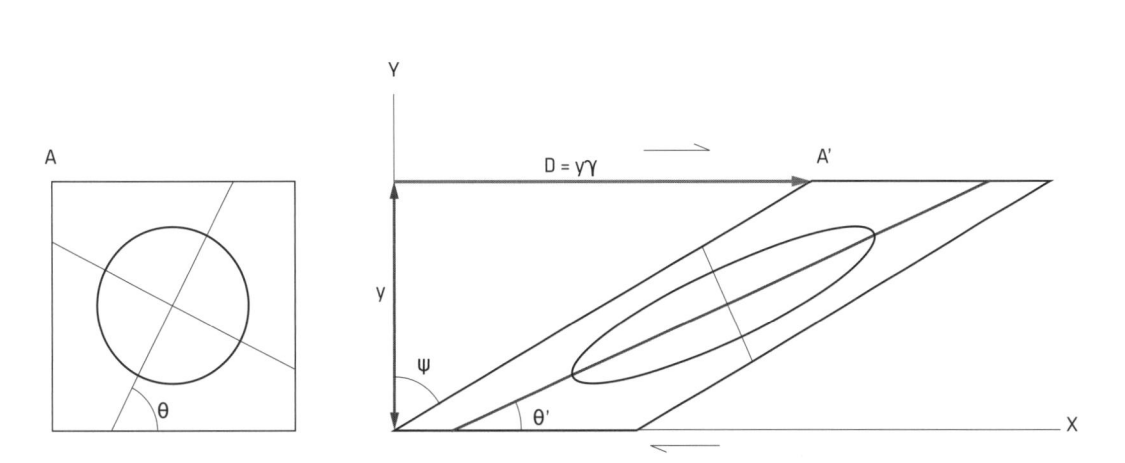

Fig. 9.10 Relação entre elipse de deformação e zona de cisalhamento, em um sistema de deformação por cisalhamento simples. D = deslocamento dúctil; γ = deformação cisalhante; θ' = ângulo entre o eixo maior da elipse e a zona de cisalhamento; y = largura da zona de cisalhamento; X e Y = eixos cartesianos

A deformação cisalhante γ no plano XZ do elipsoide, ao longo da distância y, perpendicular à zona de cisalhamento, é mostrada na Fig. 9.11, variando de zero nas bordas a um valor máximo no centro da zona. Cada incremento de deformação é equivalente à pequena área assinalada na Fig. 9.11C, quando Δy tende a zero.

Dessa forma, o deslocamento dúctil total da zona de cisalhamento é dado pelo somatório de n incrementos, ou seja:

$$D = \int_0^y \gamma \Delta y \tag{9.41}$$

O deslocamento D da zona de cisalhamento é, portanto, obtido pela integral acima, que é equivalente à área sob a curva da variação de γ em relação à largura y, tomada perpendicularmente à zona, de uma borda até a outra.

A área sob a curva pode ser rapidamente obtida com o auxílio de um planímetro, e o valor de γ em diversos pontos pode ser obtido pela Eq. 9.31, uma vez conhecida a orientação da elipse de deformação dentro de cada segmento da zona de cisalhamento.

Essa técnica de integração foi originalmente utilizada por Ramsay e Graham (1970), podendo ser usada no sentido de integrar sucessivos deslocamentos ao longo de um perfil da zona de cisalhamento e, assim, obter o deslocamento dúctil da zona.

Em escala regional, Beach (1974) demonstrou, pelo emprego dessa técnica, que um grupo de zonas de cisalhamento na parte frontal do cinturão orogênico pré-cambriano laxfordiano, no noroeste da Escócia, tem um deslocamento mínimo de 25 km.

Em escala de detalhes, em rochas naturalmente deformadas, Ramsay e Graham (1970) obtiveram deslocamentos de 8 e 110 cm em duas pequenas zonas de cisalhamento que afetam metagabros do complexo metamórfico lewisiano (Escócia).

Em termos de ensaio de laboratório, esse método foi aplicado por Odonne e Vialon (1983) em um experimento simulando o efeito de falhas transcorrentes do embasamento na cobertura, obtendo-se um valor aproximado do deslocamento sofrido pelos blocos do "embasamento". Também por meio dessa técnica, Fiori (1985) calculou os deslocamentos mínimos das falhas da Lancinha e de Morro Agudo, no Estado do Paraná, como 114 e 106 km, respectivamente.

Na falha de Cubatão-Paraíba do Sul, no Estado do Rio de Janeiro, o mesmo autor obteve um deslocamento de 261 km para o bloco norte, com base nas deflexões de estruturas mais

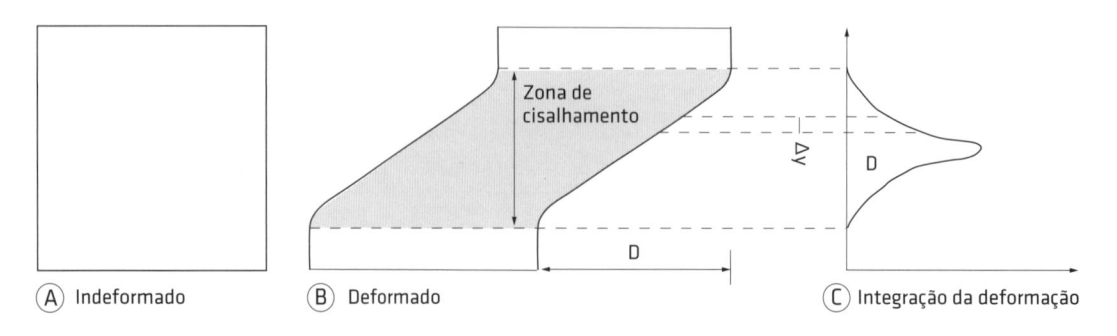

Fig. 9.11 Variação de γ em uma seção perpendicular à zona de cisalhamento. O deslocamento D é igual à área sob a curva de γ contra a distância y

antigas (Fiori, 2012). Estudos similares foram efetuados por Sadowski (1983, 1984) em falhas no Nordeste e no Sudeste brasileiros.

Em rochas naturalmente deformadas, após certo grau de deformação progressiva, quando γ alcança um valor aproximadamente igual a 0,35 (Sanderson, 1982), inicia-se, nas zonas de cisalhamento dúctil, o desenvolvimento de uma orientação preferencial estatística de minerais no plano XY do elipsoide.

Essa orientação dá origem a uma foliação metamórfica que pode ser classificada como *gnaissosidade*, *xistosidade* ou *clivagem*, conforme a intensidade da deformação e das condições metamórficas que acompanharam a deformação, tendo sido denominada *foliação* S por Berthe, Choukroune e Jegouzo (1979).

Um pouco mais tardiamente, com o incremento da deformação, desenvolve-se dentro da zona de cisalhamento outro conjunto de planos, dessa vez dispostos paralelamente aos limites da zona, responsáveis por intenso fatiamento da rocha e frequentemente exibindo estrutura do tipo flaser; esses planos foram denominados C por Berthe, Choukroune e Jegouzo (1979), em que C significa cisalhamento.

Foliações S-C em rochas miloníticas foram descritas em detalhe por Lin (2001). O ângulo entre esses dois planos de foliação, medido no plano YZ do elipsoide, corresponde ao ângulo θ' e permite a pronta aplicação das Eqs. 9.31 e 9.29, fornecendo os valores de γ e de $\sqrt{\lambda_1}$.

# capítulo 10
Modelos de transtração e transpressão

Transpressão representa um modelo de deformação em zonas transcorrentes caracterizado por um processo de cisalhamento simples seguido de encurtamento perpendicular ao plano de cisalhamento e de um correspondente alongamento na vertical, ao longo do mesmo plano, responsável pela formação de um relevo positivo. *Transtração*, por sua vez, envolve um alargamento da zona de cisalhamento e um equivalente encurtamento na vertical, ao longo do plano, responsável pela formação de bacias sedimentares.

Em termos matemáticos, transpressão e transtração podem ser apropriadamente descritas como uma deformação por cisalhamento simples seguida por uma deformação por cisalhamento puro.

10.1 Elementos geométricos

Considere-se a Fig. 10.1, na qual o ponto A(x,y) se desloca para $A_1(x_1,y_1)$ por meio de uma deformação por cisalhamento simples linear γ em uma zona transcorrente vertical. Os eixos X e Z do elipsoide de deformação são horizontais e Y é vertical, com o eixo das abscissas paralelo e o eixo das ordenadas perpendicular à zona.

A seguir, o ponto $A_1(x_1,y_1)$ é deslocado para uma nova posição $A_2(x_2,y_2)$ por meio de uma deformação por cisalhamento puro ($\sqrt{\lambda_p}$), em que o eixo Z do elipsoide é vertical e os eixos X e Y são horizontais, sendo o primeiro perpendicular, e o segundo, paralelo à zona de cisalhamento.

No estado inicial, a linha OA perfaz um ângulo α com o eixo das abscissas, e no estado final de deformação (linha OA_2), um ângulo α'' com o mesmo eixo. O cisalhamento puro

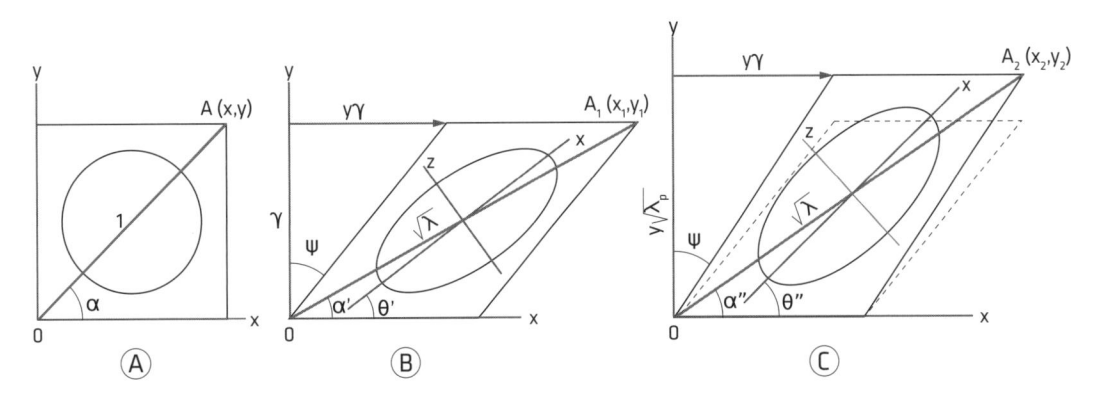

Fig. 10.1 Modelo de deformação transtrativa: cisalhamento simples seguido de cisalhamento puro; (A) estado indeformado; (B) deformação por cisalhamento simples; (C) combinação de deformação por cisalhamento simples e cisalhamento puro superpostos sequencialmente

representa uma dilatação perpendicular à direção da zona de cisalhamento, em que $\sqrt{\lambda_3}$ é perpendicular ao plano da figura, $\sqrt{\lambda_2}$ é paralelo ao eixo X e $\sqrt{\lambda_p} = \sqrt{\lambda_1}$ é paralelo ao eixo Y das coordenadas.

O ângulo θ'' define a orientação do eixo maior da elipse de deformação. A área da elipse na Fig. 10.1C mostra um aumento de cerca de 50% em relação à área do círculo devido à superposição do cisalhamento puro.

A elipse de deformação, nesse modelo, evidencia uma mudança em área refletindo o aumento ou a diminuição da largura da zona de cisalhamento nos casos de transtração e transpressão, respectivamente. Em termos físicos, o aumento em área pode significar a abertura de espaços e, consequentemente, a formação de veios ou concentrações de neominerais em fraturas extensionais, enquanto a diminuição em área pode levar à dissolução de minerais instáveis, que migram para áreas de menor pressão.

Esses processos podem levar à concentração de minerais economicamente importantes e à formação de jazidas minerais. Possíveis perdas de volume em zonas de cisalhamento de alto grau metamórfico foram investigadas por Srivastava, Hudleston e Earley III (1995).

No exemplo da Fig. 10.1A, as equações que descrevem o deslocamento do ponto A(x,y) para a posição final $A_2(x_2,y_2)$ são dadas por:

$$x_2 = x + \gamma y$$
$$y_2 = y\sqrt{\lambda_p} \tag{10.1}$$

Cabe aqui lembrar que, no movimento lateral direito, o valor γ deve ser tomado como negativo. Com base na Fig. 10.1A, pode-se fazer:

$$x = \cos\alpha$$
$$y = \text{sen}\,\alpha \tag{10.2}$$

Substituindo-se essas duas equações na Eq. 10.1, obtém-se:

$$x_2 = \cos\alpha + \gamma\,\text{sen}\,\alpha$$
$$y_2 = \text{sen}\,\alpha\,\sqrt{\lambda_p} \tag{10.3}$$

Por meio dessas duas equações básicas, é agora possível determinar a mudança de ângulo e de comprimento de qualquer linha dentro da zona de deformação, bem como determinar a orientação do eixo maior da elipse. Esses itens serão examinados a seguir.

10.2 Mudança de ângulo

Com base na Fig. 10.1C, pode-se fazer:

$$\text{cotg}\,\alpha'' = \frac{x_2}{y_2} \tag{10.4}$$

Substituindo-se a Eq. 10.3 nessa igualdade:

$$\text{cotg}\,\alpha'' = \frac{\cos\alpha + \gamma\,\text{sen}\,\alpha}{\text{sen}\,\alpha\,\sqrt{\lambda_p}}$$

E após a simplificação:

$$\cotg \alpha'' = \frac{\cotg \alpha + \gamma}{\sqrt{\lambda_p}} \qquad (10.5)$$

Essa equação expressa a orientação de uma linha qualquer após a deformação, em função de $\sqrt{\lambda_p}$ e de γ, no plano horizontal ou XZ do elipsoide. Se A = 1, não há mudança de área na seção e a deformação segue o modelo de cisalhamento simples; se A > 1, significa ganho de área (transtração); e se A < 1, significa redução de área (transpressão).

Para uma zona de cisalhamento de espessura unitária, $\sqrt{\lambda_p}$ equivale à quantidade $(1 + \Delta)$ de Ramsay (1967, 1980), como será visto adiante, e representa a dilatação ou contração da largura da zona de cisalhamento.

Considerando-se a Fig. 10.1 e aplicando-se o conceito de mudança de área, obtém-se:

$$(1 + \Delta) = \frac{A_1}{A_0}$$

Em que A_0 corresponde à área do quadrado antes do processo de deformação, e A_1, à área do quadrilátero após a deformação.

Como:

$$A_1 = xy\sqrt{\lambda_p} \quad \text{e} \quad A_0 = xy$$

Substituindo-se na equação acima, tem-se:

$$(1 + \Delta) = \sqrt{\lambda_p} \qquad (10.6)$$

Assim, a Eq. 10.5 pode ser reescrita da seguinte forma:

$$\cotg \alpha'' = \frac{\gamma + \cotg \alpha}{(1 + \Delta)} \qquad (10.7)$$

Conhecendo-se as orientações iniciais α e β de duas linhas fora da zona de cisalhamento e os respectivos ângulos α' e β' dentro da zona de cisalhamento (Fig. 10.2), é possível determinar a dilatação ou contração $(1 + \Delta)$ ou o valor do cisalhamento γ dentro de uma zona de cisalhamento. Com base na Eq. 10.7, pode-se fazer:

$$\cotg \alpha' = \frac{\gamma + \cotg \alpha}{(1 + \Delta)}$$

$$\cotg \beta' = \frac{\gamma + \cotg \beta}{(1 + \Delta)}$$

Pela substituição de γ ou de $(1 + \Delta)$ no sistema de equações acima, obtém-se:

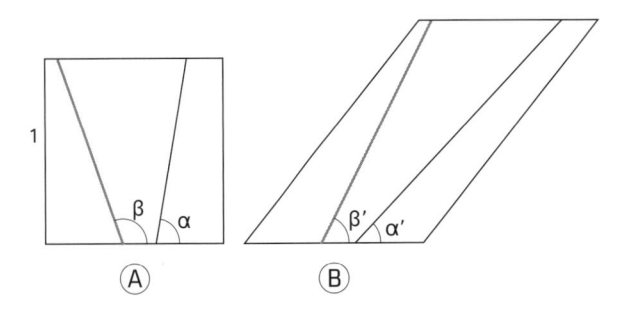

$$\gamma = \frac{\cotg \alpha \cotg \beta' - \cotg \alpha' \cotg \beta}{\cotg \alpha' - \cotg \beta'} \qquad (10.8)$$

Fig. 10.2 Cisalhamento simples seguido de mudança de área perpendicular à zona de cisalhamento

$$(1+\Delta) = \frac{\cotg\beta - \cotg\alpha}{\cotg\alpha' - \cotg\beta'} \tag{10.9}$$

Dessa forma, conhecendo-se duas linhas diferentemente orientadas fora e dentro da zona de cisalhamento, como, por exemplo, veios, diques, planos de acamamento, superfícies axiais de dobras formadas antes e afetadas posteriormente pelo cisalhamento, é possível determinar os valores de γ e de $(1+\Delta)$ da zona de cisalhamento.

10.3 Mudança de comprimento de uma linha

O comprimento final OA_2 da linha original OA pode ser expresso da seguinte forma:

$$\left(\sqrt{\lambda}\right)^2 = x_2^2 + y_2^2 \tag{10.10}$$

Substituindo-se na equação acima a Eq. 10.3, obtém-se:

$$\lambda = 1 + \sen^2\alpha\,(\gamma^2 + \lambda_p - 1) + 2\gamma\sen\alpha\cos\alpha \tag{10.11}$$

Ou ainda:

$$\lambda = 1 + \sen^2\alpha\,(\gamma^2 + (1+\Delta)^2 - 1) + 2\gamma\sen\alpha\cos\alpha \tag{10.12}$$

Essa equação expressa o valor da elongação quadrática de uma linha em função do ângulo α entre a linha e a direção de cisalhamento, medido no estado indeformado.

Para determinar o valor de x em função do ângulo α'', medido no estado deformado, procede-se da seguinte forma: imagina-se o estado final de deformação como se fosse o estado inicial, com a linha OA_2 de comprimento unitário e submetida a uma deformação exatamente contrária. Nesse caso, a linha OA terá um comprimento final igual a $\sqrt{\lambda'}$ (extensão quadrática recíproca).

Com base na Eq. 10.1, pode-se fazer:

$$\begin{aligned} x &= x_2 - \gamma y \\ y &= \frac{y_2}{\sqrt{\lambda_p}} \end{aligned} \tag{10.13}$$

Considerando-se o comprimento da linha $OA_2 = 1$ e com base na Fig. 10.1:

$$y_2 = \sen\alpha''$$

E logo:

$$y = \frac{\sen\alpha''}{\sqrt{\lambda_p}} \tag{10.14}$$

Por sua vez:

$$x_2 = \cos\alpha'' \tag{10.15}$$

Substituindo-se os valores de x_2 e y_2 nas equações anteriores de x e y:

$$x = \cos\alpha'' - \frac{\gamma \operatorname{sen}\alpha''}{\sqrt{\lambda_p}} \qquad (10.16)$$

Pelo teorema de Pitágoras, pode-se fazer:

$$\left(\sqrt{\lambda'}\right)^2 = x^2 + y^2$$

Substituindo-se os valores correspondentes de x e y:

$$\lambda' = \left(\cos\alpha'' - \frac{\gamma \operatorname{sen}\alpha''}{\sqrt{\lambda_p}}\right)^2 + \left(\frac{\operatorname{sen}\alpha''}{\sqrt{\lambda_p}}\right)^2$$

E finalmente:

$$\lambda' = 1 + \operatorname{sen}^2\alpha'' \left(\frac{\gamma^2 - \lambda_p + 1}{\lambda_p}\right) - \frac{2\gamma \cos\alpha'' \operatorname{sen}\alpha''}{\sqrt{\lambda_p}} \qquad (10.17)$$

Ou ainda, tendo-se em conta a Eq. 10.6:

$$\lambda' = 1 + \operatorname{sen}^2\alpha'' \left(\frac{\gamma^2 - (1+\Delta)^2 + 1}{(1+\Delta)^2}\right) - \frac{2\gamma \cos\alpha'' \operatorname{sen}\alpha''}{(1+\Delta)} \qquad (10.18)$$

Essa equação expressa o valor da elongação quadrática de uma linha em função do ângulo α'' entre a linha e a direção de cisalhamento, medido no estado deformado.

10.4 Orientação dos eixos principais de deformação

Para a determinação das orientações θ'' das extensões principais após a deformação, é necessário derivar parcialmente a Eq. 10.17 com respeito a α'' para determinar os valores máximo e mínimo da função acima (Eq. 10.18). Assim:

$$\frac{\partial_{\lambda'}}{\partial_{\alpha'}} = \left(\frac{\gamma^2 - \lambda_p + 1}{\sqrt{\lambda_p}}\right) 2\operatorname{sen}\alpha'' \cos\alpha'' - \frac{2\gamma}{\sqrt{\lambda_p}}(\cos\alpha'' \cos\alpha'' - \operatorname{sen}\alpha'' \operatorname{sen}\alpha'')$$

Igualando-se $\partial_{\lambda'}/\partial_{\alpha'}$ a zero, substituindo-se α'' por θ'', que representa a direção dos eixos da elipse de deformação, e ainda lembrando-se de que:

$$2\operatorname{sen}\alpha'' \cos\alpha'' = \operatorname{sen}2\alpha'' \quad \text{e} \quad \cos^2\alpha'' - \operatorname{sen}^2\alpha'' = \cos 2\alpha''$$

Tem-se:

$$\left(\frac{\gamma^2 - \lambda_p + 1}{\lambda_p}\right)\operatorname{sen}2\theta'' = \frac{2\gamma}{\sqrt{\lambda_p}}\cos 2\theta''$$

E logo:

$$\operatorname{tg}2\theta'' = \frac{2\gamma\sqrt{\lambda_p}}{\gamma^2 - \lambda_p + 1} \qquad (10.19)$$

Levando-se em conta a Eq. 10.6:

$$\operatorname{tg} 2\theta'' = \frac{2\gamma(1+\Delta)}{\gamma^2 - (1+\Delta)^2 + 1} \qquad (10.20)$$

Para determinar os eixos da elipse de deformação no estado inicial, é necessário derivar parcialmente a Eq. 10.11 com respeito a α e determinar o valor no qual a derivada é igual a zero. Substituindo-se pela fórmula de ângulos duplos:

$$\frac{\partial \lambda}{\partial \alpha} = 0 + (\gamma^2 + \lambda_p - 1) 2 \operatorname{sen} \alpha \cos \alpha + 2\gamma \cos 2\alpha$$

Substituindo-se na equação derivada a fórmula de ângulos duplos e α por θ e igualando-se $\partial_\lambda/\partial_\alpha$ a zero, obtém-se:

$$(\gamma^2 + \lambda_p - 1) \operatorname{sen} 2\theta = -2\gamma \cos 2\theta$$

E finalmente:

$$\operatorname{tg} 2\theta = \frac{-2\gamma}{\gamma^2 + \lambda_p - 1} \qquad (10.21)$$

Ou então, pela substituição da Eq. 10.6:

$$\operatorname{tg} 2\theta = \frac{-2\gamma}{\gamma^2 + (1+\Delta)^2 - 1}$$

10.5 Magnitude das extensões principais

As magnitudes das extensões principais λ_1 e λ_3 do elipsoide final de deformação, em função dos valores de γ e λ_p, podem ser obtidas com base nas Eqs. 10.17 e 10.19, e ainda, levando-se em conta as fórmulas de ângulos duplos abaixo:

$$\operatorname{sen} 2\theta'' = \frac{\operatorname{tg} 2\theta''}{\sqrt{1+\operatorname{tg}^2 2\theta''}}$$

$$\cos 2\theta'' = \frac{1}{\sqrt{1+\operatorname{tg}^2 2\theta''}}$$

$$\operatorname{sen} \theta'' \cos \theta'' = \frac{\operatorname{sen} 2\theta''}{2}$$

$$\operatorname{sen}^2 \theta'' = \frac{1-\cos 2\theta''}{2}$$

Obtém-se, após as substituições e simplificações:

$$\lambda_1 = \frac{1}{2}\left\{1+\gamma^2+\lambda_p + \left[(1+\gamma^2+\lambda_p)^2 - 4\lambda_p\right]^{\frac{1}{2}}\right\} \qquad (10.22)$$

Ou então, considerando-se o valor de (1 + Δ) na equação acima:

$$\lambda_1 = \frac{1}{2}\left\{1+\gamma^2+(1+\Delta)^2 + \left[(1+\gamma^2+(1+\Delta)^2)^2 - 4(1+\Delta)^2\right]^{\frac{1}{2}}\right\} \qquad (10.23)$$

$$\lambda_3 = \frac{1}{2}\left\{1+\gamma^2+\lambda_p - \left[(1+\gamma^2+\lambda_p)^2 - 4\lambda_p\right]^{\frac{1}{2}}\right\} \qquad \textbf{(10.24)}$$

E considerando-se o valor de $(1 + \Delta)$ na equação acima:

$$\lambda_3 = \frac{1}{2}\left\{1+\gamma^2+(1+\Delta)^2 - \left[(1+\gamma^2+(1+\Delta)^2)^2 - 4(1+\Delta)^2\right]^{\frac{1}{2}}\right\} \qquad \textbf{(10.25)}$$

capítulo 11
Superposição sequencial de deformações em duas dimensões

Neste capítulo se apresenta a teoria da superposição de deformações do ponto de vista matemático, de maneira simplificada, iniciando-se com modelos básicos como cisalhamento puro, cisalhamento simples, rotação e mudança de área. Em seguida, aborda-se a superposição sequencial desses modelos. A forma mais adequada para o tratamento dessa questão é por meio do cálculo matricial, envolvendo matrizes quadradas de dois por dois, por se tratar, nessa primeira instância, do estudo da deformação bidimensional ou plana.

Cada modelo de deformação é representado por uma matriz, e no caso de deformações superpostas deve-se proceder à multiplicação das matrizes dos diferentes modelos ou fases de deformação, obtendo-se uma matriz que representa a deformação finita total sofrida pela rocha.

Com base nessa matriz são obtidos diversos parâmetros úteis nos estudos geológicos, como a equação da elipse de deformação, mudanças no comprimento de linhas, orientação dos eixos principais de deformação, magnitude das deformações principais, razão de deformação, valores do cisalhamento simples linear ou angular, alongamento ou encurtamento máximo ou então alongamento ou encurtamento ao longo de uma direção qualquer.

Os parâmetros acima podem ser utilizados para a previsão do estado finito de deformação a partir de um estado inicial ou, ao contrário, para reconstituir o estado inicial a partir do estado finito de deformação, podendo esses cálculos ser aplicados a seções geológicas, mapas, fotografias de afloramentos etc. Além disso, é possível estimar a quantidade de deslocamento em zonas de cisalhamento dúcteis, de encurtamento ou estiramento crustal em seções geológicas, de ganho ou perda de volume ou de área em zonas transtrativas e transpressivas, entre outros, levando a um aprofundamento dos conhecimentos geológicos.

11.1 Tipos básicos de deslocamento

A mudança de posição de um ponto em um corpo é conhecida como *deslocamento*, e qualquer mudança na forma do corpo em consequência desse deslocamento é conhecida como deformação. O deslocamento de um ponto em um plano é definido como o vetor que une o ponto inicial (x_o, y_o) à sua posição final (x_1, y_1). Nesta seção serão abordados os cinco tipos básicos de deslocamento de pontos de um corpo deformado, representados na Fig. 11.1.

11.1.1 Rotação

O efeito nesse modelo é a rotação de um ponto qualquer do corpo em torno de um ponto origem (0,0), sem deformação interna, por meio de um ângulo de rotação w (Fig. 11.2).

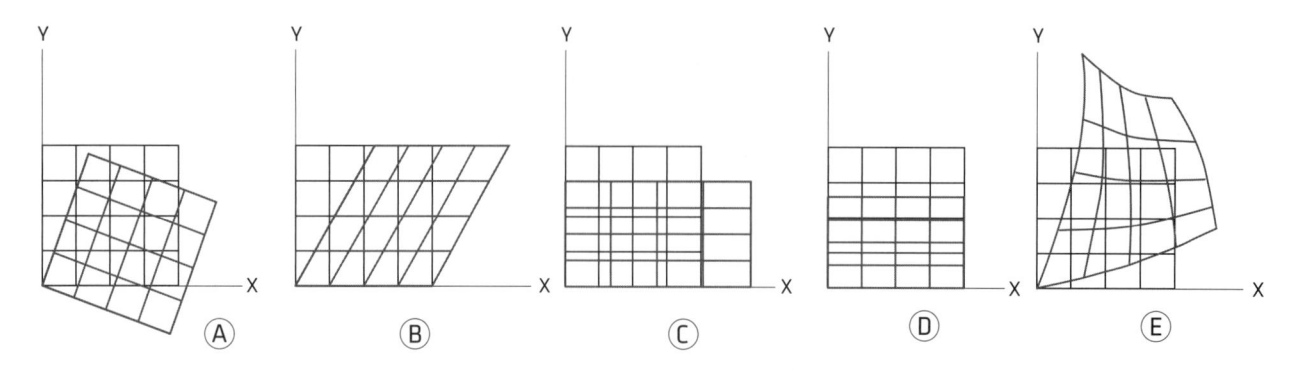

Fig. 11.1 Cinco diferentes tipos de deformação: (A) rotação; (B) cisalhamento simples; (C) cisalhamento puro; (D) mudança de área; (E) deformação heterogênea

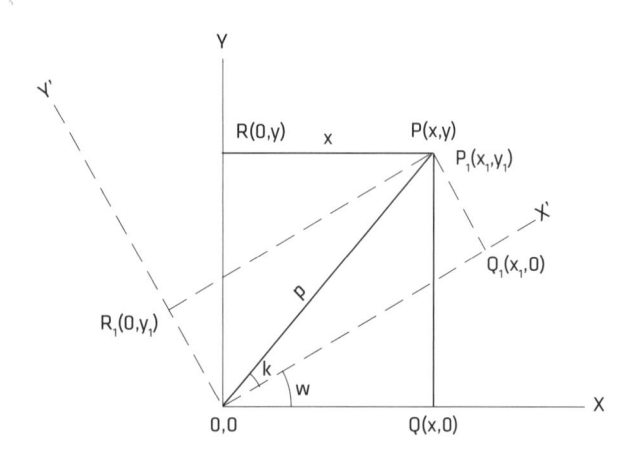

Fig. 11.2 Mudança de coordenadas de um ponto P(x,y) para as novas coordenadas P'(x',y') através de uma rotação w, no sentido anti-horário, em torno da origem (0,0) dos sistemas de coordenadas

Os vetores de deslocamento variam em direção e em comprimento, podendo-se ter uma rotação horária ou anti-horária.

Seja uma rotação de um ângulo w do eixo dos X de modo a fazê-lo coincidir com o eixo dos X'. Se (x,y) são as coordenadas de um ponto P no sistema (XY), então (x',y') denotarão as coordenadas do ponto P' em relação ao novo sistema (X'Y'). As projeções de p sobre os diversos eixos, sendo k o ângulo P0Q':

$$x' = p\cos k$$
$$y' = p\sen k \quad (11.1)$$

$$x = p\cos(w+k)$$
$$y = p\sen(w+k) \quad (11.2)$$

Aplicando-se as fórmulas de adição à Eq. 11.2:

$$x = p\cos k \cos w - p\sen k \sen w$$
$$y = p\sen k \cos w + p\cos k \sen w \quad (11.3)$$

Substituindo-se as Eqs. 11.1 e 11.2 na Eq. 11.3:

$$x = x'\cos w - y'\sen w$$
$$y = x'\sen w + y'\cos w \quad (11.4)$$

Resolvendo-se as equações em relação a x e y, obtém-se:

$$x' = x\cos w + y\sen w$$
$$y' = -x\sen w + y\cos w \quad (11.5)$$

As Eqs. 11.4 e 11.5 correspondem às rotações anti-horária e horária, respectivamente. Em termos matriciais, assumem as formas a seguir e são chamadas, respectivamente, de *matriz rotação anti-horária* e *matriz rotação horária*:

$$\begin{bmatrix} x \\ y \end{bmatrix} = \begin{bmatrix} \cos w & -\sen w \\ \sen w & \cos w \end{bmatrix} \begin{bmatrix} x' \\ y' \end{bmatrix} \quad (11.6)$$

CAPÍTULO 11 | SUPERPOSIÇÃO SEQUENCIAL DE DEFORMAÇÕES EM DUAS DIMENSÕES

$$\begin{bmatrix} x' \\ y' \end{bmatrix} = \begin{bmatrix} \cos w & \operatorname{sen} w \\ -\operatorname{sen} w & \cos w \end{bmatrix} \begin{bmatrix} x \\ y \end{bmatrix} \quad (11.7)$$

11.1.2 Cisalhamento simples

Nesse modelo, os vetores de deslocamento são todos paralelos, porém de comprimentos diferentes. A deformação é homogênea, não implica mudança de área, mas envolve rotação. Se as linhas originalmente paralelas ao eixo Y das coordenadas cartesianas são deslocadas de um ângulo ψ no sentido horário, as equações de transformação de coordenadas são (Fig. 11.3):

$$x_1 = x + \gamma y$$
$$y_1 = y \quad (11.8)$$

Na forma matricial, essas duas equações podem ser escritas da seguinte forma:

$$\begin{bmatrix} x_1 \\ y_1 \end{bmatrix} = \begin{bmatrix} 1 & \gamma \\ 0 & 1 \end{bmatrix} \begin{bmatrix} x \\ y \end{bmatrix} \quad (11.9)$$

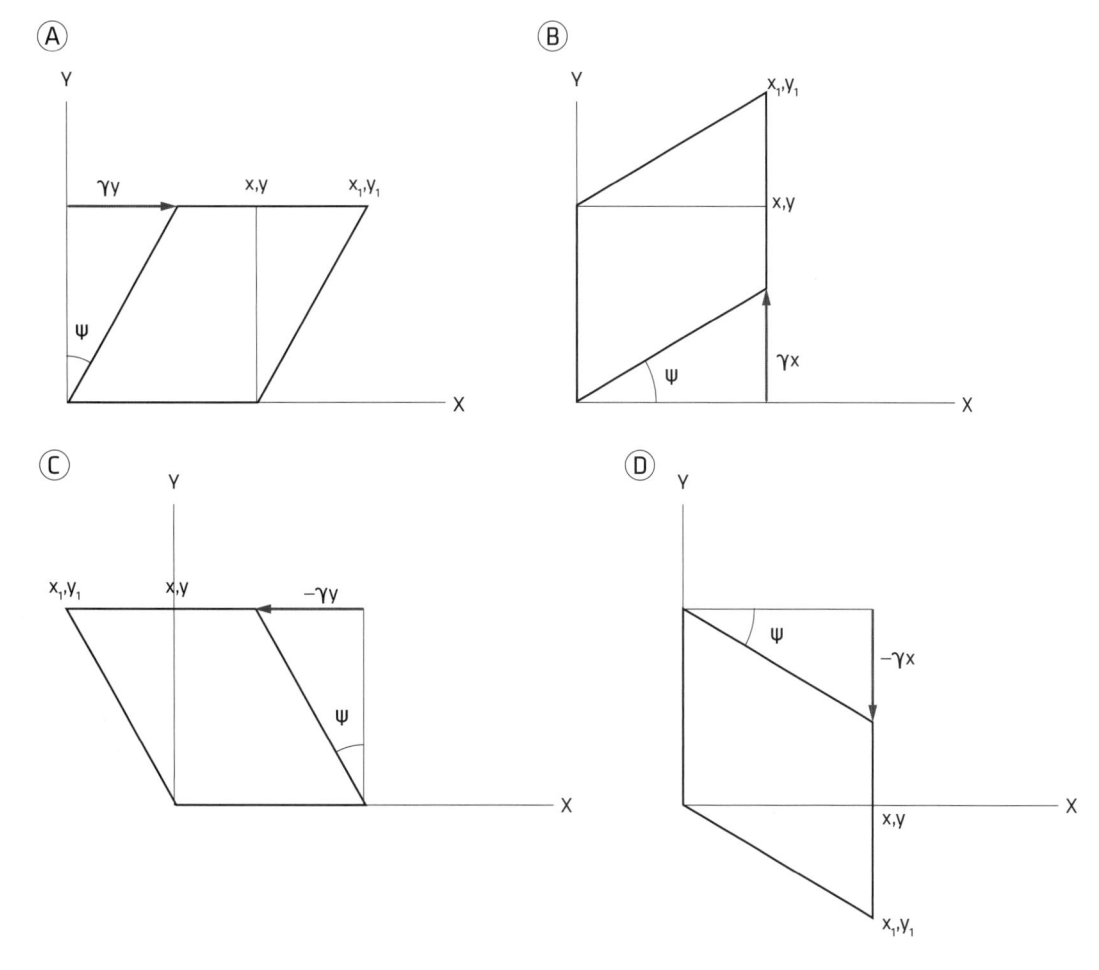

Fig. 11.3 Modelo de deformação por cisalhamento simples. A, C: movimento paralelo ao eixo X, lateral direito (A) e lateral esquerdo (C); B, D: movimento paralelo ao eixo Y, lateral esquerdo (B) e lateral direito (D)

No caso de rotação anti-horária das linhas originalmente paralelas ao eixo Y, as equações são (Fig. 11.3C):

$$x_1 = x - \gamma y$$
$$y_1 = y$$

Ou, na forma matricial:

$$\begin{bmatrix} x_1 \\ y_1 \end{bmatrix} = \begin{bmatrix} 1 & -\gamma \\ 0 & 1 \end{bmatrix} \begin{bmatrix} x \\ y \end{bmatrix} \quad (11.10)$$

Se o cisalhamento simples é paralelo ao eixo Y e o sentido é anti-horário, as equações são (Fig. 11.3B):

$$x_1 = x$$
$$y_1 = \gamma x + y$$

E, na forma matricial:

$$\begin{bmatrix} x_1 \\ y_1 \end{bmatrix} = \begin{bmatrix} 1 & 0 \\ \gamma & 1 \end{bmatrix} \begin{bmatrix} x \\ y \end{bmatrix} \quad (11.11)$$

Em caso de movimento horário:

$$x_1 = x$$
$$y_1 = -\gamma x + y$$

E, na forma matricial:

$$\begin{bmatrix} x_1 \\ y_1 \end{bmatrix} = \begin{bmatrix} 1 & 0 \\ -\gamma & 1 \end{bmatrix} \begin{bmatrix} x \\ y \end{bmatrix} \quad (11.12)$$

11.1.3 Cisalhamento puro

Esse mecanismo de deformação leva a um encurtamento homogêneo paralelamente a um dos eixos, por exemplo, o eixo Y, e um alongamento correspondente homogêneo, paralelo ao eixo X das coordenadas, dispostos convenientemente de forma paralela aos eixos Y e X, respectivamente, da elipse de deformação.

A deformação segundo esse modelo é relativamente simples, mas o vetor de deslocamento é complexo, variando pelo corpo tanto em orientação como em comprimento (Ramsay; Huber, 1983). A deformação é homogênea e irrotacional, com o eixo maior da elipse dispondo-se paralelamente ao eixo X das coordenadas cartesianas, enquanto o eixo menor é paralelo a Y. Não há mudança de área na deformação. As equações de transformação das coordenadas são (Fig. 11.4):

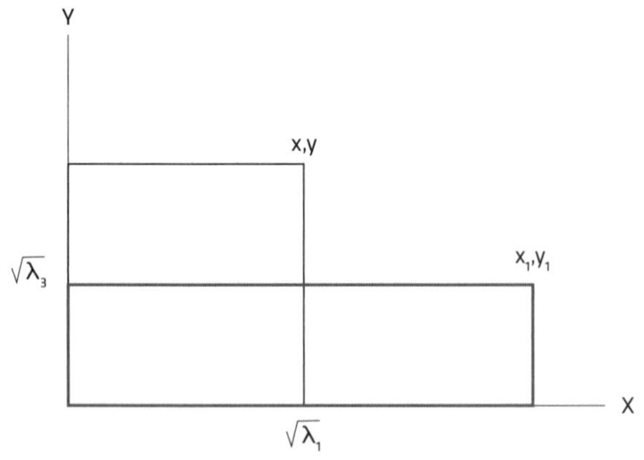

$$x_1 = x\sqrt{\lambda_1}$$
$$y_1 = y\sqrt{\lambda_3}$$

Fig. 11.4 Modelo de cisalhamento puro com alongamento $\sqrt{\lambda_1}$ paralelo ao eixo X e encurtamento $\sqrt{\lambda_3}$ paralelo ao eixo Y

E, na forma matricial:

$$\begin{bmatrix} x_1 \\ y_1 \end{bmatrix} = \begin{bmatrix} \sqrt{\lambda_1} & 0 \\ 0 & \sqrt{\lambda_3} \end{bmatrix} \begin{bmatrix} x \\ y \end{bmatrix} \quad (11.13)$$

Em que $\sqrt{\lambda_1}$ e $\sqrt{\lambda_3}$ são as extensões quadráticas, que, no caso da Fig. 11.4, são paralelas aos eixos X e Y, respectivamente.

Se o eixo maior da elipse for paralelo ao eixo Y (Fig. 11.5), então a matriz será do tipo:

$$x_1 = x\sqrt{\lambda_3}$$
$$y_1 = y\sqrt{\lambda_1}$$

Ou

$$\begin{bmatrix} x_1 \\ y_1 \end{bmatrix} = \begin{bmatrix} \sqrt{\lambda_3} & 0 \\ 0 & \sqrt{\lambda_1} \end{bmatrix} \begin{bmatrix} x \\ y \end{bmatrix} \quad (11.14)$$

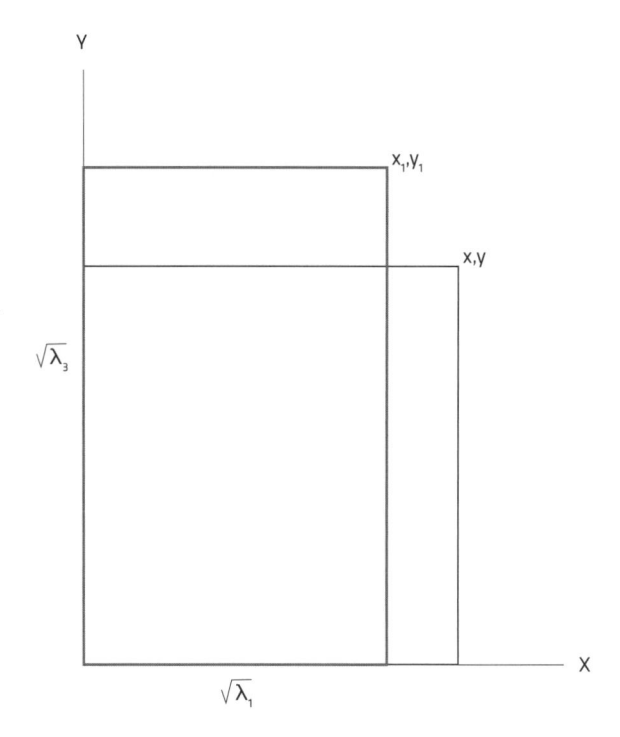

Fig. 11.5 Modelo de cisalhamento puro, com encurtamento $\left(\sqrt{\lambda_3}\right)$ paralelo ao eixo X e alongamento $\left(\sqrt{\lambda_1}\right)$ paralelo ao eixo Y

11.1.4 Mudança de área

Esse tipo de deformação implica uma alteração na área da seção estudada. Envolve processos geológicos como dissolução por pressão, no caso de diminuição de área, e aporte de material na forma de diques, veios e soluções hidrotermais, nos casos de ganho de área.

Há diversos trabalhos interessantes sobre o tema, e entre os principais podem ser citados os de Ramsay e Wood (1973); Robin (1979); Barr e Coward (1974); Cobbold (1976, 1977); Gray (1977, 1979); Gray e Durney (1979); e Schwerdtner (1981).

A mudança de área é dada pela quantidade $(1 + \Delta)$, e $(1 + \Delta) < 1$ indica uma diminuição de área, $(1 + \Delta) > 1$ implica aumento de área e com $(1 + \Delta) = 1$ não há mudança de área. As equações que descrevem esse tipo de deformação são:

$$\begin{bmatrix} x_1 \\ y_1 \end{bmatrix} = \begin{bmatrix} 1 & 0 \\ 0 & (1+\Delta) \end{bmatrix} \begin{bmatrix} x \\ y \end{bmatrix} \quad (11.15)$$

A equação acima descreve a mudança de área devido à variação ao longo do eixo Y das coordenadas cartesianas (Fig. 11.6A).

No caso de a mudança de área ocorrer devido à variação ao longo do eixo X das coordenadas cartesianas (Fig. 11.6B), então:

$$\begin{bmatrix} x_1 \\ y_1 \end{bmatrix} = \begin{bmatrix} (1+\Delta) & 0 \\ 0 & 1 \end{bmatrix} \begin{bmatrix} x \\ y \end{bmatrix} \quad (11.16)$$

11.1.5 Deformação heterogênea geral

O vetor de deslocamento é complexo e o tratamento matemático é mais complicado que no caso anterior. Nesse tipo de deformação, o quadrado original não será transformado em um paralelogramo, e cada figura final terá uma forma própria e diferente.

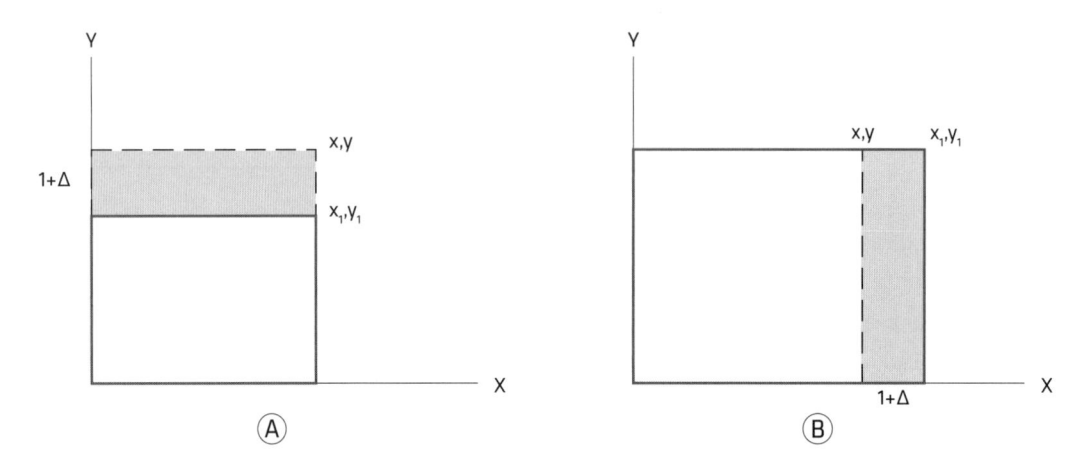

Fig. 11.6 Mudança de área com diminuição do comprimento ao longo do eixo Y e sem correspondente alongamento em X. A área cinza representa (A) a quantidade de área diminuída, na qual $(1+\Delta) < 1$, e (B) a quantidade de área aumentada, em que $(1+\Delta) > 1$

As linhas retas e paralelas antes da deformação não permanecerão retas nem paralelas após a deformação. Nessas situações, um bom método de estudo é analisar pequenas porções do corpo que tenham se deformado homogeneamente (Fig. 7.3).

11.1.6 Outros modelos

Outras situações são possíveis de ocorrer na natureza, como, por exemplo:

a) Compressão ao longo dos eixos X e Y do elipsoide de deformação:

$$\begin{bmatrix} x_1 \\ y_1 \end{bmatrix} = \begin{bmatrix} \sqrt{\lambda_1} & 0 \\ 0 & \sqrt{\lambda_2} \end{bmatrix} \begin{bmatrix} x \\ y \end{bmatrix} \qquad (11.17)$$

Nesse caso, $\sqrt{\lambda_1} < 1$ corresponde à deformação no eixo X, e $\sqrt{\lambda_2} < 1$ corresponde à deformação no eixo Y do elipsoide de deformação.

b) Dilatação ao longo dos eixos X e Y:

$$\begin{bmatrix} x_1 \\ y_1 \end{bmatrix} = \begin{bmatrix} \sqrt{\lambda_1} & 0 \\ 0 & \sqrt{\lambda_2} \end{bmatrix} \begin{bmatrix} x \\ y \end{bmatrix} \qquad (11.18)$$

Em que $\sqrt{\lambda_1} > \sqrt{\lambda_2} > 1$.

c) Dilatação ao longo do eixo X sem deformação correspondente em Y:

$$\begin{bmatrix} x_1 \\ y_1 \end{bmatrix} = \begin{bmatrix} \sqrt{\lambda_1} & 0 \\ 0 & 1 \end{bmatrix} \begin{bmatrix} x \\ y \end{bmatrix} \qquad (11.19)$$

Sendo $\sqrt{\lambda_1} > 1$.

d) Compressão em Y sem deformação em X:

$$\begin{bmatrix} x_1 \\ y_1 \end{bmatrix} = \begin{bmatrix} 1 & 0 \\ 0 & \sqrt{\lambda_2} \end{bmatrix} \begin{bmatrix} x \\ y \end{bmatrix} \qquad (11.20)$$

Sendo $\sqrt{\lambda_2} < 1$.

11.2 Superposição sequencial de deformações

Os diferentes mecanismos de deformação podem ser *superpostos sequencialmente*, e a matriz de deformação final é resultante da multiplicação das matrizes correspondentes. A ordem de superposição é importante, uma vez que a multiplicação de matrizes não é comutativa. A seguir são examinados alguns casos mais prováveis de ocorrer na natureza, envolvendo cisalhamento simples, cisalhamento puro, rotação e mudança de área.

Diversos autores se ocuparam do tema, e entre os trabalhos mais importantes estão os de Ramberg (1975); Ramsay (1967, 1969, 1974, 1980); Gould (1967); Onasch (1984); Ramsay e Graham (1970); Bell (1978); Ramsay e Huber (1983, 1987); Sanderson (1982); e Sanderson e Marchini (1984).

Um texto interessante sobre esse tema pode ser encontrado em Ferguson (1988). O exposto a seguir é em grande parte baseado nos autores supramencionados. Adicionalmente, textos básicos em Geologia Estrutural poderão ser consultados, como, por exemplo: Ragan (1985); Ramsay e Huber (1983, 1987); e Price e Cosgrove (1994).

11.2.1 Cisalhamento simples seguido de cisalhamento puro

A primeira deformação, a de cisalhamento simples horário, desloca os pontos (x,y) para uma nova posição (x_1, y_1), e a segunda deformação, a de cisalhamento puro, desloca, por sua vez, os pontos (x_1, y_1) para uma nova posição (x_2, y_2), ou, em termos matemáticos:

$$x_1 = x + \gamma y$$
$$y_1 = y \qquad (11.21)$$

E a segunda deformação, por cisalhamento puro:

$$x_2 = x_1 \sqrt{\lambda_1}$$
$$y_2 = y_1 \sqrt{\lambda_3} \qquad (11.22)$$

Procedendo-se às substituições nestas últimas equações:

$$x_2 = x\sqrt{\lambda_1} + y\gamma\sqrt{\lambda_1}$$
$$y_2 = y\sqrt{\lambda_3} \qquad (11.23)$$

Em termos matriciais, essa mesma operação pode ser feita da seguinte maneira:

$$\begin{bmatrix} x_1 \\ y_1 \end{bmatrix} = \begin{bmatrix} 1 & \gamma \\ 0 & 1 \end{bmatrix} \begin{bmatrix} x \\ y \end{bmatrix} \qquad \textbf{Matriz cisalhamento simples}$$

$$\begin{bmatrix} x_2 \\ y_2 \end{bmatrix} = \begin{bmatrix} \sqrt{\lambda_1} & 0 \\ 0 & \sqrt{\lambda_3} \end{bmatrix} \begin{bmatrix} x_1 \\ y_1 \end{bmatrix} \qquad \textbf{Matriz cisalhamento puro}$$

Substituindo-se a primeira equação na segunda:

$$\begin{bmatrix} x_2 \\ y_2 \end{bmatrix} = \begin{bmatrix} \sqrt{\lambda_1} & 0 \\ 0 & \sqrt{\lambda_3} \end{bmatrix} \begin{bmatrix} 1 & \gamma \\ 0 & 1 \end{bmatrix} \begin{bmatrix} x \\ y \end{bmatrix}$$

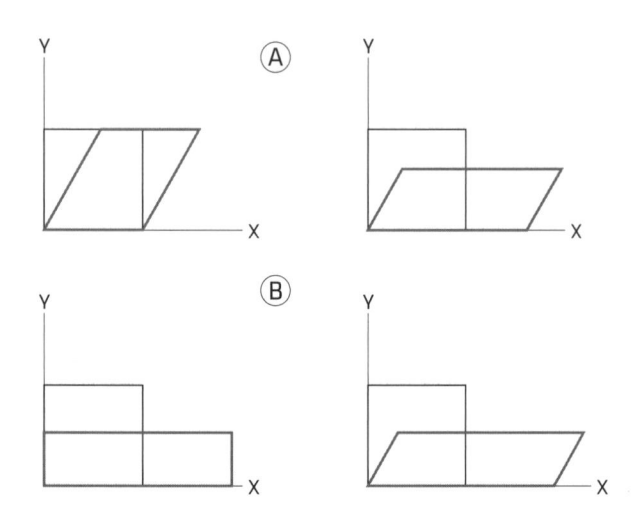

Fig. 11.7 (A) Cisalhamento simples seguido de cisalhamento puro e (B) cisalhamento puro seguido de cisalhamento simples. As intensidades de deformação são iguais

E, após a multiplicação das matrizes:

$$\begin{bmatrix} x_2 \\ y_2 \end{bmatrix} = \begin{bmatrix} \sqrt{\lambda_1} & \gamma\sqrt{\lambda_1} \\ 0 & \sqrt{\lambda_3} \end{bmatrix} \begin{bmatrix} x \\ y \end{bmatrix} \quad (11.24)$$

Uma observação a ser feita diz a respeito à inversão da ordem das deformações na organização da equação matricial, aparecendo em primeiro lugar a segunda deformação e, em seguida, no segundo termo da equação, a primeira deformação.

Se a ordem das deformações for invertida, isto é, cisalhamento puro seguido de cisalhamento simples, então:

$$\begin{bmatrix} x_2 \\ y_2 \end{bmatrix} = \begin{bmatrix} 1 & \gamma \\ 0 & 1 \end{bmatrix} \begin{bmatrix} \sqrt{\lambda_1} & 0 \\ 0 & \sqrt{\lambda_3} \end{bmatrix} \begin{bmatrix} x \\ y \end{bmatrix}$$

E, após a multiplicação das matrizes:

$$\begin{bmatrix} x_2 \\ y_2 \end{bmatrix} = \begin{bmatrix} \sqrt{\lambda_1} & \gamma\sqrt{\lambda_3} \\ 0 & \sqrt{\lambda_3} \end{bmatrix} \begin{bmatrix} x \\ y \end{bmatrix}$$

A Fig. 11.7 mostra o resultado das duas deformações superpostas. Observe a diferença marcante entre os dois casos analisados.

Esse tipo de deformação é conhecido entre os geólogos como *modelo de transpressão-transtração*. Da forma como foi originalmente definida, *transpressão* representa um modelo de deformação de zonas transcorrentes por um processo de cisalhamento simples seguido de encurtamento perpendicular ao plano de cisalhamento e de alongamento na vertical, responsável, por exemplo, pela formação de relevo positivo. *Transtração*, por sua vez, envolve um alargamento da zona de cisalhamento e um equivalente encurtamento na vertical, responsável por um relevo negativo ou pela formação de bacias sedimentares.

Em termos matemáticos, transpressão e transtração podem ser descritas, de forma adequada, como uma deformação por cisalhamento simples seguida de cisalhamento puro (ver, por exemplo, Sanderson e Marchini (1984)).

$$\begin{bmatrix} x_2 \\ y_2 \end{bmatrix} = \begin{bmatrix} \sqrt{\lambda_2} & 0 \\ 0 & \sqrt{\lambda_3} \end{bmatrix} \begin{bmatrix} 1 & \gamma \\ 0 & 1 \end{bmatrix} \begin{bmatrix} x \\ y \end{bmatrix} \quad (11.25)$$

Em que $\sqrt{\lambda_2} = 1$ e $\sqrt{\lambda_3} = (1+\Delta)$.

A matriz pode ser reescrita mais adequadamente da seguinte forma:

$$\begin{bmatrix} x_2 \\ y_2 \end{bmatrix} = \begin{bmatrix} 1 & 0 \\ 0 & (1+\Delta) \end{bmatrix} \begin{bmatrix} 1 & \gamma \\ 0 & 1 \end{bmatrix} \begin{bmatrix} x \\ y \end{bmatrix}$$

E, após a multiplicação das matrizes, tem-se:

$$\begin{bmatrix} x_2 \\ y_2 \end{bmatrix} = \begin{bmatrix} 1 & \gamma \\ 0 & (1+\Delta) \end{bmatrix} \begin{bmatrix} x \\ y \end{bmatrix} \quad (11.26)$$

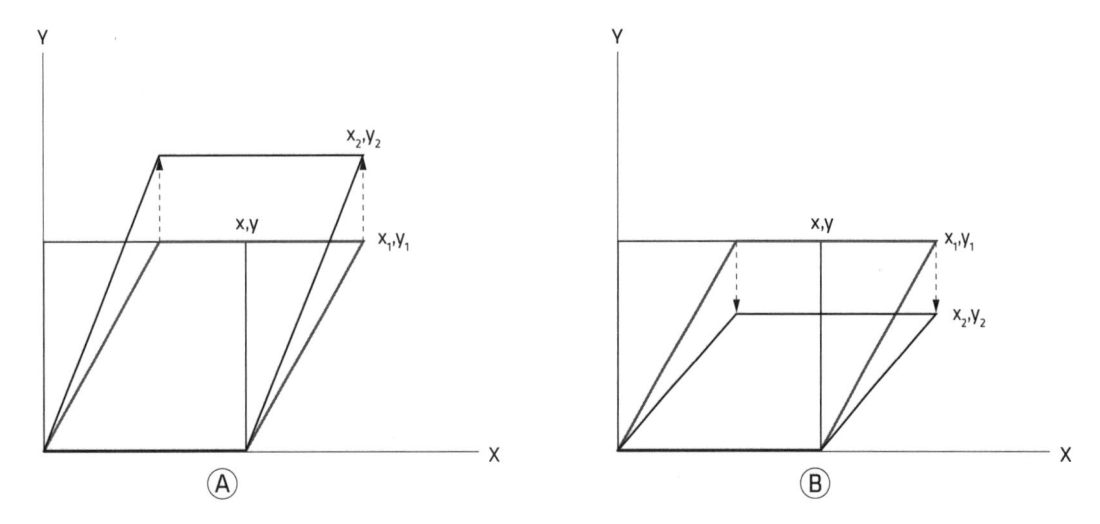

Fig. 11.8 (A) cisalhamento simples horário seguido de aumento de área paralelamente ao eixo Y; (B) cisalhamento simples horário seguido de diminuição de área paralelamente ao eixo Y. Após as deformações, o ponto de coordenadas (x,y) desloca-se a uma nova posição, com coordenadas (x_2, y_2)

A Fig. 11.8 mostra um quadrado inicial deformado por cisalhamento simples horário e posteriormente submetido a um alongamento perpendicular à zona de cisalhamento ou na direção da ordenada Y. A matriz do cisalhamento puro mostra que, ao longo da zona de cisalhamento, paralelamente ao eixo X das coordenadas, não há deformação (daí o valor de $\sqrt{\lambda_2} = 1$), pois, nesse caso, $\sqrt{\lambda_3}$ é vertical e, portanto, perpendicular ao plano horizontal XY sob análise.

Se $(1 + \Delta) > 1$, o modelo é de transtração; se $(1 + \Delta) < 1$, o modelo é de transpressão; e se $(1 + \Delta) = 1$, o modelo é de transcorrência.

11.2.2 Cisalhamento simples seguido de dissolução por pressão

Nesse modelo, a variação em área perpendicularmente ao plano de cisalhamento não é compensada por um alongamento ou encurtamento na vertical, como no caso anterior, sendo esse modelo adequadamente descrito como o de cisalhamento simples seguido de diminuição, perpendicular ao eixo Y, de área.

A matriz que descreve o modelo de transtração/transpressão é adequada para descrever esse modelo de deformação, tendo-se em conta que, se $(1 + \Delta) > 1$, há um aumento em área (aumento de volume) perpendicularmente à zona de cisalhamento, e, se $(1 + \Delta) < 1$, há uma diminuição em área (diminuição de volume) perpendicularmente à zona de cisalhamento.

11.2.3 Deformação sequencial envolvendo rotação

Nesta seção são analisados os efeitos da superposição de deformações sobre uma zona de cisalhamento inclinada em relação ao eixo X do sistema de coordenadas. O estado inicial, isto é, pré-deformacional, é representado pelo quadrado tracejado (Fig. 11.9) no sistema de coordenadas (X'Y'), em que X' é paralelo aos limites da zona e Y' é perpendicular. O estado final de cada deformação é representado pelo quadrilátero em linha cheia.

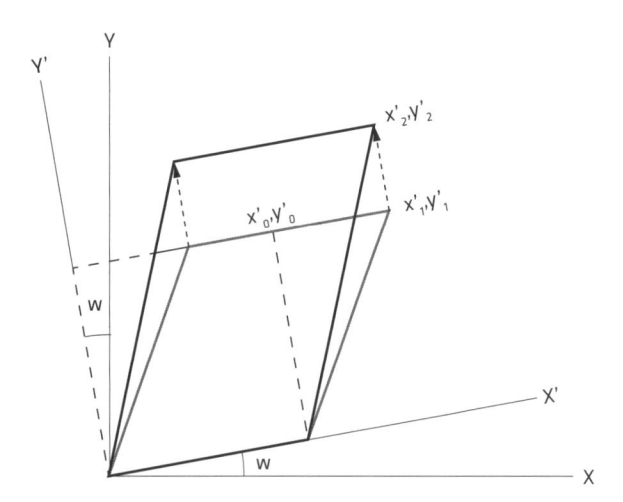

Fig. 11.9 Deformação por cisalhamento simples anti-horário seguido de aumento de área perpendicularmente à zona de cisalhamento no sistema de coordenadas (X'Y')

Para a análise geométrica da deformação, toma-se um ponto qualquer do corpo como referência, com coordenadas (x,y) ou (x',y'), conforme o caso, e a posição final desse mesmo ponto terá como coordenadas (x_1,y_1), (x_2,y_2) etc. em função do número de deformações superpostas. A forma final do quadrado inicial dará uma ideia visual da deformação processada.

A zona de cisalhamento em análise evolui por meio de cisalhamento simples horário seguido de mudança de área perpendicular aos limites da zona, sendo as deformações referidas ao sistema de coordenadas (X'Y') e seguidas de cisalhamento puro no sistema de coordenadas (XY) em que $\sqrt{\lambda_3}$ é paralelo a Y, e $\sqrt{\lambda_1}$ é paralelo a X. O ângulo entre os eixos X e X' é w (Fig. 11.9).

A deformação no sistema de coordenadas (X'Y') é descrita por:

$$\begin{bmatrix} x'_2 \\ y'_2 \end{bmatrix} = \begin{bmatrix} 1 & 0 \\ 0 & (1+\Delta) \end{bmatrix} \begin{bmatrix} 1 & \gamma \\ 0 & 1 \end{bmatrix} \begin{bmatrix} x'_0 \\ y'_0 \end{bmatrix} \quad (11.27)$$

E, após a multiplicação:

$$\begin{bmatrix} x'_2 \\ y'_2 \end{bmatrix} = \begin{bmatrix} 1 & \gamma \\ 0 & (1+\Delta) \end{bmatrix} \begin{bmatrix} x'_0 \\ y'_0 \end{bmatrix} \quad (11.28)$$

A matriz acima representa o modelo de cisalhamento simples horário seguido de mudança de área perpendicular à zona de deformação. O eixo das abscissas X' é paralelo aos limites da zona de cisalhamento e o eixo Y' é perpendicular ao eixo X' (Fig. 11.9).

A deformação por cisalhamento puro, que será superposta ao modelo deformacional acima descrito, é referida ao sistema de coordenadas (XY), e não ao sistema (X'Y'), havendo um ângulo de rotação w entre os dois sistemas. As coordenadas (x,y) deverão ser expressas no sistema de coordenadas (X'Y') por meio da matriz de rotação anti-horária, ou seja:

$$\begin{bmatrix} x_2 \\ y_2 \end{bmatrix} = \begin{bmatrix} \cos w & -\sen w \\ \sen w & \cos w \end{bmatrix} \begin{bmatrix} x'_2 \\ y'_2 \end{bmatrix} \quad (11.29)$$

Substituindo-se nessa equação matricial a Eq. 11.28, tem-se:

$$\begin{bmatrix} x_2 \\ y_2 \end{bmatrix} = \begin{bmatrix} \cos w & -\sen w \\ \sen w & \cos w \end{bmatrix} \begin{bmatrix} 1 & \gamma \\ 0 & (1+\Delta) \end{bmatrix} \begin{bmatrix} x'_0 \\ y'_0 \end{bmatrix} \quad (11.30)$$

A seguir, superpõe-se o cisalhamento puro, por meio do qual as coordenadas (x_2,y_2) serão deslocadas para uma posição (x_3,y_3) (Fig. 11.10). A matriz de cisalhamento puro é dada por:

$$\begin{bmatrix} x_3 \\ y_3 \end{bmatrix} = \begin{bmatrix} \sqrt{\lambda_1} & 0 \\ 0 & \sqrt{\lambda_3} \end{bmatrix} \begin{bmatrix} x_2 \\ y_2 \end{bmatrix} \quad (11.31)$$

E nela se substituindo a Eq. 11.30:

$$\begin{bmatrix} x_3 \\ y_3 \end{bmatrix} = \begin{bmatrix} \sqrt{\lambda_1} & 0 \\ 0 & \sqrt{\lambda_3} \end{bmatrix} \begin{bmatrix} \cos w & -\sen w \\ \sen w & \cos w \end{bmatrix} \begin{bmatrix} 1 & \gamma \\ 0 & (1+\Delta) \end{bmatrix} \begin{bmatrix} x'_0 \\ y'_0 \end{bmatrix}$$

(11.32)

Após as multiplicações de matrizes, obtém-se:

$$\begin{bmatrix} x_3 \\ y_3 \end{bmatrix} = \begin{bmatrix} a_{11} & a_{12} \\ a_{21} & a_{22} \end{bmatrix} \begin{bmatrix} x'_0 \\ y'_0 \end{bmatrix}$$

(11.33)

Em que:

$$a_{11} = \sqrt{\lambda_1} \cos w$$
$$a_{12} = \sqrt{\lambda_1} [\gamma \cos w - (1+\Delta) \sen w]$$
$$a_{21} = \sqrt{\lambda_3} \sen w$$
$$a_{22} = \sqrt{\lambda_3} [\gamma \sen w + (1+\Delta) \cos w]$$

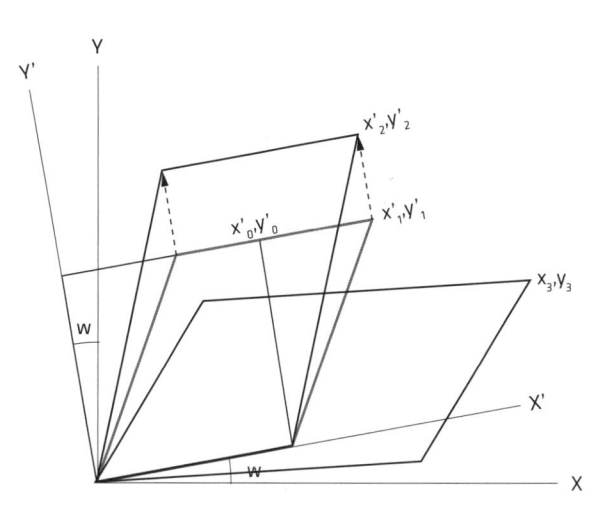

(11.34)

Fig. 11.10 Forma final do quadrado inicial após a deformação por cisalhamento simples, seguido por aumento de área perpendicularmente à zona de cisalhamento no sistema de coordenadas (X'Y'), seguido por uma deformação por cisalhamento puro no sistema de coordenadas (XY)

A Eq. 11.33 relaciona a posição final de partículas em termos do sistema de coordenadas (XY), em função da deformação total e em relação às coordenadas iniciais, no sistema (X'Y') Desejando-se expressar as coordenadas iniciais (x'_0, y'_0) no sistema (XY), é necessária a seguinte transformação:

$$\begin{bmatrix} x'_0 \\ y'_0 \end{bmatrix} = \begin{bmatrix} \cos w & \sen w \\ -\sen w & \cos w \end{bmatrix} \begin{bmatrix} x_0 \\ y_0 \end{bmatrix}$$

(11.35)

A Eq. 11.35 pode então ser substituída na Eq. 11.33 e, após a multiplicação de matrizes, serão obtidas as coordenadas finais (x_3, y_3) em função das coordenadas iniciais (x_0, y_0), referidas ao mesmo sistema de coordenadas cartesianas.

Para a obtenção da forma final de um quadrado inicial de 3 cm × 3 cm, basta substituírem-se na Eq. 11.33 os valores das correspondentes deformações. Admitindo-se, por exemplo, que $\sqrt{\lambda_3} = 0{,}469$, $\sqrt{\lambda_1} = 2{,}1307$, $\gamma = 1$, $(1+\Delta) = 1{,}5$ e $w = 20°$, substituindo-se esses valores na equação e efetuando-se os cálculos, obtém-se:

$$\begin{bmatrix} x_3 \\ y_3 \end{bmatrix} = \begin{bmatrix} 2{,}00 & 0{,}91 \\ 0{,}16 & 0{,}82 \end{bmatrix} \begin{bmatrix} x'_0 \\ y'_0 \end{bmatrix}$$

Ou então:

$$x_3 = 2{,}00 x'_0 + 0{,}91 y'_0$$
$$y_3 = 0{,}16 x'_0 + 0{,}82 y'_0$$

(11.36)

As coordenadas finais de qualquer ponto do corpo deformado podem ser obtidas pela substituição, na equação acima, dos correspondentes valores das coordenadas iniciais do quadrado. No presente caso, determinam-se as coordenadas finais dos vértices do quadrado em função das coordenadas iniciais, lidas no sistema de coordenadas (X'Y') (Fig. 11.10).

11.3 Determinação de parâmetros da deformação superposta

11.3.1 Equação da elipse de deformação

O deslocamento de todos os pontos de uma superfície pode ser expresso por meio de um conjunto de equações chamado de *equações de transformação de coordenadas*. Nas *equações lagrangianas*, os dados plotados no membro direito das equações referem-se às posições originais dos pontos, enquanto nas *equações eulerianas* são plotadas as posições finais dos pontos. A forma mais simples das equações de transformação de coordenadas é linear:

$$\begin{bmatrix} x_1 \\ y_1 \end{bmatrix} = \begin{bmatrix} a & b \\ c & d \end{bmatrix} \begin{bmatrix} x_0 \\ y_0 \end{bmatrix} \tag{11.37}$$

$$\begin{bmatrix} x_0 \\ y_0 \end{bmatrix} = \begin{bmatrix} A & B \\ C & D \end{bmatrix} \begin{bmatrix} x_1 \\ y_1 \end{bmatrix} \tag{11.38}$$

Em que a, b, c, d, A, B, C e D são constantes. A inversão da matriz (Eq. 11.37) permite expressar as coordenadas iniciais em função das coordenadas finais. Com base nessa equação, tem-se:

$$\begin{bmatrix} x_0 \\ y_0 \end{bmatrix} = \begin{bmatrix} d/\Delta & -b/\Delta \\ -c/\Delta & a/\Delta \end{bmatrix} \begin{bmatrix} x_1 \\ y_1 \end{bmatrix} \tag{11.39}$$

Em que Δ é o determinante dos coeficientes, sendo dado por:

$$\Delta = (ad - bc) \tag{11.40}$$

Essa equação, por sua vez, permite estabelecer a relação existente entre os coeficientes das matrizes (Eqs. 11.37 e 11.38):

$$A = d/\Delta; \quad B = -b/\Delta; \quad C = -c/\Delta; \quad D = a/\Delta \tag{11.41}$$

A Eq. 11.37 é denominada *matriz de deformação*, enquanto a Eq. 11.38 é denominada *matriz recíproca de deformação* (Ramsay; Huber, 1983), a qual deve ser aplicada a um material deformado.

A transformação de um círculo inicial em uma elipse fornece importantes detalhes do processo de deformação, melhor que qualquer outra figura geométrica. O procedimento geral para a determinação da elipse resultante de deformações superpostas sequencialmente é, em primeiro lugar, determinar as equações para a deformação finita, como, por exemplo, uma das equações básicas (Eq. 11.26, 11.31 ou 11.33).

A equação representada genericamente pela matriz da Eq. 11.39, para x_0 e y_0, é inserida na equação do círculo inicial, e o resultado final será a equação da elipse de deformação. O círculo inicial, de raio unitário e centrado na origem das coordenadas, pode ser descrito por $(x_0)^2 + (y_0)^2 = 1$, em que deverão ser inseridos os valores de x_0 e y_0 determinados em função de x_1 e y_1 (posições finais dos pontos) para a determinação da elipse correspondente de deformação.

Com base na Eq. 11.39, tem-se:

$$x_0 = (dx_1 - by_1)/(ad-bc)$$
$$y_0 = (ay_1 - cx_1)/(ad-bc)$$

Inserindo-se esses valores na equação do círculo inicial:

$$[(dx_1 - by_1)/(ad-bc)]^2 + [(ay_1 - cx_1)/(ad-bc)]^2 = 1$$

E, após desenvolvimento:

$$(x_1)^2 \frac{(d^2+c^2)}{(ad-bc)^2} - 2x_1 y_1 \frac{(bd+ac)}{(ad-bc)^2} + (y_1)^2 \frac{(a^2+b^2)}{(ad-bc)^2} = 1 \qquad (11.42)$$

Essa é a equação da elipse de deformação com o centro na origem e eixos geralmente inclinados em relação às coordenadas cartesianas X e Y.

11.4 Mudança no comprimento de linhas

A Fig. 11.11 mostra uma linha antes da deformação unindo a origem e o ponto de coordenadas (x_0, y_0), de comprimento unitário e perfazendo um ângulo α com o eixo dos X. Após a deformação, o ponto (x_0, y_0) muda para uma nova posição (x_1, y_1) e o ângulo α muda para α'. O comprimento final dessa linha é agora $(1+e)$ ou $\sqrt{\lambda}$. Logo:

$$x_0 = \cos\alpha$$
$$y_0 = \text{sen}\,\alpha \qquad (11.43)$$

Substituindo-se esses valores na Eq. 11.37 e desenvolvendo-a:

$$x_1 = a\cos\alpha + b\,\text{sen}\,\alpha$$
$$y_1 = c\cos\alpha + d\,\text{sen}\,\alpha \qquad (11.44)$$

A partir do teorema de Pitágoras, pode-se fazer:

$$(1+e)^2 = (x_1)^2 + (y_1)^2$$

E, após as substituições da Eq. 11.44:

$$(1+e)^2 = (a\cos\alpha + b\,\text{sen}\,\alpha)^2 + (c\cos\alpha + d\,\text{sen}\,\alpha)^2 \qquad (11.45)$$

Expandindo-se a equação e lembrando-se de que:

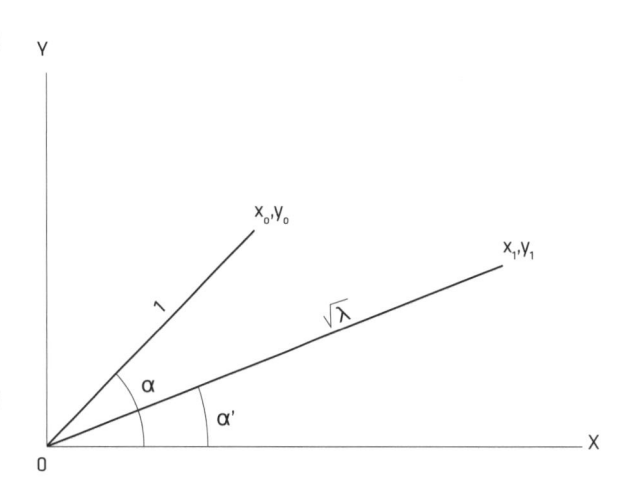

$$\cos^2\alpha = \frac{1+\cos 2\alpha}{2}; \quad \text{sen}^2\alpha = \frac{1-\cos 2\alpha}{2};$$
$$\text{sen}\,\alpha\cos\alpha = \frac{\text{sen}\,2\alpha}{2}$$

Fig. 11.11 Mudança do comprimento de uma linha unitária e disposta a um ângulo α com o eixo dos X, como resultado de uma deformação homogênea, passando a ocupar uma nova posição no espaço, orientada a um ângulo α' com o eixo dos X

E, após as substituições, tem-se:

$$\lambda = \frac{1}{2}(a^2 - b^2 + c^2 - d^2)\cos 2\alpha + (ab + cd)\sen 2\alpha + \frac{1}{2}(a^2 + b^2 + c^2 + d^2) \tag{11.46}$$

Em que $\lambda = (1 + e)^2$.

A deformação longitudinal ao longo de qualquer linha disposta a um ângulo α' com o eixo dos X, medido no estado deformado, que de modo geral é mais conveniente, pode também ser determinada. Com base na Fig. 11.11, pode-se fazer:

$$x_1 = \sqrt{\lambda}\cos\alpha'$$
$$y_1 = \sqrt{\lambda}\sen\alpha'$$

Substituindo-se essas igualdades na Eq. 11.39 e após a multiplicação das matrizes, obtêm-se:

$$x_0 = \left(\frac{d\sqrt{\lambda}\cos\alpha'}{\Delta}\right) - \left(\frac{b\sqrt{\lambda}\sen\alpha'}{\Delta}\right)$$
$$y_0 = \left(\frac{a\sqrt{\lambda}\sen\alpha'}{\Delta}\right) - \left(\frac{c\sqrt{\lambda}\cos\alpha'}{\Delta}\right)$$

Fazendo-se $(x_0)^2 + (y_0)^2 = 1$, desenvolvendo-se os termos e substituindo-se por ângulos duplos, obtém-se a expressão para a extensão quadrática recíproca λ'. Lembrando-se antes de que $\lambda' = 1/\lambda$, tem-se:

$$\lambda' = \frac{1}{(ad-bc)^2}\left[\frac{1}{2}(d^2 + c^2 - a^2 - b^2)\cos 2\alpha' - (ac + bd)\sen 2\alpha' + \frac{1}{2}(a^2 + b^2 + c^2 + d^2)\right] \tag{11.47}$$

A Eq. 11.47 expressa o valor da extensão quadrática recíproca λ' para qualquer linha após a deformação, conhecendo-se o valor do ângulo α' e as magnitudes das deformações superpostas.

11.4.1 Orientação dos eixos principais da elipse de deformação

As orientações dos eixos principais de deformação λ_1 e λ_3 são definidas pelos valores máximos e mínimos da Eq. 11.47. Para tanto, é necessário derivá-la com respeito a α' e igualar o resultado a zero (procedimento matemático normal para a determinação de valores máximo e mínimo de uma função). Os comprimentos máximos e mínimos de linhas dentro de uma elipse coincidem com os eixos X e Y dela. Por definição, o ângulo entre o eixo maior da elipse e o eixo das abscissas é θ, e no estado indeformado é θ'. Assim, é necessário substituir o ângulo α por θ e α' por θ'. Dessa forma, tem-se:

$$\frac{\partial \lambda'}{\partial \alpha'} = 0 = \frac{1}{(ad-bc)^2}[(a^2 + b^2 - c^2 - d^2)\sen 2\theta' - 2(ac + bd)\cos 2\theta']$$

A qual fornece:

$$\tg 2\theta' = \frac{2(ac + bd)}{a^2 + b^2 - c^2 - d^2} \tag{11.48}$$

CAPÍTULO 11 | SUPERPOSIÇÃO SEQUENCIAL DE DEFORMAÇÕES EM DUAS DIMENSÕES

O ângulo θ' refere-se à orientação dos eixos principais de deformação no estado deformado, que, por sua vez, representam os valores máximos e mínimos de uma elipse de deformação.

Aplicando-se o procedimento anterior à Eq. 11.46, obtém-se a orientação das linhas que irão se tornar os eixos principais de deformação, ou seja:

$$\frac{\partial \lambda}{\partial \alpha} = 0 = -(a^2 - b^2 + c^2 - d^2)\operatorname{sen} 2\theta + 2(ab + cd)\cos 2\theta$$

E, finalmente:

$$\operatorname{tg} 2\theta = \frac{2(ab+cd)}{(a^2 - b^2 + c^2 - d^2)} \qquad (11.49)$$

Essa equação descreve as direções iniciais de linhas que irão se tornar os eixos principais da elipse de deformação.

11.4.2 Relação entre os ângulos α e α'

A relação entre os ângulos α e α' pode ser obtida com base na Fig. 11.11:

$$\frac{y_1}{x_1} = \operatorname{tg} \alpha' = \frac{c\cos\alpha + d\operatorname{sen}\alpha}{a\cos\alpha + b\operatorname{sen}\alpha}$$

Dividindo-se o numerador e o denominador por $\cos\alpha$, obtém-se

$$\operatorname{tg} \alpha' = \frac{c + d\operatorname{tg}\alpha}{a + b\operatorname{tg}\alpha} \qquad (11.50)$$

O ângulo α pode ser obtido com base na Eq. 11.50:

$$\operatorname{tg} \alpha = \frac{c - a\operatorname{tg}\alpha'}{b\operatorname{tg}\alpha' - d} \qquad (11.51)$$

11.4.3 Magnitude dos eixos principais de deformação

As magnitudes dos eixos principais de deformação $\sqrt{\lambda_1}$ e $\sqrt{\lambda_3}$ são obtidas pela substituição das condições da Eq. 11.49, para a direção dos eixos principais de deformação, na Eq. 11.46, que define o valor da extensão quadrática. O resultado é então a equação das extensões principais λ_1 e λ_3.

Usando-se as identidades trigonométricas:

$$\sec^2 2\theta = 1 + \operatorname{tg}^2 2\theta$$

$$\sec 2\theta = \frac{1}{\cos 2\theta}$$

Obtém-se, com base nelas:

$$\cos 2\theta = \frac{1}{\sqrt{(1+\operatorname{tg}^2 2\theta)}}$$

Substituindo-se agora, nessa equação, a Eq. 11.49, tem-se:

$$\cos 2\theta = \frac{a^2 - b^2 + c^2 - d^2}{\sqrt{(a^2 - b^2 + c^2 - d^2)^2 + 4(ab + cd)^2}} \tag{11.52}$$

Sabendo-se que:

$$\text{tg}\, 2\theta = \frac{\text{sen}\, 2\theta}{\cos 2\theta}$$

E:

$$\text{sen}\, 2\theta = \text{tg}\, 2\theta \cos 2\theta$$

$$\text{sen}\, 2\theta = \frac{\text{tg}\, 2\theta}{\sec 2\theta}$$

$$\text{sen}\, 2\theta = \sqrt{1 + \text{tg}^2\, 2\theta}$$

Tem-se, com base nessas equações:

$$\text{sen}\, 2\theta = \frac{\text{tg}\, 2\theta}{\sqrt{(1 + \text{tg}^2\, 2\theta)}} \tag{11.53}$$

E, após a substituição do valor na Eq. 11.49:

$$\text{sen}\, 2\theta = \frac{2(ab + cd)}{\sqrt{(a^2 - b^2 + c^2 - d^2)^2 + 4(ab + cd)^2}} \tag{11.54}$$

Substituindo-se as Eqs. 11.52 e 11.54 na Eq. 11.46 e lembrando-se de que, nesse caso, o ângulo α deve ser substituído pelo ângulo θ, após as simplificações obtém-se:

$$\lambda_1 \text{ ou } \lambda_3 = \frac{1}{2}\left\{ a^2 + b^2 + c^2 + d^2 \pm [(a^2 + b^2 + c^2 + d^2)^2 - 4(ad - bc)^2]^{\frac{1}{2}} \right\} \tag{11.55}$$

11.4.4 Razão de deformação

A *razão de deformação* R é uma medida importante na análise da deformação de uma área, pois pode ser obtida diretamente em lâminas delgadas, como, por exemplo, por meio dos métodos de Fry e centro a centro.

O valor de R pode ser calculado com base na Eq. 11.55. Tendo-se em vista que:

$$R = \left(\frac{\lambda_1}{\lambda_3}\right)^{\frac{1}{2}}$$

Após a substituição da Eq. 11.55, obtém-se:

$$R = \left(\frac{a^2 + b^2 + c^2 + d^2 + [(a^2 + b^2 + c^2 + d^2)^2 - 4(ad - bc)^2]^{\frac{1}{2}}}{a^2 + b^2 + c^2 + d^2 - [(a^2 + b^2 + c^2 + d^2)^2 - 4(ad - bc)^2]^{\frac{1}{2}}} \right)^{\frac{1}{2}} \tag{11.56}$$

11.4.5 Mudança de área

Qualquer mudança de área que acompanha a deformação é denominada *dilatação*, sendo representada por Δ. A área de um círculo inicial é πr^2, e quando o raio r é unitário, a área é dada por π. A área da elipse de deformação derivada desse círculo de raio unitário, é dada por: $\pi(1 + e_1)(1 + e_2)$.

Assim, a dilatação será dada por:

$$\Delta = \frac{\pi(1+e_1)(1+e_2) - \pi}{\pi}$$

E, após a simplificação:

$$(1+\Delta) = (1+e_1)(1+e_2) \qquad (11.57)$$

A área do paralelogramo mostrado na Fig. 11.12, o qual representa um deslocamento geral, é dada por:

$$A = (a+b)(c+d) - 2bc - 2\left(\frac{bd}{2} + \frac{ac}{2}\right) = ad - bc$$

O significado físico de cada uma das constantes a, b, c e d é o seguinte: a e d podem ser consideradas como componentes da deformação interna longitudinal paralela aos eixos de coordenadas X e Y, respectivamente, enquanto b e c são em parte componentes de cisalhamento que refletem os deslocamentos angulares dos lados do quadrado inicial, originalmente perpendiculares, ou seja:

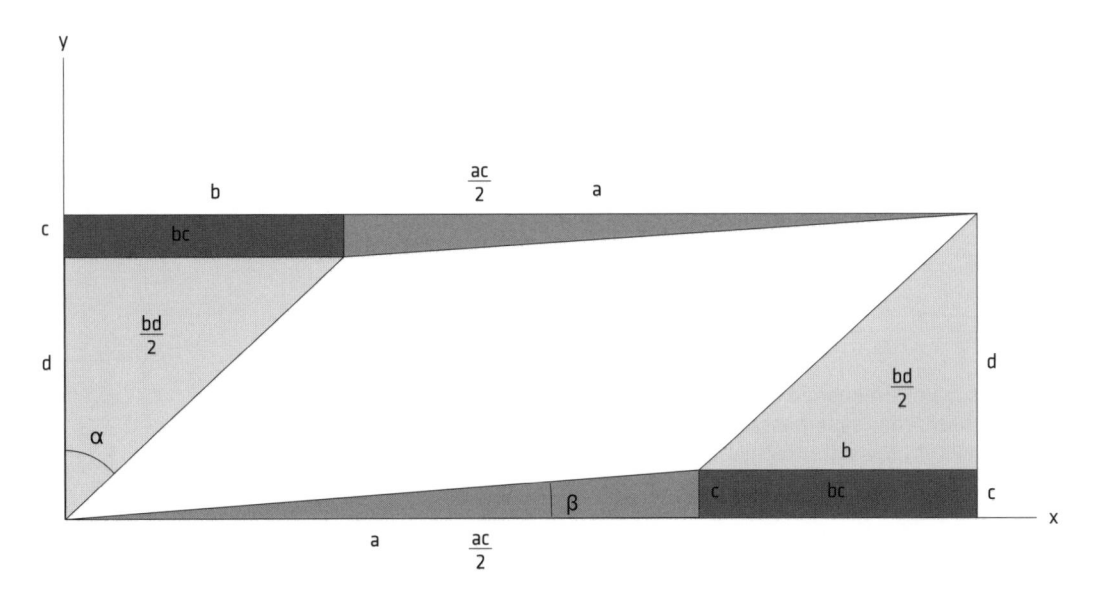

$$b = d \, \text{tg} \, \alpha$$
$$c = a \, \text{tg} \, \beta$$

Fig. 11.12 Relação dos componentes a, b, c e d das equações de transformação de coordenadas (e da matriz deformação) e a mudança de área Δ durante o processo de deformação

Como o paralelogramo procede de um quadrado, cuja área inicial é 1, a mudança de área proporcional (ou dilatação) é dada por:

$$\Delta = \frac{A_f - A_i}{A_i} = \frac{(ad - bc) - 1}{1}$$

Em que A_f e A_i representam a área final e a área inicial, respectivamente. Rearranjando-se os termos, tem-se:

$$(1 + \Delta) = (ad - bc) \tag{11.58}$$

Que, por sua vez, representa o determinante da matriz deformação (Eq. 11.37).

11.4.6 Rotação dos eixos de deformação

A rotação ω dos eixos principais de deformação é definida por $\omega = \theta' - \theta$. Fazendo-se:

$$\mathrm{tg}\, 2\omega = \mathrm{tg}(2\theta' - 2\theta) = (\mathrm{tg}\, 2\theta' - \mathrm{tg}\, 2\theta) / (1 + \mathrm{tg}\, 2\theta'\, \mathrm{tg}\, 2\theta)$$

Substituindo-se na equação acima as Eqs. 11.48 e 11.49 e usando-se a identidade trigonométrica $\mathrm{tg}\, 2\omega = 2\,\mathrm{tg}\,\omega / (1 - \mathrm{tg}^2\,\omega)$, obtém-se:

$$\mathrm{tg}\,\omega = \frac{(c - b)}{(a + d)} \tag{11.59}$$

A Fig. 11.13 mostra a elipse resultante da deformação de um círculo de raio unitário. O círculo inicial é referido ao sistema de coordenadas X'Y', mas é deformado por cisalhamento simples horário seguido de aumento de área e, finalmente, por cisalhamento puro no sistema de coordenadas XY. As orientações dos eixos principais da elipse foram determinadas pela Eq. 11.48, e as magnitudes, pela Eq. 11.55.

Dessa forma, $\theta' = 13{,}6°$, $\sqrt{\lambda_1} = 2{,}25$, $\sqrt{\lambda_3} = 0{,}66$, $(1 + \Delta) = 1{,}5$, $\gamma = 1$, o ângulo de rotação dos eixos principais de deformação $\omega = 14{,}8°$ e o ângulo de rotação dos eixos das coordenadas $w = 20°$. O incremento de área em relação à área inicial foi de 50%.

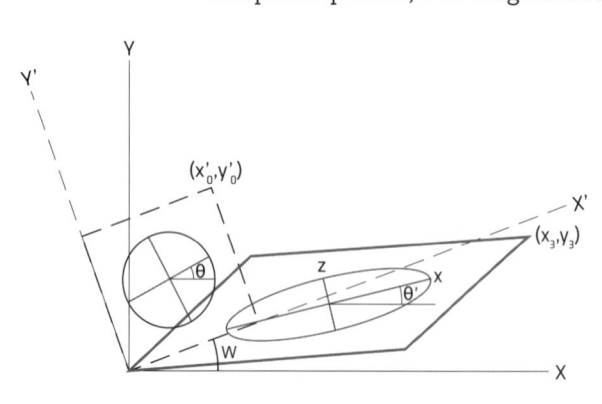

Fig. 11.13 Posição dos eixos maior e menor da elipse após as deformações superpostas representadas na Fig. 11.10 e a forma final da elipse de deformação derivada do círculo inicial de raio unitário

capítulo 12
Superposição sequencial de deformações em três dimensões

Neste capítulo é apresentada a teoria da superposição tridimensional de deformações, iniciando-se com o exame de modelos básicos como cisalhamento puro, cisalhamento simples, rotação e mudança de volume para, em seguida, analisar a superposição sequencial desses modelos. A forma mais adequada para o tratamento dessa questão é por meio de cálculo matricial, e por ser uma análise tridimensional envolve operações matemáticas com matrizes quadradas de três por três.

Cada modelo de deformação é representado por uma matriz e, no caso de deformações superpostas, deve-se proceder à multiplicação das matrizes dos diferentes modelos envolvidos, obtendo-se uma matriz final, que representa a deformação finita total sofrida pela rocha. O número de matrizes que deverão ser multiplicadas diz respeito ao número de fases de deformação, sendo bastante variável.

Com base no estado tridimensional, pode-se também obter a deformação ao longo de cada um dos planos principais de deformação, como XY, XZ ou YZ, o que, em determinadas situações, pode revelar-se bastante útil.

12.1 Modelos básicos de deformação

A deformação tridimensional, a exemplo da deformação bidimensional vista anteriormente, pode ser tratada por transformações lineares, relacionando-se as coordenadas finais e iniciais de um mesmo ponto. As elongações quadráticas ao longo dos eixos X, Y e Z do elipsoide de deformação são referidas como $\sqrt{\lambda_1}$, $\sqrt{\lambda_2}$ e $\sqrt{\lambda_3}$, respectivamente, enquanto as componentes do cisalhamento simples linear ao longo desses mesmos eixos são referidas como γ_x, γ_y e γ_z.

Serão abordados quatro modelos básicos de deformação, cujas matrizes serão apresentadas a seguir. Esses quatro modelos e suas combinações possivelmente respondem por quase todos os processos deformativos normalmente operantes na natureza.

12.2 Rotação

O efeito nesse modelo é a rotação, sem deformação interna, de um ponto qualquer do corpo em torno de uma origem (0,0,0), por meio de um ângulo de rotação w. A forma mais simples de rotação é considerar dois sistemas de coordenadas (XYZ e X'Y'Z') e fazer coincidirem os três eixos numa origem comum. A seguir, rotaciona-se um dos sistemas, geralmente o (X'Y'Z'), de um ângulo w, como mostrado na Fig. 12.1.

A transformação das coordenadas de pontos fixos no espaço entre dois sistemas de coordenadas, rotacionados um em relação ao outro em torno de uma origem comum, é descrita

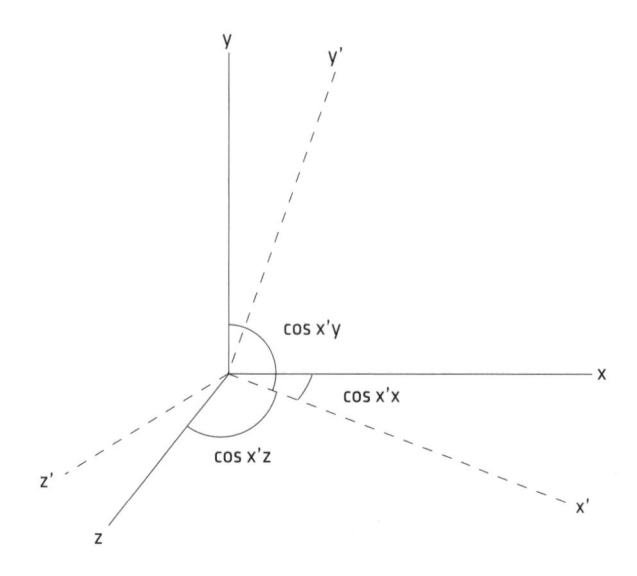

Fig. 12.1 Dois sistemas de coordenadas com origem comum e rotacionados um em relação ao outro

pela matriz de rotação tridimensional, a qual contém os cossenos diretores:

$$\begin{bmatrix} x \\ y \\ z \end{bmatrix} = \begin{bmatrix} \cos(xx') & \cos(xy') & \cos(xz') \\ \cos(yx') & \cos(yy') & \cos(yz') \\ \cos(zx') & \cos(zy') & \cos(zz') \end{bmatrix} \begin{bmatrix} x' \\ y' \\ z' \end{bmatrix} \quad (12.1)$$

Em que xx', xy' e xz' são os ângulos entre o eixo dos X e os eixos X', Y' e Z', respectivamente; yx', yy' e yz', os ângulos entre o eixo Y e os eixos X', Y' e Z'; e zx', zy' e zz', os ângulos entre o eixo Z e os eixos X', Y' e Z' (Fig. 12.1).

A Eq. 12.1 descreve as novas coordenadas (x,y,z) de um ponto qualquer de um corpo em função das coordenadas antigas (x',y',z') do mesmo ponto. Pode-se também descrever as antigas coordenadas (x',y',z') em função das novas coordenadas (x,y,z). Nesse caso, a matriz rotação é da forma:

$$\begin{bmatrix} x' \\ y' \\ x' \end{bmatrix} = \begin{bmatrix} \cos(x'x) & \cos(x'y) & \cos(x'z) \\ \cos(y'x) & \cos(y'y) & \cos(y'z) \\ \cos(z'x) & \cos(z'y) & \cos(z'z) \end{bmatrix} \begin{bmatrix} x \\ y \\ x \end{bmatrix} \quad (12.2)$$

Em que x'x, x'y e x'z correspondem aos ângulos entre o eixo X' e os eixos X, Y e Z etc.

A Eq. 12.1 pode ser reescrita de forma mais conveniente, tendo-se em vista que o ângulo de rotação entre os eixos X e X' e Y e Y' é igual a w, conforme representado na Fig. 12.2.

$$\begin{bmatrix} x \\ y \\ z \end{bmatrix} = \begin{bmatrix} \cos w & \cos(90°+w) & \cos 90° \\ \cos(90°-w) & \cos w & \cos 90° \\ \cos 90° & \cos 90° & \cos 0° \end{bmatrix} \begin{bmatrix} x' \\ y' \\ x' \end{bmatrix} \quad (12.3)$$

Levando-se em conta a relação trigonométrica cos(90° ± w) = ± senw e substituindo-se na matriz acima, tem-se:

$$\begin{bmatrix} x \\ y \\ z \end{bmatrix} = \begin{bmatrix} \cos w & -\sen w & 0 \\ \sen w & \cos w & 0 \\ 0 & 0 & 1 \end{bmatrix} \begin{bmatrix} x' \\ y' \\ x' \end{bmatrix} \quad (12.4)$$

Essa matriz, que descreve as coordenadas (x,y,z) de um ponto em função das coordenadas (x',y',z'), é uma *matriz de rotação tridimensional anti-horária*.

Fig. 12.2 Maneira de medir os ângulos x'x, x'y, x'z etc. Na figura são mostrados apenas os ângulos entre o eixo X' e os eixos X, Y e Z, para não sobrecarregar o desenho. O mesmo procedimento é usado em relação aos eixos Y' e Z'

Procedendo-se da mesma forma com a Eq. 12.2, após as substituições obtém-se:

$$\begin{bmatrix} x' \\ y' \\ z' \end{bmatrix} = \begin{bmatrix} \cos w & \sen w & 0 \\ -\sen w & \cos w & 0 \\ 0 & 0 & 1 \end{bmatrix} \begin{bmatrix} x \\ y \\ x \end{bmatrix} \quad (12.5)$$

A matriz acima, que descreve as coordenadas antigas de um ponto em função das novas coordenadas, é uma *matriz de rotação tridimensional horária*. A utilização dos cossenos diretores também pode ser feita para o caso bidimensional.

Tendo-se em vista as relações angulares apresentadas na Fig. 12.3, pode-se fazer:

$$\begin{bmatrix} x' \\ y' \end{bmatrix} = \begin{bmatrix} \cos(x'x) & \cos(x'y) \\ \cos(y'x) & \cos(y'y) \end{bmatrix} \begin{bmatrix} x \\ y \end{bmatrix}$$

$$\begin{bmatrix} x' \\ y' \end{bmatrix} = \begin{bmatrix} \cos w & \cos(90°+w) \\ \cos(90°-w) & \cos w \end{bmatrix} \begin{bmatrix} x \\ y \end{bmatrix}$$

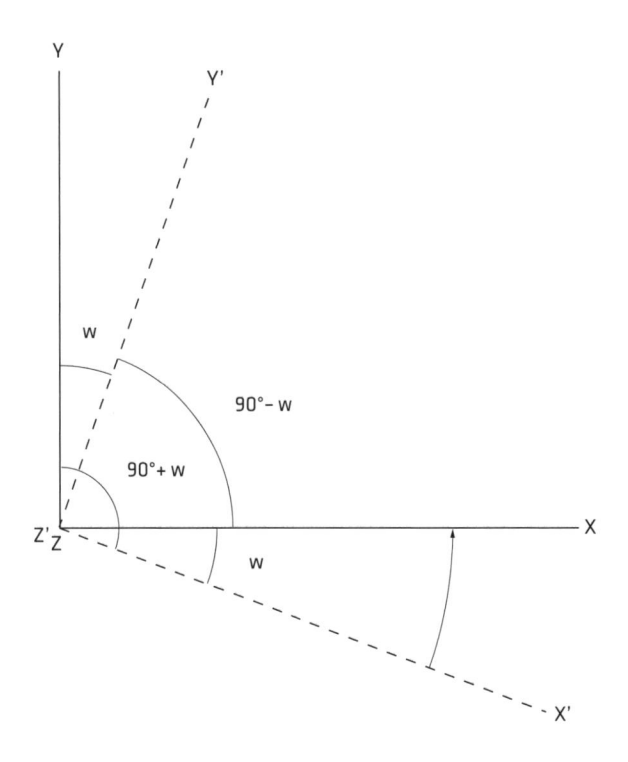

Fig. 12.3 Relações angulares entre os sistemas de coordenadas XY e X'Y'

E, finalmente:

$$\begin{bmatrix} x' \\ y' \end{bmatrix} = \begin{bmatrix} \cos w & -\sen w \\ \sen w & \cos w \end{bmatrix} \begin{bmatrix} x \\ y \end{bmatrix} \quad (12.6)$$

Sendo essa uma matriz de rotação anti-horária.

No caso da descrição das coordenadas (x,y) de um dado ponto em função das coordenadas (x',y'), então:

$$\begin{bmatrix} x \\ y \end{bmatrix} = \begin{bmatrix} \cos(xx') & \cos(xy') \\ \cos(yx') & \cos(yy') \end{bmatrix} \begin{bmatrix} x' \\ y' \end{bmatrix}$$

$$\begin{bmatrix} x \\ y \end{bmatrix} = \begin{bmatrix} \cos w & \cos(90°-w) \\ \cos(90°+w) & \cos w \end{bmatrix} \begin{bmatrix} x' \\ y' \end{bmatrix}$$

E, após as substituições:

$$\begin{bmatrix} x \\ y \end{bmatrix} = \begin{bmatrix} \cos w & \sen w \\ -\sen w & \cos w \end{bmatrix} \begin{bmatrix} x' \\ y' \end{bmatrix} \quad (12.7)$$

Que corresponde à matriz de rotação horária.

12.3 Cisalhamento simples

Esse é um tipo de deformação muito comum na natureza, especialmente em zonas de cisalhamento. O cisalhamento linear γ pode ser paralelo aos eixos X, Y ou Z do sistema de coordenadas cartesianas, sendo possíveis diversas combinações (Fig. 12.4). De maneira geral, quando for possível, é conveniente posicionar o eixo X do sistema de coordenadas paralelamente à direção do movimento, ou seja, paralelamente às estrias de atrito,

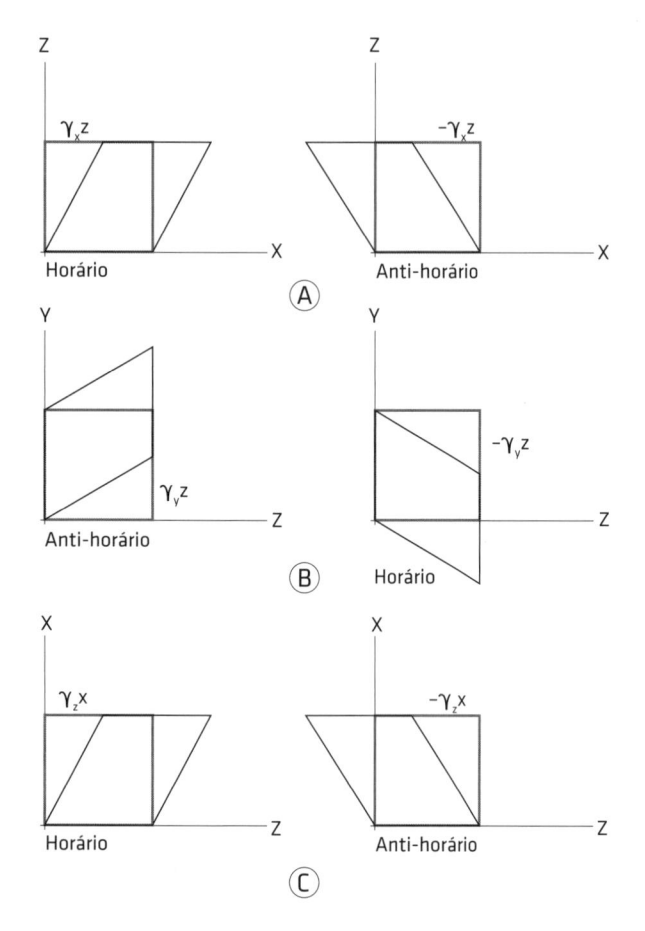

Fig. 12.4 Modelo de deformação por cisalhamento simples (A) paralelo ao eixo X, (B) paralelo ao eixo Y e (C) e paralelo ao eixo Z

que é uma lineação decorrente do atrito entre os grãos minerais, e não paralelamente à lineação decorrente do estiramento mineral (ou do tipo a), que é paralela ao eixo X do elipsoide.

O eixo Z, nesse caso, deve ser posicionado perpendicularmente à foliação metamórfica, e o eixo Y, perpendicularmente às estrias de atrito e contido no plano da foliação metamórfica. Deve-se ter em conta que as lineações de estiramento mineral, paralelas ao eixo X do elipsoide, não estão contidas nos planos da foliação C no modelo de cisalhamento simples, exceção feita aos casos de elevada taxa de deformação, quando as lineações tendem a paralelizar as estrias de atrito. Na realidade, estas últimas representam geometricamente a projeção ortogonal das lineações de estiramento mineral sobre os planos da foliação C.

12.3.1 Cisalhamento simples linear horário/anti-horário paralelo ao eixo X

Nesse caso, o plano de cisalhamento é paralelo ao plano XY do sistema de coordenadas. Se os eixos X e Z forem horizontais, sendo X paralelo à direção do movimento, ou seja, o deslocamento por cisalhamento se dá paralelo ao eixo X γ_x, Y será perpendicular à zona de cisalhamento e, portanto, vertical, tratando-se de um modelo adequado ao estudo de falhas transcorrentes.

A matriz que descreve esse modelo no sentido horário é do seguinte tipo (Fig. 12.4A):

$$\begin{bmatrix} x_1 \\ y_1 \\ z_1 \end{bmatrix} = \begin{bmatrix} 1 & 0 & \gamma_x \\ 0 & 1 & 0 \\ 0 & 0 & 1 \end{bmatrix} \begin{bmatrix} x \\ y \\ z \end{bmatrix}$$

(12.8)

No caso de cisalhamento simples anti-horário, basta substituir γ_x por $-\gamma_x$ na Eq. 12.8. Essa equação mostra que não há deslocamento paralelo às direções Y e Z (seus coeficientes são iguais à unidade), mas somente na direção X. O plano XY corresponde ao plano de cisalhamento paralelo àquele no qual se desenvolve a foliação C. O movimento pode ser considerado como um fluxo laminar no plano XY, com deslocamento paralelo à direção X.

12.3.2 Cisalhamento simples horário/anti-horário paralelo ao eixo Y

A matriz de deformação correspondente a esse modelo de deformação, com sentido anti-horário e eixo Y perpendicular ao plano da Fig. 12.4, é do tipo:

$$\begin{bmatrix} x_1 \\ y_1 \\ z_1 \end{bmatrix} = \begin{bmatrix} 1 & 0 & 0 \\ 0 & 1 & \gamma_y \\ 0 & 0 & 1 \end{bmatrix} \begin{bmatrix} x \\ y \\ z \end{bmatrix}$$

(12.9)

No caso de movimentação horária, basta substituir γ_y por $-\gamma_y$, uma vez que o valor do eixo Y diminui em direção à origem das coordenadas. Essa equação mostra que não há deslocamento ao longo das direções X e Z, mas somente ao longo de Y. O plano de cisalhamento ou da foliação C situa-se no plano YZ das coordenadas cartesianas.

12.3.3 Cisalhamento simples horário/anti-horário paralelo ao eixo Z

O plano de cisalhamento, nesse caso, é paralelo ao plano XY das coordenadas (Fig. 12.4C).

$$\begin{bmatrix} x_1 \\ y_1 \\ z_1 \end{bmatrix} = \begin{bmatrix} 1 & 0 & 0 \\ 0 & 1 & 0 \\ 1 & 0 & \gamma_z \end{bmatrix} \begin{bmatrix} x \\ y \\ z \end{bmatrix} \qquad (12.10)$$

Essa equação mostra que há somente deslocamento paralelo ao eixo Z. Nesse caso, ela indica movimento anti-horário; se o movimento é horário, então basta substituir γ_z por $-\gamma_z$. Os modelos anteriormente discutidos são úteis no estudo de áreas com mais de uma fase de deformação, quando é necessário adotar um sistema único de coordenadas cartesianas. Outras combinações são possíveis mudando-se a posição espacial do plano de cisalhamento e o sentido e a direção do movimento.

12.4 Cisalhamento puro

Como no caso bidimensional, a deformação tridimensional irrotacional pode ser descrita por transformações lineares, relacionando-se as coordenadas finais e iniciais de cada ponto. As elongações quadráticas ao longo dos eixos X, Y e Z do elipsoide são referidas como $\sqrt{\lambda_1}$, $\sqrt{\lambda_2}$ e $\sqrt{\lambda_3}$, respectivamente. Como não deverá haver mudanças de volume no processo deformacional, então $\left(\sqrt{\lambda_1}\right)\left(\sqrt{\lambda_2}\right)\left(\sqrt{\lambda_3}\right) = 1$, em que $\sqrt{\lambda_1} > \sqrt{\lambda_2} > \sqrt{\lambda_3}$. Idealmente, nesse modelo, as posições dos eixos das coordenadas deverão coincidir com as posições dos eixos do elipsoide de deformação.

A matriz de deformação por cisalhamento puro com extensão em X, encurtamento em Z e alongamento, encurtamento ou não mudança de comprimento em Y está representada na Eq. 12.11, na qual os eixos principais de deformação coincidem com os eixos cartesianos X, Y e Z.

$$\begin{bmatrix} x_1 \\ y_1 \\ z_1 \end{bmatrix} = \begin{bmatrix} \lambda_1 & 0 & 0 \\ 0 & \lambda_2 & 0 \\ 0 & 0 & \lambda_3 \end{bmatrix} \begin{bmatrix} x \\ y \\ z \end{bmatrix} \qquad (12.11)$$

Em que $\sqrt{\lambda_1} > 1$, $\sqrt{\lambda_3} < 1$ e $\sqrt{\lambda_2} = 1$.

No caso de o eixo X do elipsoide coincidir com o eixo Z das coordenadas e o eixo Z do elipsoide coincidir com o eixo X das coordenadas, então:

$$\begin{bmatrix} x_1 \\ y_1 \\ z_1 \end{bmatrix} = \begin{bmatrix} \lambda_3 & 0 & 0 \\ 0 & \lambda_2 & 0 \\ 0 & 0 & \lambda_3 \end{bmatrix} \begin{bmatrix} x \\ y \\ z \end{bmatrix} \qquad (12.12)$$

Outras combinações são possíveis, devendo-se fazer as substituições adequadas na matriz de deformação.

12.5 Mudança de volume

A mudança de volume é um tipo de deformação que envolve processos geológicos como perda de material por dissolução sob pressão, em caso de diminuição de volume, e aporte de material por soluções hidrotermais, veios, diques etc., no caso de ganho de volume.

Quando há mudança de volume no processo deformacional, então $\left(\sqrt{\lambda_1}\right)\left(\sqrt{\lambda_2}\right)\left(\sqrt{\lambda_3}\right) =$ $(1+\Delta)$, e $(1+\Delta) < 1$ implica diminuição de volume, $(1+\Delta) > 1$ indica aumento de volume e, no caso de $(1+\Delta) = 1$, não há mudança de volume no processo deformacional.

12.5.1 Mudança de volume paralelamente ao eixo X do elipsoide

Nesse caso, o alongamento ou encurtamento em X não é compensado por encurtamento em Z ou em Y, comportando-se estes dois últimos como eixos de não deformação. Assim:

$$\begin{bmatrix} x_1 \\ y_1 \\ z_1 \end{bmatrix} = \begin{bmatrix} (1+\Delta_x) & 0 & 0 \\ 0 & 1 & 0 \\ 0 & 0 & 1 \end{bmatrix} \begin{bmatrix} x \\ y \\ z \end{bmatrix} \qquad (12.13)$$

A equação acima mostra alongamento ao longo do eixo X do elipsoide (coincidente com o eixo X das coordenadas), em que $(1+\Delta_x) > 1$, sem o correspondente encurtamento em Z ou em Y. Na natureza, a intrusão de diques paralelamente ao plano YZ do elipsoide pode causar esse tipo de deformação.

12.5.2 Mudança de volume paralelamente ao eixo Z do elipsoide

Se ocorrer encurtamento em Z sem correspondente alongamento em X e Y, caso de muitos processos de encurtamento perpendicular à foliação, então:

$$\begin{bmatrix} x_1 \\ y_1 \\ z_1 \end{bmatrix} = \begin{bmatrix} 1 & 0 & 0 \\ 0 & 1 & 0 \\ 0 & 0 & (1+\Delta_z) \end{bmatrix} \begin{bmatrix} x \\ y \\ z \end{bmatrix} \qquad (12.14)$$

Em que $(1+\Delta_z) < 1$.

Há casos na natureza nos quais ocorre alongamento em X e em Y, caso de um tipo especial de boudinagem, conhecida como *tablete de chocolate*. Nesse caso, tem-se:

$$\begin{bmatrix} x_1 \\ y_1 \\ z_1 \end{bmatrix} = \begin{bmatrix} (1+\Delta_x) & 0 & 0 \\ 0 & (1+\Delta_y) & 0 \\ 0 & 0 & 1 \end{bmatrix} \begin{bmatrix} x \\ y \\ z \end{bmatrix} \qquad (12.15)$$

Em que $(1+\Delta_x) > 0$ e $(1+\Delta_y) > 0$.

Diversas outras combinações são possíveis de ocorrer na natureza, bastando, para sua descrição, proceder às modificações na equação da mudança de volume.

12.6 Superposição sequencial de deformações em três dimensões

Os diferentes modelos de deformação vistos anteriormente podem ser superpostos sequencialmente, e a matriz de deformação final é resultante da multiplicação das matrizes de cada modelo ou fase de deformação. A ordem de superposição é importante, uma vez que a multiplicação de matrizes não é comutativa.

A análise aqui apresentada é grandemente baseada na análise bidimensional, havendo poucas referências bibliográficas especificamente sobre o tema, já que a maioria dos autores se ocuparam da análise bidimensional. Entre os trabalhos mais importantes, pode-se citar os de Gould (1967), Ramsay e Graham (1970), Ramsay (1974, 1980), Ramberg (1975), Sanderson (1982), Ramsay e Huber (1983) e Ferguson (1988).

12.6.1 Cisalhamento simples seguido de cisalhamento puro

A primeira deformação, envolvendo o modelo de cisalhamento simples, desloca os pontos de coordenadas (x,y,z) para uma nova posição (x_1,y_1,z_1), e a segunda deformação, por cisalhamento puro, desloca os pontos (x_1,y_1,z_1), para outra posição (x_2,y_2,z_2). Em termos matriciais, a operação pode ser feita da seguinte maneira:

$$\begin{bmatrix} x_1 \\ y_1 \\ z_1 \end{bmatrix} = \begin{bmatrix} 1 & 0 & \gamma_x \\ 0 & 1 & 0 \\ 0 & 0 & 1 \end{bmatrix} \begin{bmatrix} x \\ y \\ z \end{bmatrix} \qquad (12.16)$$

Essa matriz descreve a deformação por cisalhamento simples dos pontos de coordenadas (xyz) quando mudam para uma nova posição espacial (x_1,y_1,z_1).

$$\begin{bmatrix} x_2 \\ y_2 \\ z_2 \end{bmatrix} = \begin{bmatrix} \sqrt{\lambda_1} & 0 & 0 \\ 0 & \sqrt{\lambda_2} & 0 \\ 0 & 0 & \sqrt{\lambda_3} \end{bmatrix} \begin{bmatrix} x_1 \\ y_1 \\ z_1 \end{bmatrix} \qquad (12.17)$$

Essa matriz descreve a deformação por cisalhamento puro dos pontos anteriores, de coordenadas (x_1,y_1,z_1), quando mudam para uma nova posição espacial (x_2,y_2,z_2).

Substituindo-se a Eq. 12.16 na Eq. 12.17, obtém-se:

$$\begin{bmatrix} x_2 \\ y_2 \\ z_2 \end{bmatrix} = \begin{bmatrix} \sqrt{\lambda_1} & 0 & 0 \\ 0 & \sqrt{\lambda_2} & 0 \\ 0 & 0 & \sqrt{\lambda_3} \end{bmatrix} \begin{bmatrix} 1 & 0 & \gamma_x \\ 0 & 1 & 0 \\ 0 & 0 & 1 \end{bmatrix} \begin{bmatrix} x \\ y \\ z \end{bmatrix} \qquad (12.18)$$

Pode-se observar, nessa matriz, que a segunda deformação aparece antes da primeira, havendo uma inversão na ordem das matrizes com respeito à ordem de deformação.

Efetuando-se a multiplicação das matrizes, obtém-se:

$$\begin{bmatrix} x_2 \\ y_2 \\ z_2 \end{bmatrix} = \begin{bmatrix} \sqrt{\lambda_1} & 0 & \gamma_x\sqrt{\lambda_1} \\ 0 & \sqrt{\lambda_2} & 0 \\ 0 & 0 & \sqrt{\lambda_3} \end{bmatrix} \begin{bmatrix} x \\ y \\ z \end{bmatrix} \qquad (12.19)$$

A Eq. 12.19 descreve, portanto, as novas posições $(x_2 y_2 z_2)$ dos pontos de coordenadas iniciais (xyz) após a deformação por cisalhamento simples seguido de cisalhamento puro. Se a ordem das deformações for invertida, então, após a multiplicação das matrizes, obtém-se:

$$\begin{bmatrix} x_2 \\ y_2 \\ z_2 \end{bmatrix} = \begin{bmatrix} \sqrt{\lambda_1} & 0 & \gamma_x\sqrt{\lambda_3} \\ 0 & \sqrt{\lambda_2} & 0 \\ 0 & 0 & \sqrt{\lambda_3} \end{bmatrix} \begin{bmatrix} x \\ y \\ z \end{bmatrix}$$

(12.20)

12.6.2 Cisalhamento simples seguido de mudança de volume

Esse modelo é conhecido entre os geólogos como modelo de *transpressão-transtração* (Fig. 12.5). Em termos matemáticos, transpressão e transtração podem ser descritas, de forma adequada, como uma deformação por cisalhamento simples seguida de cisalhamento puro em um sistema de coordenadas cartesianas (XYZ). Na deformação por cisalhamento simples, o plano de cisalhamento coincide com o plano XZ das coordenadas cartesianas, e γ_x é paralelo ao eixo X. Essa deformação é seguida de cisalhamento puro, e, conforme a disposição dos eixos de alongamento e encurtamento, têm-se os modelos de transtração e transpressão. No caso da transtração, o alongamento $\sqrt{\lambda_1}$ é perpendicular à zona de cisalhamento (ou paralelo ao eixo Y das coordenadas), de modo a alargá-la, enquanto o encurtamento $\sqrt{\lambda_3}$ é paralelo ao eixo Z. Na transpressão, o encurtamento $\sqrt{\lambda_3}$ é perpendicular à zona de cisalhamento, de modo a estreitá-la, enquanto o alongamento $\sqrt{\lambda_1}$ é paralelo ao eixo Z. Na transpressão, tem-se:

$$\begin{bmatrix} x_2 \\ y_2 \\ z_2 \end{bmatrix} = \begin{bmatrix} 1 & 0 & 0 \\ 0 & \sqrt{\lambda_3} & 0 \\ 0 & 0 & \sqrt{\lambda_1} \end{bmatrix} \begin{bmatrix} 1 & \gamma_x & 0 \\ 0 & 1 & 0 \\ 0 & 0 & 1 \end{bmatrix} \begin{bmatrix} x \\ y \\ z \end{bmatrix}$$

(12.21)

E, após a multiplicação das matrizes:

$$\begin{bmatrix} x_2 \\ y_2 \\ z_2 \end{bmatrix} = \begin{bmatrix} 1 & \gamma_x & 0 \\ 0 & \sqrt{\lambda_3} & 0 \\ 0 & 0 & \sqrt{\lambda_1} \end{bmatrix} \begin{bmatrix} x \\ y \\ z \end{bmatrix}$$

(12.22)

No caso de transtração, tem-se:

$$\begin{bmatrix} x_2 \\ y_2 \\ z_2 \end{bmatrix} = \begin{bmatrix} 1 & \gamma_x & 0 \\ 0 & \sqrt{\lambda_1} & 0 \\ 0 & 0 & \sqrt{\lambda_3} \end{bmatrix} \begin{bmatrix} x \\ y \\ z \end{bmatrix}$$

(12.23)

O modelo de cisalhamento puro acima pressupõe que o eixo X é um eixo de não deformação, havendo modificações apenas em Y e Z.

12.6.3 Deformação sequencial envolvendo rotação

No estudo de deformações superpostas, a posição espacial de um sistema de coordenadas que descreve um modelo ou fase de deformação pode não coincidir com os eixos cartesianos de outra fase. Nesse caso haverá necessidade de se distinguirem os sistemas de coordenadas, por exemplo, (XYX) e (X'Y'Z'), sendo possível descrever as coordenadas em relação a um único sistema, utilizando-se as matrizes de rotação tridimensional anteriormente discutidas.

A seguir, será examinado um caso prático que envolve cisalhamento simples no sistema de coordenadas (X'Y'Z') seguido de cisalhamento puro no sistema de coordenadas (XYZ), em que as coordenadas Z e Z' coincidem. O ângulo de rotação x'x e y'y das coordenadas é igual a w (Fig. 12.6).

A deformação por cisalhamento simples no sistema de coordenadas (X'Y'Z') desloca os pontos de coordenadas (x',y',z') para uma nova posição (x'_1, y'_1, z'_1) por meio da seguinte relação linear:

$$\begin{bmatrix} x'_1 \\ y'_1 \\ z'_1 \end{bmatrix} = \begin{bmatrix} 1 & 0 & \gamma \\ 0 & 1 & 0 \\ 0 & 0 & 1 \end{bmatrix} \begin{bmatrix} x' \\ y' \\ z' \end{bmatrix} \quad (12.24)$$

Fig. 12.5 O modelo de transpressão--transtração
Fonte: Sanderson e Marchini (1984).

As coordenadas (x'_1, y'_1, z'_1) deverão agora ser expressas no sistema de coordenadas (XYZ) por meio da matriz de rotação anti-horária (Eq. 12.4):

$$\begin{bmatrix} x_1 \\ y_1 \\ z_1 \end{bmatrix} = \begin{bmatrix} \cos w & -\sen w & 0 \\ \sen w & \cos w & 0 \\ 0 & 0 & 1 \end{bmatrix} \begin{bmatrix} x'_1 \\ y'_1 \\ z'_1 \end{bmatrix} \quad (12.25)$$

Substituindo-se a Eq. 12.20 na Eq. 12.21, obtém-se:

$$\begin{bmatrix} x_1 \\ y_1 \\ z_1 \end{bmatrix} = \begin{bmatrix} \cos w & -\sen w & 0 \\ \sen w & \cos w & 0 \\ 0 & 0 & 1 \end{bmatrix} \begin{bmatrix} 1 & 0 & \gamma \\ 0 & 1 & 0 \\ 0 & 0 & 1 \end{bmatrix} \begin{bmatrix} x' \\ y' \\ z' \end{bmatrix} \quad (12.26)$$

Que, após a multiplicação, fornece:

$$\begin{bmatrix} x_1 \\ y_1 \\ z_1 \end{bmatrix} = \begin{bmatrix} \cos w & -\sen w & \gamma \cos w \\ \sen w & \cos w & \gamma \sen w \\ 0 & 0 & 1 \end{bmatrix} \begin{bmatrix} x' \\ y' \\ z' \end{bmatrix} \quad (12.27)$$

A seguir, superpõe-se o cisalhamento puro no sistema de coordenadas (XYZ), por meio do qual os pontos de coordenadas (x_1, y_1, z_1) se deslocam para uma nova posição (x_2, y_2, z_2), ou seja:

$$\begin{bmatrix} x_2 \\ y_2 \\ z_2 \end{bmatrix} = \begin{bmatrix} \sqrt{\lambda_1} & 0 & 0 \\ 0 & \sqrt{\lambda_2} & 0 \\ 0 & 0 & \sqrt{\lambda_3} \end{bmatrix} \begin{bmatrix} x' \\ y' \\ z' \end{bmatrix} \quad (12.28)$$

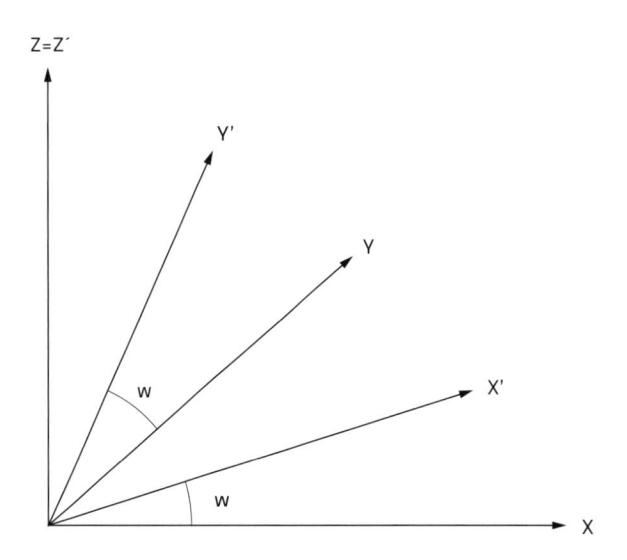

Fig. 12.6 Relação espacial entre os sistemas de coordenadas (XYZ) e (X'Y'Z'), nos quais os eixos Z e Z' coincidem. O ângulo de rotação das coordenadas (X'X) e (Y'Y) é igual a w

E, substituindo-se a Eq. 12.27 na Eq. 12.28:

$$\begin{bmatrix} x_2 \\ y_2 \\ z_2 \end{bmatrix} = \begin{bmatrix} \sqrt{\lambda_1} & 0 & 0 \\ 0 & \sqrt{\lambda_2} & 0 \\ 0 & 0 & \sqrt{\lambda_3} \end{bmatrix} \begin{bmatrix} \cos w & -\sin w & \gamma \cos w \\ \sin w & \cos w & \gamma \sin w \\ 0 & 0 & 1 \end{bmatrix} \begin{bmatrix} x' \\ y' \\ z' \end{bmatrix} \quad (12.29)$$

Que, após a multiplicação das matrizes, fornece:

$$\begin{bmatrix} x_2 \\ y_2 \\ z_2 \end{bmatrix} = \begin{bmatrix} \sqrt{\lambda_1} \cos w & -\sqrt{\lambda_1} \sin w & \gamma\sqrt{\lambda_1} \cos w \\ \sqrt{\lambda_1} \sin w & \sqrt{\lambda_2} \cos w & \gamma\sqrt{\lambda_2} \sin w \\ 0 & 0 & \sqrt{\lambda_3} \end{bmatrix} \begin{bmatrix} x' \\ y' \\ z' \end{bmatrix} \quad (12.30)$$

Essa equação fornece a posição final (x_2, y_2, z_2) dos pontos do corpo deformado no sistema (XYZ) em função das coordenadas iniciais desses pontos, referidas ao sistema (X'Y'Z').

Invertendo-se a ordem de deformação, isto é, cisalhamento puro no sistema de coordenadas (X'Y'Z') seguido por cisalhamento simples horário no sistema (XYZ), obtém-se, pelo mesmo procedimento:

$$\begin{bmatrix} x_2 \\ y_2 \\ z_2 \end{bmatrix} = \begin{bmatrix} \sqrt{\lambda_1} \cos w & -\sqrt{\lambda_1} \sin w & \gamma\sqrt{\lambda_3} \\ \sqrt{\lambda_1} \sin w & \sqrt{\lambda_2} \cos w & 0 \\ 0 & 0 & \sqrt{\lambda_3} \end{bmatrix} \begin{bmatrix} x' \\ y' \\ z' \end{bmatrix} \quad (12.31)$$

Desejando-se expressar as coordenadas finais (x',y',z') de um ponto em relação ao sistema de coordenadas (XYZ), deve-se usar a matriz de rotação horária (Eq. 12.5), ou seja:

$$\begin{bmatrix} x' \\ y' \\ z' \end{bmatrix} = \begin{bmatrix} \cos w & \sin w & 0 \\ -\sin w & \cos w & 0 \\ 0 & 0 & 1 \end{bmatrix} \begin{bmatrix} x \\ y \\ z \end{bmatrix} \quad (12.32)$$

E, substituindo-se na Eq. 12.31:

$$\begin{bmatrix} x_2 \\ y_2 \\ z_2 \end{bmatrix} = \begin{bmatrix} \sqrt{\lambda_1} \cos w & -\sqrt{\lambda_1} \sin w & \gamma\sqrt{\lambda_1} \cos w \\ \sqrt{\lambda_1} \sin w & \sqrt{\lambda_2} \cos w & \gamma\sqrt{\lambda_2} \sin w \\ 0 & 0 & 1 \end{bmatrix} \begin{bmatrix} \cos w & \sin w & 0 \\ -\sin w & \cos w & 0 \\ 0 & 0 & 1 \end{bmatrix} \begin{bmatrix} x \\ y \\ z \end{bmatrix} \quad (12.33)$$

E, após a multiplicação das matrizes e a simplificação dos termos:

$$\begin{bmatrix} x_2 \\ y_2 \\ z_2 \end{bmatrix} = \begin{bmatrix} \sqrt{\lambda_1} & 0 & \gamma\sqrt{\lambda_1} \cos w \\ 0 & \sqrt{\lambda_2} & \gamma\sqrt{\lambda_2} \sin w \\ 0 & 0 & \sqrt{\lambda_3} \end{bmatrix} \begin{bmatrix} x \\ y \\ z \end{bmatrix} \quad (12.34)$$

Essa matriz fornece a posição final (x_2, y_2, z_2) dos pontos do corpo deformado em função das coordenadas iniciais dele, porém agora no sistema (XYZ).

Invertendo-se a ordem de deformação, isto é, o cisalhamento puro no sistema (X'Y'Z') antecedendo a deformação por cisalhamento simples no sistema (XYZ), e tomando-se a Eq. 12.30, tem-se:

$$\begin{bmatrix} x_2 \\ y_2 \\ z_2 \end{bmatrix} = \begin{bmatrix} \sqrt{\lambda_1} & 0 & \gamma\sqrt{\lambda_3}\cos w \\ 0 & \sqrt{\lambda_2} & \gamma\sqrt{\lambda_3}\sen w \\ 0 & 0 & \sqrt{\lambda_3} \end{bmatrix} \begin{bmatrix} x \\ y \\ z \end{bmatrix} \quad (12.35)$$

Tome-se um exemplo numérico no qual $\sqrt{\lambda_1} = 1,5$, $\sqrt{\lambda_2} = 0,9$, $\sqrt{\lambda_3} = 0,74$, $\gamma = 2,0$ e $w = 60$. No primeiro caso, em que o cisalhamento simples precede o cisalhamento puro (Eq. 12.34):

$$\begin{bmatrix} x_2 \\ y_2 \\ z_2 \end{bmatrix} = \begin{bmatrix} 1,5 & 0 & 1,5 \\ 0 & 0,9 & 1,56 \\ 0 & 0 & 0,74 \end{bmatrix} \begin{bmatrix} x \\ y \\ z \end{bmatrix} \quad (12.36)$$

Nessa equação, as coordenadas (x,y,z) dos pontos no estado inicial de deformação podem ser substituídas pelos seus respectivos valores, obtendo-se a posição final das coordenadas finais (x_2, y_2, z_2). Assim:

$$x_2 = 1,5x + 1,56z; \quad y_2 = 0,9y + 1,56z; \quad z_2 = 0,74z$$

Considerando-se um cubo inicial de 3 cm × 3cm no sistema de coordenadas XYZ, obtém-se, pela repetida aplicação da Eq. 12.19, a Tab. 12.1.

Tab. 12.1 Transformação de coordenadas

X	Y	Z	X_2	Y_2	Z_2
3	3	3	9	7,38	2,22
0	3	3	4,5	7,38	2,22
0	0	3	4,5	4,68	2,22
3	0	3	9	4,68	2,22
3	3	0	4,5	2,7	0
0	3	0	0	2,7	0
3	0	0	4,5	0	0
0	0	0	0	0	0

No segundo caso, no qual o cisalhamento puro precede o cisalhamento simples (Eq. 12.35):

$$\begin{bmatrix} x_2 \\ y_2 \\ z_2 \end{bmatrix} = \begin{bmatrix} 1,5 & 0 & 0,74 \\ 0 & 0,9 & 1,28 \\ 0 & 0 & 0,74 \end{bmatrix} \begin{bmatrix} x \\ y \\ z \end{bmatrix}$$

Donde:

$$x_2 = 1,5x + 0,746z; \quad y_2 = 0,9y + 1,28z; \quad z_2 = 0,74z$$

Tensões e deformações em Geologia

E, conforme feito anteriormente, obtém-se a Tab. 12.2.

Tab. 12.2 Transformação de coordenadas

X	Y	Z	X_2	Y_2	Z_2
3	3	3	6,72	6,54	2,22
0	3	3	2,22	6,54	2,22
0	0	3	2,22	3,84	2,22
3	0	3	6,72	3,84	2,22
3	3	0	4,5	2,7	0
0	3	0	0	2,7	0
3	0	0	4,5	0	0
0	0	0	0	0	0

A Fig. 12.7 mostra o aspecto de um cubo de 3 cm × 3 cm deformado por cisalhamento simples seguido de cisalhamento puro (B) e por cisalhamento puro seguido de cisalhamento simples (A)

Pode-se ainda obter as deformações para cada um dos planos XZ, XY e YZ em relação ao sistema de coordenadas (XYZ). A Fig. 12.8A mostra a deformação por cisalhamento simples seguido de cisalhamento puro nos planos XZ, XY e YZ, enquanto a Fig. 12.8B mostra a deformação por cisalhamento puro seguido de cisalhamento simples nos mesmos planos. No primeiro caso, as coordenadas do ponto 3,3,0 no plano XY, uma vez que z = 0, são dadas por:

$$x_2 = 1,5x = 4,5; \quad y_2 = 0,9y = 2,7; \quad e \quad z_2 = 0,74z = 0,0$$

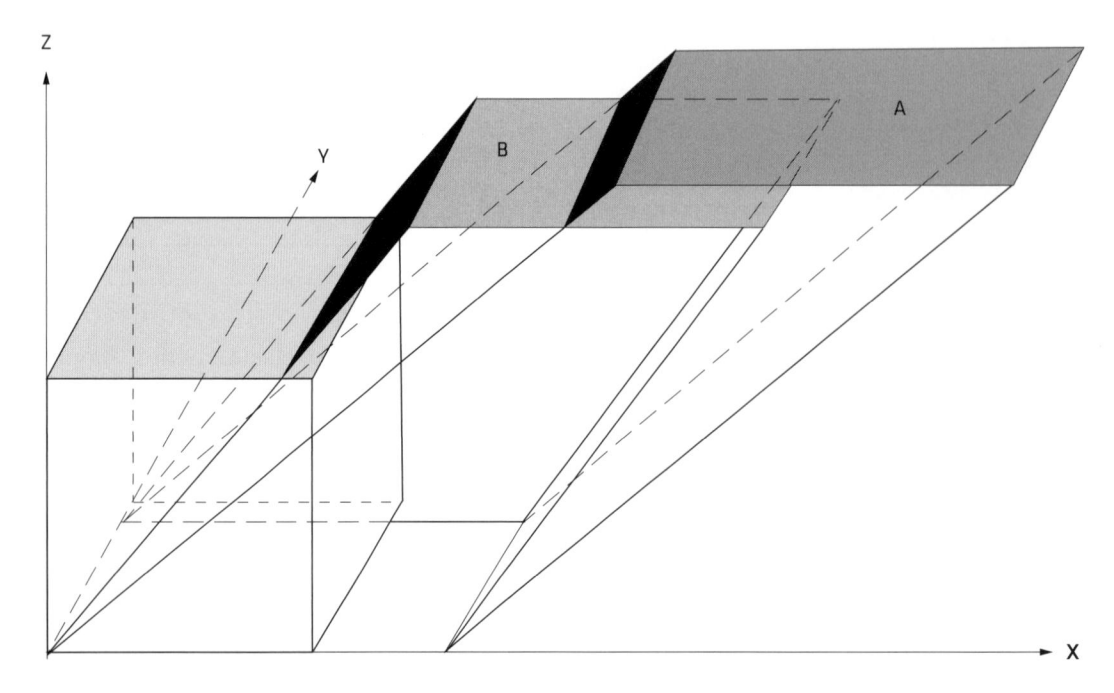

Fig. 12.7 Cubo deformado por cisalhamento simples seguido de cisalhamento puro (B) e por cisalhamento puro seguido de cisalhamento simples (A)

Procedendo-se da mesma forma para os demais planos, obtêm-se os resultados apresentados na Fig. 12.8.

12.7 O elipsoide de deformação

A equação de uma esfera de raio unitário e centro na origem das coordenadas cartesianas é igual a $x^2 + y^2 + z^2 = 1$. Nessa equação deverão ser inseridos os valores das deformações obtidas nas equações anteriormente analisadas. Entretanto, é necessário inverter as matrizes a fim de obter as expressões para as coordenadas iniciais (x,y,z).

A inversão de uma matriz pode ser feita levando-se em conta que a multiplicação de uma matriz pela sua inversa resulta em uma matriz unidade. Tomando-se a Eq. 12.35 e considerando-se sua inversa, constituída pelos coeficientes a, b, c, ..., i, tem-se:

$$\begin{bmatrix} \sqrt{\lambda_1} & 0 & \gamma\sqrt{\lambda_1}\cos w \\ 0 & \sqrt{\lambda_2} & \gamma\sqrt{\lambda_2}\sen w \\ 0 & 0 & \sqrt{\lambda_3} \end{bmatrix} \begin{bmatrix} a & b & c \\ d & e & f \\ g & h & i \end{bmatrix} = \begin{bmatrix} 1 & 0 & 0 \\ 0 & 1 & 0 \\ 0 & 0 & 1 \end{bmatrix} \quad (12.37)$$

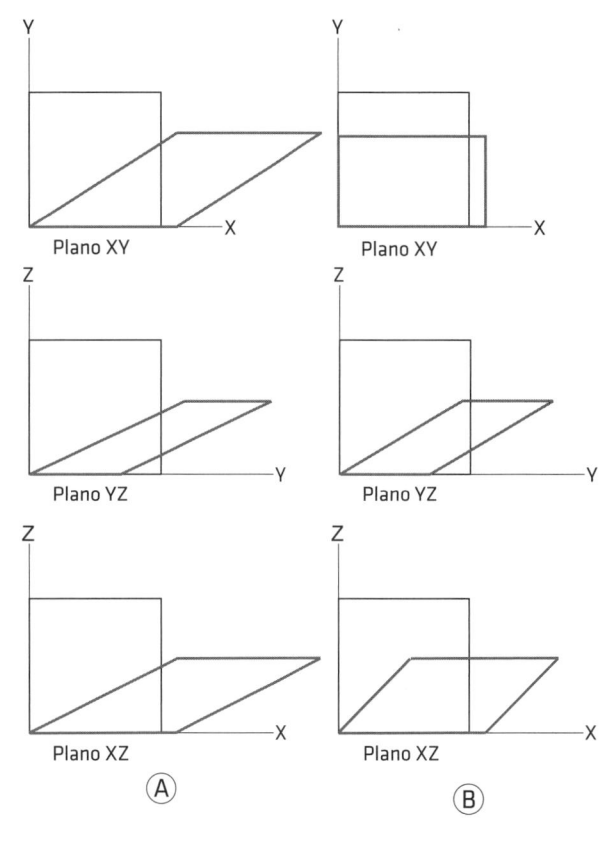

Fig. 12.8 Deformação de um cubo por cisalhamento simples seguido de cisalhamento puro (A) e por cisalhamento puro seguido de cisalhamento simples (B). A figura mostra as seções do cubo deformado nos planos XY, YZ e XZ

Efetuando-se a multiplicação, obtêm-se os seguintes termos da matriz:

$$a_{11} = a\sqrt{\lambda_1} + g\gamma\sqrt{\lambda_1}\cos w$$
$$a_{12} = b\sqrt{\lambda_1} + h\gamma\sqrt{\lambda_1}\cos w$$
$$a_{13} = c\sqrt{\lambda_1} + i\gamma\sqrt{\lambda_2}\cos w$$
$$a_{21} = d\sqrt{\lambda_2} + g\gamma\sqrt{\lambda_2}\sen w$$
$$a_{22} = e\sqrt{\lambda_2} + h\gamma\sqrt{\lambda_2}\sen w$$
$$a_{23} = f\sqrt{\lambda_2} + i\gamma\sqrt{\lambda_2}\sen w$$
$$a_{31} = g\sqrt{\lambda_3}$$
$$a_{32} = h\sqrt{\lambda_3}$$
$$a_{33} = i\sqrt{\lambda_3}$$

Comparando-se os termos da matriz da esquerda com a da direita (matriz unidade), têm-se:

$$a\sqrt{\lambda_1} + g\gamma\sqrt{\lambda_1}\cos w = 1$$
$$b\sqrt{\lambda_1} + h\gamma\sqrt{\lambda_1}\cos w = 0$$
$$c\sqrt{\lambda_2} + i\gamma\sqrt{\lambda_2}\cos w = 0$$
$$d\sqrt{\lambda_2} + g\gamma\sqrt{\lambda_2}\sen w = 0$$
$$e\sqrt{\lambda_2} + h\gamma\sqrt{\lambda_2}\sen w = 1$$

$$f\sqrt{\lambda_2} + i\gamma\sqrt{\lambda_2}\, \text{sen}\, w = 0$$
$$g\sqrt{\lambda_3} = 0$$
$$h\sqrt{\lambda_3} = 0$$
$$i\sqrt{\lambda_3} = 1$$

Resolvendo-se esse sistema de equações, obtêm-se todos os coeficientes de a até i, ou seja:

$$a = \frac{1}{\sqrt{\lambda_1}};\quad b = 0;\quad c = -\gamma \cos\frac{w}{\sqrt{\lambda_3}};\quad d = 0;\quad e = \frac{1}{\sqrt{\lambda_2}};\quad f = -\gamma\, \text{sen}\,\frac{w}{\sqrt{\lambda_3}};\quad g = 0;\quad h = 0;\quad i = \frac{1}{\sqrt{\lambda_3}}$$

A matriz inversa da matriz (Eq. 12.35) é, portanto:

$$\begin{bmatrix} 1/\sqrt{\lambda_1} & 0 & -\gamma\cos w/\sqrt{\lambda_3} \\ 0 & 1/\sqrt{\lambda_2} & -\gamma\,\text{sen}\, w/\sqrt{\lambda_3} \\ 0 & 0 & 1/\sqrt{\lambda_3} \end{bmatrix} \quad (12.38)$$

Levando-se em conta a Eq. 12.19 e multiplicando-se ambos os termos pela matriz inversa, obtém-se:

$$\begin{bmatrix} x \\ y \\ z \end{bmatrix} = \begin{bmatrix} 1/\sqrt{\lambda_1} & 0 & -\gamma\cos w/\sqrt{\lambda_3} \\ 0 & 1/\sqrt{\lambda_2} & -\gamma\,\text{sen}\, w/\sqrt{\lambda_3} \\ 0 & 0 & 1/\sqrt{\lambda_3} \end{bmatrix} \begin{bmatrix} x_1 \\ y_1 \\ z_1 \end{bmatrix} \quad (12.39)$$

Os valores de x, y e z assim obtidos, substituídos na equação da esfera, fornecem a equação do elipsoide de deformação.

Para tornar genérica a solução da equação do elipsoide de deformação, a Eq. 12.39 pode ser substituída por uma da forma:

$$\begin{bmatrix} x \\ y \\ z \end{bmatrix} = \begin{bmatrix} B_{11} & B_{12} & B_{13} \\ B_{21} & B_{22} & B_{23} \\ B_{31} & B_{32} & B_{33} \end{bmatrix} \begin{bmatrix} x_1 \\ y_1 \\ z_1 \end{bmatrix} \quad (12.40)$$

Colocando-se os valores de x, y e z obtidos na equação da esfera, efetuando-se as multiplicações e reagrupando-se os termos, tem-se, após se trocar x_1, y_1, z_1, respectivamente, por x, y, z:

$$(B_{11}^2 + B_{21}^2 + B_{31}^2)x^2 + (B_{12}^2 + B_{22}^2 + B_{32}^2)y^2 + (B_{13}^2 + B_{23}^2 + B_{33}^2)z^2 + 2(B_{11}B_{12} + B_{21}B_{22} + B_{31}B_{32})xy$$
$$+ 2(B_{11}B_{13} + B_{21}B_{23} + B_{31}B_{33})xz + 2(B_{12}B_{13} + B_{22}B_{23} + B_{32}B_{33})yz = 1 \quad (12.41)$$

Essa equação pode ser reescrita de forma mais simples:

$$ax^2 + by^2 + cz^2 + 2dxy + 2exz + 2fyz = 1 \quad (12.42)$$

A equação anterior descreve um elipsoide com centro na origem das coordenadas e eixos inclinados em relação ao mesmo sistema de coordenadas.

Para a determinação dos coeficientes e das orientações dos eixos principais do elipsoide, pode-se determinar os autovalores e os respectivos autovetores conforme o procedimento utilizado na análise bidimensional. Assim, a equação do elipsoide (Eq. 12.42), na sua forma matricial, corresponde a:

$$\begin{bmatrix} x & y & z \end{bmatrix} \begin{bmatrix} a & d & e \\ d & b & f \\ e & f & c \end{bmatrix} \begin{bmatrix} x \\ y \\ z \end{bmatrix} = 1 \qquad (12.43)$$

Os coeficientes a, b, c etc. são definidos pela comparação entre as Eqs. 12.41, 12.42 e 12.43. Com base na Eq. 12.43, segundo o procedimento normal para a determinação dos autovalores, têm-se:

$$\det \left\{ \begin{bmatrix} a & d & e \\ d & b & f \\ e & f & c \end{bmatrix} - \alpha \begin{bmatrix} 1 & 0 & 0 \\ 0 & 1 & 0 \\ 0 & 0 & 1 \end{bmatrix} \right\} = 0$$

$$\begin{bmatrix} a-\alpha & d & e \\ d & b-\alpha & f \\ e & f & c-\alpha \end{bmatrix} = 0$$

Aplicando-se a regra de Sarrus, calcula-se o determinante da matriz acima, cuja equação característica, que fornece os autovalores, é da forma:

$$\alpha^3 - (a+b+c)\alpha^2 + (ab+ac+bc-d^2-e^2-f^2)\alpha + af^2 + be^2 + cd^2 - abc - 2def = 0 \qquad (12.44)$$

As três raízes da equação cúbica (αi, αii e αiii) fornecem as extensões paralelas aos eixos X, Y e Z, respectivamente, conforme Gould (1967). Os eixos do elipsoide de deformação coincidem com os autovetores que pertencem aos três autovalores.

Usando-se a Eq. 12.39 para exemplificar uma aplicação numérica, têm-se, por comparação entre as Eqs. 12.39, 12.40 e 12.42:

$$a = B_{11}^2 + B_{21}^2 + B_{31}^2 = \left(1/\sqrt{\lambda_1}\right)^2 = 0,44$$

$$b = B_{12}^2 + B_{22}^2 + B_{32}^2 = \left(1/\sqrt{\lambda_2}\right)^2 = 1,23$$

$$c = B_{13}^2 + B_{23}^2 + B_{33}^2 = \left(\gamma \cos w/\sqrt{\lambda_3}\right)^2 + \left(\gamma \sen w/\sqrt{\lambda_3}\right)^2 + \left(1/\sqrt{\lambda_3}\right)^2 = 9,13$$

$$d = B_{11}B_{12} + B_{21}B_{22} + B_{31}B_{32} = 0$$

$$e = B_{11}B_{13} + B_{21}B_{23} + B_{31}B_{33} = \left(1/\sqrt{\lambda_1}\right)\left(-\gamma \cos w/\sqrt{\lambda_3}\right) = -0,90$$

$$f = B_{12}B_{13} + B_{22}B_{23} + B_{32}B_{33} = \left(1/\sqrt{\lambda_2}\right)\left(-\gamma \sen w/\sqrt{\lambda_3}\right) = -2,60$$

A equação do elipsoide é dada pela Eq. 12.44, e, assim, substituindo-se os termos a, b, c, d, e, f, obtém-se:

$$\alpha^3 - 10,8\alpha^2 + 8,22\alpha - 0,94 = 0$$

As raízes dessa equação são:

$$\alpha i = 9,99; \quad \alpha ii = 0,68; \quad e \quad \alpha iii = 0,147$$

De acordo com Ferguson (1988) e Gould (1967), os autovalores definem os comprimentos dos eixos do elipsoide, enquanto os autovetores definem as inclinações desses eixos.

Colocando-se os valores correspondentes de a, b, c, d, e, f na Eq. 12.43, tem-se:

$$\begin{bmatrix} 0,44 & 0 & -0,90 \\ 0 & 1,23 & -2,60 \\ -0,90 & -2,60 & 9,13 \end{bmatrix}$$

E fazendo-se:

$$\begin{bmatrix} 0,44 - \alpha_i & 0 & -0,90 \\ 0 & 1,23 - \alpha_i & -2,60 \\ -0,90 & -2,60 & 9,13 - \alpha_i \end{bmatrix} \begin{bmatrix} x \\ y \\ z \end{bmatrix} = \begin{bmatrix} 0 \\ 0 \\ 0 \end{bmatrix}$$

Obtém-se, com $\alpha i = 9,99$:

$$\begin{bmatrix} -9,55 & 0 & -0,90 \\ 0 & -8,76 & -2,60 \\ -0,90 & -2,60 & -0,86 \end{bmatrix} \begin{bmatrix} x \\ y \\ z \end{bmatrix} = \begin{bmatrix} 0 \\ 0 \\ 0 \end{bmatrix}$$

E, portanto:

$$-9,55x - 0,90z = 0$$
$$-8,76y - 2,60z = 0$$
$$-0,90x - 2,60y - 0,86z = 0$$

Com base no que, fazendo-se $x_1 = 1$, obtêm-se:

$$y_1 = -3,15 \quad e \quad z_1 = -10,61$$

Para $\alpha ii = 0,68$, pelo mesmo procedimento obtém-se:

$$x_2 = 1; \quad y_2 = -1,28; \quad z_2 = -0,27$$

E para $\alpha iii = 0{,}147$, têm-se:

$$x_3 = 1; \quad y_3 = 0{,}77; \quad z_3 = 0{,}32$$

O valor de x foi arbitrariamente tomado como 1.

Em suma, para o autovalor $\alpha i = 9{,}99$, obtiveram-se os autovetores $x_1 = 1$, $y_1 = -3{,}15$ e $z_1 = -10{,}61$; para o autovalor $\alpha ii = 0{,}68$, obtiveram-se os autovetores $x_2 = 1$, $y_2 = -1{,}28$ e $z_2 = -0{,}27$; e para o autovalor $\alpha iii = 0{,}147$, os autovetores $x_3 = 1$, $y_3 = 0{,}77$ e $z_3 = 0{,}32$. Esses valores definem os comprimentos e as posições espaciais dos três eixos do elipsoide de deformação.

Parte III | Tensões e deformações no campo elástico

capítulo 13
Tensões e deformações no campo elástico

A descrição dos campos de tensão e das deformações associadas, equações gerais de tensão e de deformação, deformação devido à carga litostática, efeitos da pressão confinante, tensão diferencial, energia da deformação elástica, casos especiais e materiais isotrópicos e ortotrópicos são assuntos a serem tratados neste capítulo.

Como é de conhecimento geral, as estruturas geológicas presentes em uma determinada região ou dentro de um dado volume de rocha representam a expressão das tensões e das deformações a que foram submetidas em um determinado momento. Há uma vasta variedade de estruturas, cujas formas podem ser descritas pelas variações geométricas que acompanham o processo de deformação.

Dessa forma, é possível afirmar que as estruturas representam a expressão direta das deformações, e a definição da geometria dessas estruturas é um dos primeiros alvos do geólogo estruturalista. A definição dessa geometria baseia-se normalmente em informações qualitativas, como, por exemplo, indicadores cinemáticos, perfis e elementos geométricos de dobras, tipos e graus de desenvolvimento de foliações e lineações, densidade do fraturamento, distribuição de polos de estruturas planares, movimentos aparentes de falhas, entre outros. Na maioria dos casos, os trabalhos não avançam além do conhecimento da geometria.

Embora a curiosidade instigue explicações mecânicas sobre as estruturas, raramente esse tipo de interpretação é feito. A razão é que faltam informações acerca das forças atuantes e de suas concentrações no momento da deformação. São informações difíceis de serem obtidas. Em primeiro lugar porque as estruturas formadas são manifestações de deformações que se desenvolveram progressivamente em períodos normalmente longos de tempo, e as tensões provavelmente mudaram durante essa história deformacional.

Em segundo lugar, ao contrário da deformação finita, as tensões não podem ser medidas diretamente, tendo que ser inferidas com base nas deformações que elas próprias produziram. Entretanto, a dedução das tensões com base nas deformações registradas nas rochas não é uma tarefa trivial, uma vez que requer o conhecimento das propriedades mecânicas das rochas no momento da deformação.

A compreensão das propriedades mecânicas das rochas passa pela necessidade de compreender as relações entre tensões e deformações em um corpo. Submetido a um campo de tensões, um corpo muda de forma com um encurtamento na direção da maior tensão aplicada e um alongamento na direção de menor tensão.

Mudanças na direção intermediária podem ser positivas (alongamentos), negativas (encurtamentos) e nulas. Em materiais elásticos, essas deformações, tanto de alongamento como de encurtamento, são muito pequenas (menos que 1%), porém, o que é muito importante, são linearmente relacionadas às tensões. Para a adequada descrição dessa relação de linearidade é necessário o conhecimento de dois parâmetros: o *módulo de Young* ou *módulo de Elasticidade*, descrito pela lei de Hooke, e o *coeficiente de Poisson*.

13.1 Lei de Hooke

Em 1660, o físico inglês R. Hooke (1635–1703), observando o comportamento mecânico de uma mola, descobriu que as deformações elásticas obedecem a uma lei muito simples, a de que quanto maior for o peso de um corpo suspenso a uma das extremidades de uma mola presa a um suporte fixo, maior será a deformação sofrida pela mola (aumento de comprimento).

Analisando outros sistemas elásticos, Hooke verificou que existia sempre proporcionalidade entre a força deformante e a deformação elástica produzida, enunciando o resultado das suas observações sob a forma de uma lei geral. Tal lei, que é conhecida atualmente como *lei de Hooke*, foi publicada em 1678 e é dada pela seguinte equação:

$$\Delta l = \frac{F l_0}{AE} \tag{13.1}$$

Em que F corresponde à força que produz a distensão, l_0 é o comprimento inicial da barra, A é a área da seção perpendicular da barra, Δl é o alongamento da barra, sendo igual a $(l_1 - l_0)$, e E é a constante elástica do material, chamada de módulo de tração ou, como é mais conhecida, *módulo de Young* ou, ainda, *módulo de elasticidade*.

Dessa forma, observa-se que o alongamento da barra é diretamente proporcional à força de tração axial e ao comprimento da barra e inversamente proporcional à área da seção transversal e ao módulo de elasticidade.

A força por unidade de área é chamada de tensão σ e é dada por:

$$\sigma_x = \frac{F}{A} \tag{13.2}$$

O subscrito x indica o eixo das ordenadas em que a tensão é aplicada.

O alongamento e da barra por unidade de comprimento é dado por:

$$e = \frac{\Delta l}{l_0} \tag{13.3}$$

Empregando-se as equações acima, a lei de Hooke pode ser representada da seguinte forma:

$$E = \frac{\sigma_x}{e} \tag{13.4}$$

Essa equação mostra que o módulo de elasticidade é igual à tensão dividida pelo alongamento relativo. As equações anteriores podem também ser usadas para o caso de compressão de barras prismáticas. Nesses casos, Δl denotará o encurtamento longitudinal total, e a deformação por compressão e σ_x a tensão de compressão na direção X do sistema de coordenadas.

O alongamento e é adimensional, de modo que o valor de E deverá ter as mesmas dimensões da tensão σ_x (ou seja, bar ou MPa). Segundo Price e Cosgrove (1994), a resistência à tração uniaxial de sólidos ideais é $T \cong E/10$. Para muitas rochas resistentes, $E \cong 10^6$ bar ou 100 GPa, de modo que $T \cong 10^5$ bar ou 10 GPa.

No entanto, conforme Griffith (1920), deve-se ter em conta que a imensa discrepância entre valores teóricos e observados de resistência à tração de rochas resulta da intensa concentração local de tensões desenvolvidas nas extremidades de microfraturas.

O módulo de Young descreve, portanto, a razão entre a tensão e a deformação. Pode-se fazer também, com base na definição básica de tensão e de deformação de uma linha:

$$E = \frac{F/A}{\Delta l/l_0} = \frac{F l_0}{A \Delta l}$$

A lei de Hooke pode ser utilizada desde que o limite elástico do material não seja excedido, ou seja, a proporcionalidade entre a força de tração e o alongamento só existe até um certo valor limite da tensão de tração, chamado de limite de proporcionalidade, que depende das propriedades do material.

Além desse limite, a relação de proporcionalidade deixa de ser definida (embora o corpo volte ao seu comprimento inicial após remoção da respectiva força) e a relação entre alongamento e tensão de tração torna-se mais complicada, devendo ser analisada em gráficos de ensaios de tensão/deformação. Diagramas desse tipo são normalmente empregados para a compreensão de pontos característicos na deformação dos materiais, tais como o limite de proporcionalidade, o limite de escoamento e a tensão de ruptura.

13.2 Deformação longitudinal e de cisalhamento infinitesimais

No Cap. 8, foram vistas as Eqs. 8.6 e 8.41, abaixo reproduzidas:

$$\lambda = \frac{\lambda_1 + \lambda_3}{2} + \frac{\lambda_1 - \lambda_3}{2} \cos 2\theta$$

$$\gamma = \frac{1}{\sqrt{\lambda_1 \lambda_3}} \left(\frac{\lambda_1 - \lambda_3}{2} \right) \operatorname{sen} 2\theta$$

Nessas equações, o ângulo θ é formado por uma linha qualquer e o eixo de máxima extensão $\sqrt{\lambda_1}$ antes da deformação. Para deformações infinitesimais, as extensões são muito pequenas, de modo que os termos elevados ao quadrado são de magnitudes negligenciáveis. Dessa forma, a elongação quadrática λ, definida como $(1+e)^2 = 1 + 2e + e^2$, pode ser simplificada para:

$$\lambda = 1 + 2e \tag{13.5}$$

Substituindo-se os valores de λ, λ_1 e λ_3 na Eq. 8.6 e rearranjando-se os termos, obtém-se:

$$e = \frac{e_1 + e_3}{2} + \frac{e_1 - e_3}{2} \cos 2\theta \tag{13.6}$$

O termo $1/\sqrt{\lambda_1 \lambda_3}$ na Eq. 8.41 aproxima-se do valor unitário à medida que as extensões e_1 e e_3 aproximam-se de zero. Dessa forma, para deformações infinitesimais, essa equação se reduz a:

$$\frac{\gamma}{2} = \left(\frac{e_1 - e_3}{2}\right) \text{sen} \, 2\theta \tag{13.7}$$

As duas equações acima permitem determinar a elongação e a deformação cisalhante de uma linha situada a um ângulo θ em relação ao eixo de extensão máxima e_1, medido no estado indeformado.

A elongação de uma linha paralela ao eixo X do sistema de coordenadas (Fig. 13.1) é dada por:

$$e_x = \frac{e_1 + e_3}{2} + \frac{e_1 - e_3}{2} \cos 2\theta \tag{13.8}$$

Enquanto a elongação de uma linha na direção perpendicular ou paralela ao eixo Y é dada por:

$$e_y = \frac{e_1 + e_3}{2} - \frac{e_1 - e_3}{2} \cos 2\theta \tag{13.9}$$

A deformação cisalhante na direção do eixo X é dada por:

$$\frac{\gamma}{2} = \left(\frac{e_1 - e_3}{2}\right) \text{sen} \, 2\theta \tag{13.10}$$

Essas equações são idênticas às equações descritas no Cap. 2 que descrevem a tensão normal e a tensão cisalhante (Eqs. 2.16, 2.19 e 2.18), respectivamente, se os valores das tensões σ_1, σ_3, σ_x, σ_y e σ_{xy} forem substituídos pelas análogas quantidades de deformações infinitesimais e_1, e_3, e_x, e_y e $\gamma/2$. Deve-se destacar aqui a relação entre tensão e deformação cisalhante, ou seja:

$$\sigma_s = \frac{\gamma}{2} \tag{13.11}$$

Da mesma forma como feito para essas equações, pode-se definir as seguintes equações para a deformação infinitesimal, equivalentes às Eqs. 2.48 e 2.43 para as tensões.

$$e_1 \text{ ou } e_2 = \frac{1}{2}\left(e_x + e_y \pm \sqrt{(e_x - e_y)^2 + \gamma_{xy}^2}\right) \tag{13.12}$$

Essa equação fornece a elongação dos eixos principais da deformação infinitesimal.

A orientação do eixo e_1 é dada por (ver, por exemplo, a Eq. 2.50):

$$\text{tg} \, \theta_p = \frac{\gamma_{xy}}{2(e_1 - e_y)} \tag{13.13}$$

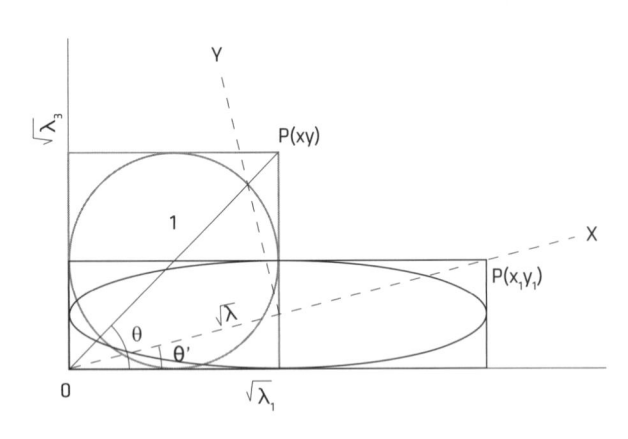

Fig. 13.1 Deformação de um quadrado inicial em um retângulo segundo os eixos de deformação $\sqrt{\lambda_1}$ e $\sqrt{\lambda_3}$. A extensão da linha OP, paralela ao eixo X do sistema de coordenadas, é igual a $\sqrt{\lambda}$

Enquanto a orientação do eixo e_2, perpendicular ao primeiro, é dada por (ver, por exemplo, a Eq. 2.51):

$$\text{tg}\,\theta = -\frac{2(e_1 - e_y)}{\gamma_{xy}}$$

13.3 Tensões em seções transversais

Representando-se por A a área da seção transversal normal ao eixo da barra e por θ o ângulo entre o eixo das abscissas e a normal n à seção transversal pq, a área da seção transversal pq será igual a A/cosθ, e a tensão S nessa seção será dada por (Fig. 13.2A):

$$S = \frac{F}{A/\cos\theta} = \frac{F\cos\theta}{A} \tag{13.14}$$

Tendo-se em conta a Eq. 13.2, tem-se:

$$S = \sigma_x \cos\theta \tag{13.15}$$

A equação mostra que a tensão S numa seção inclinada ao eixo da barra é menor que a tensão numa seção transversal normal da barra, e que esta diminui quando o ângulo θ aumenta. Para θ = 90°, a seção pq é paralela ao eixo da barra e a tensão S torna-se igual a zero.

A tensão S, definida pela Eq. 13.15, tem a direção da força F, mas não é perpendicular à seção transversal pq. Nesses casos, é comum decompor-se a tensão total em suas componentes perpendicular e paralela ao plano em análise. A componente perpendicular ao plano é chamada de tensão normal σ_n, e sua grandeza é dada por (Fig. 13.2B):

$$\sigma_n = S\cos\theta = \sigma_x \cos^2\theta \tag{13.16}$$

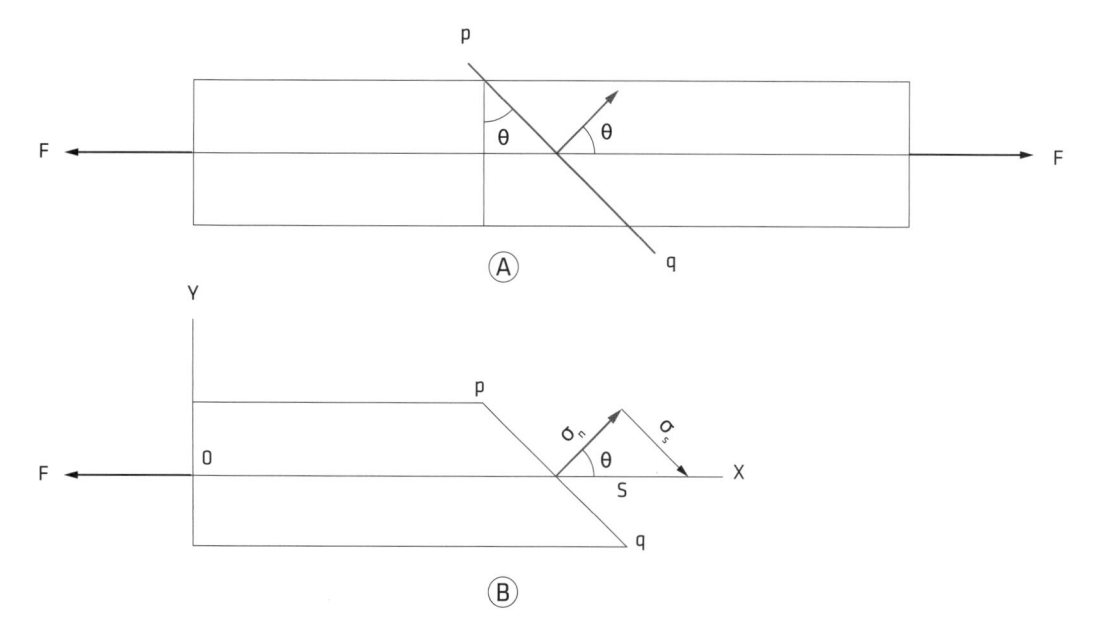

Fig. 13.2 (A) Barra submetida a um esforço de tração F paralelo ao seu eixo; (B) decomposição das tensões paralelamente e perpendicularmente ao plano da seção pq

A componente paralela é chamada de tensão de cisalhamento σ_s, e é dada por:

$$\sigma_s = S \operatorname{sen} \theta = \sigma_x \cos\theta \operatorname{sen}\theta \qquad (13.17)$$

A componente da tensão normal age sobre o plano pq no sentido de distensão na direção normal ao plano, enquanto as tensões de cisalhamento produzem deslizamento ao longo da seção pq, nesse caso, em sentido horário.

13.4 Tensões principais

Para tração ou compressão em duas direções ortogonais X e Y, uma das duas tensões (σ_x ou σ_y) é a tensão máxima, e a outra, a tensão mínima. Para todos os planos inclinados, como o plano pq na Fig. 13.2B, o valor da tensão normal σ_n está compreendido entre esses dois valores extremos. Ao mesmo tempo, atuam em todos os planos inclinados não somente as tensões normais, mas também tensões de cisalhamento σ_s.

As tensões σ_x e σ_y, que representam a tensão normal máxima e a tensão normal mínima, respectivamente, são chamadas de tensões principais, e os dois planos ortogonais em que essas tensões atuam são chamados de planos principais. Nesses planos principais, as tensões de cisalhamento são nulas.

Considere-se que as tensões atuantes num paralelepípedo retangular abcd estão representadas na Fig. 13.3A. As componentes das tensões σ_x e σ_y não são tensões principais, uma vez que, nos planos perpendiculares aos eixos X e Y, atuam tensões normais e tensões de cisalhamento.

Os pontos de interseção A e B do círculo com o eixo dos X definem as grandezas das tensões normais máxima e mínima, que são as tensões principais representadas por σ_1 e σ_3. Para a determinação das magnitudes das tensões principais pode-se fazer, tendo-se como base a Fig. 13.3B:

$$\sigma_1 = OA = OC + CA = \frac{\sigma_x + \sigma_y}{2} + \sqrt{\left(\frac{\sigma_x - \sigma_y}{2}\right)^2 + (\sigma_s)^2} \qquad (13.18)$$

$$\sigma_3 = OB = OC - CB = \frac{\sigma_x + \sigma_y}{2} - \sqrt{\left(\frac{\sigma_x - \sigma_y}{2}\right)^2 + (\sigma_s)^2} \qquad (13.19)$$

As direções das tensões principais também podem ser obtidas com base na Fig. 13.3A, fazendo-se:

$$\operatorname{tg} 2\theta = \frac{DE}{CE} = \frac{-2\sigma_s}{\sigma_x - \sigma_y} \qquad (13.20)$$

No caso do sentido de movimento anti-horário, o sinal do ângulo deverá ser tomado como negativo, e, no sentido horário, como positivo. A tensão de cisalhamento máxima é dada pelo comprimento do raio do círculo de tensões, ou seja:

$$\sigma_{s\max} = \frac{\sigma_1 - \sigma_3}{2} = \sqrt{\left(\frac{\sigma_x - \sigma_y}{2}\right)^2 + (\sigma_s)^2} \qquad (13.21)$$

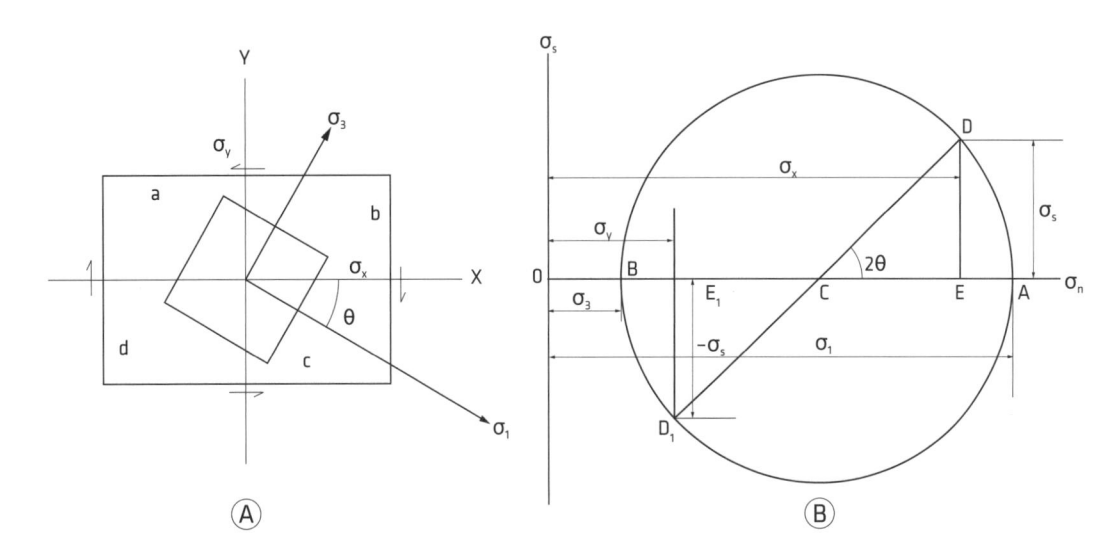

Fig. 13.3 Tensões atuantes em um paralelepípedo retangular (A) e círculo das tensões (B)

13.5 Tração ou compressão axial e o coeficiente de Poisson

Inúmeros experimentos mostram que o alongamento axial de uma barra é sempre acompanhado de sua contração lateral, de forma a preservar o volume do material ensaiado, em um efeito semelhante ao de se estirar uma borracha. Dessa forma, a razão contração lateral/alongamento axial é constante dentro dos limites elásticos do material. Essa constante é conhecida como *coeficiente de Poisson* e é representada pela letra grega ν.

$$\nu = \frac{-e_y}{e_x} \qquad (13.22)$$

Nunca é demais ressaltar que o coeficiente de Poisson mede a deformação transversal em relação à direção longitudinal de aplicação da carga em um material homogêneo e isotrópico. O coeficiente estabelecido não é entre tensão e deformação, como no caso do módulo de elasticidade, mas sim entre deformações ortogonais de um mesmo material.

O sinal negativo na equação do coeficiente de Poisson é adotado porque as deformações transversais e longitudinais possuem sinais contrários. Materiais convencionais contraem-se transversalmente quando tracionados longitudinalmente e se expandem transversalmente quando comprimidos longitudinalmente.

Dessa forma, na equação anterior, o sinal negativo indica que houve encurtamento do material na direção Y e alongamento na direção X. Em um material isotrópico, o encurtamento será o mesmo em qualquer direção perpendicular à direção de elongação ou ao eixo da barra. Colocando-se a barra em um sistema de coordenadas XYZ, com seu comprimento paralelo ao eixo X, a elongação segundo o eixo Y será balanceada pelas elongações nas direções Y e Z. Ou seja:

$$e_x = -(e_y + e_z) \qquad (13.23)$$

Nesse momento convém relembrar que encurtamentos representam elongações negativas, e alongamentos, elongações positivas. Se a barra fosse comprimida ou encurtada, esta iria se expandir nas direções dos eixos Y e Z e o sinal na Eq. 13.23 passaria a ser positivo.

Em um meio isotrópico, $e_y = e_z$, e, assim, pode-se fazer:

$$e_x = -2e_y \qquad (13.24)$$

Ou ainda:

$$0{,}5e_x = -e_y \qquad (13.25)$$

Na equação acima, a constante 0,5 corresponde à razão de Poisson, como pode ser verificado por comparação com a Eq. 13.22. O sinal negativo é normalmente omitido na razão de Poisson para rochas. Na Tab. 13.1 estão relacionados os módulos de elasticidade e o coeficiente de Poisson para algumas rochas.

Conhecendo-se o coeficiente de Poisson para um material, é possível calcular a dilatação Δ de uma barra sujeita à tração. O volume de um elipsoide infinitesimal obtido a partir de uma esfera de raio unitário é igual a $4\pi(1+e_1)(1+e_2)(1+e_3)/3 = 4\pi(1+e_1+e_2+e_3)/3$ (Ramsay, 1967). A mudança de volume ou a dilatação, desprezando-se termos como, por exemplo, e_1e_2 e $e_1e_1e_1$ por serem muito pequenos, é dada por:

$$(1+\Delta) = \frac{4\pi(1+e_1+e_2+e_3)/3 - 4\pi/3}{4\pi/3}$$

E, finalmente:

$$\Delta = e_1 + e_2 + e_3 \qquad (13.26)$$

Tendo-se em vista a Eq. 13.4, pode-se fazer:

$$E = \frac{\sigma_1}{e_1}$$

Donde:

$$e_1 = \frac{\sigma_1}{E}$$

Segundo Poisson (Eq. 13.22), tem-se:

$$\nu = \frac{-e_2}{e_1}$$

Substituindo-se nessa equação o valor de e_1 anteriormente determinado:

$$-e_2 = \frac{\sigma_1}{E}\nu$$

Como $e_2 = e_3$, substituindo-se na Eq. 13.26 obtém-se:

$$\Delta = \frac{\sigma_1}{E} - \frac{\sigma_1}{E}\nu - \frac{\sigma_1}{E}\nu$$

Tab. 13.1 Valores máximos e mínimos de constantes elásticas dos principais tipos de rocha. Os valores médios acham-se entre parênteses

Rocha sã	Módulo de elasticidade estático, E kg/cm² (×10⁵)	Coeficiente de Poisson
Andesito	3,0 - 4,0	0,23 - 0,32
Anfibolito	1,3 - 9,2	
Anidrito	0,15 - 7,6	
Arenito	0,3 - 6,1	0,1 - 0,4
		(0,24 - 0,31)
Basalto	3,2 - 1,0	0,19 - 0,38
		(0,25)
Calcário	1,5 - 9,0	0,12 - 0,33
	(2,9 - 6,0)	(0,25 - 0,30)
Quartzito	2,2 - 10	0,08 - 0,24
	(4,2 - 8,5)	(0,11 - 0,15)
Diabásio	6,9 - 9,6	0,28
Diorito	0,2 - 1,7	
Dolomita	0,4 - 5,1	0,29 - 0,34
Gabro	1 - 6,5	0,12 - 0,20
Gnaisse	1,7 - 8,1	0,08 - 0,40
	(5,3 - 5,5)	(0,20 - 0,30)
Xisto	0,6 - 3,9	0,01 - 0,31
	(2,0)	(0,12)
Granito	1,7 - 7,7	0,1 - 0,4
		(0,18 - 0,24)
Grauvaca	4,7 - 6,3	
Siltito	5,3 - 7,5	0,25
Folhelho	0,3 - 2,2	0,25 - 0,29
Marga	0,4 - 3,4	
Mármore	2,8 - 7,2	0,1 - 0,4
		(0,23)
Micaxisto	0,1 - 2,0	
Filito	0,5 - 3,0	
Sal	0,5 - 2,0	0,22
Turfa	0,3 - 7,6	0,24 - 0,29
Giz	1,5 - 3,6	

Fonte: Vallejo et al. (2002).

Donde:

$$\Delta = \frac{\sigma_1}{E}(1 - 2\nu)$$

Outra maneira de se chegar ao mesmo resultado é por meio das extensões (1 + e). O comprimento da barra cresce na proporção (1 + e), enquanto as dimensões laterais diminuem na proporção (1 - νe). Assim, a área da seção transversal diminui na proporção (1 - νe)². O volume da barra varia, portanto, na seguinte razão:

$$(1 + \Delta) = (1 + e)(1 - \nu e)^2 \tag{13.27}$$

Após a multiplicação, e desprezando-se os valores de e elevados ao quadrado e de multiplicações entre si por serem muito pequenos, o volume torna-se:

$$(1+\Delta) = (1+e-2\nu e) \tag{13.28}$$

Logo, a variação de volume é dada por:

$$\Delta = e(1-2\nu) \tag{13.29}$$

Ou ainda, substituindo-se a Eq. 13.4:

$$\Delta = \frac{\sigma_x}{E}(1-2\nu) \tag{13.30}$$

É improvável que qualquer material diminua de volume quando solicitado à tração; logo, ν, na equação acima, deverá ser menor que 0,5. Se não há mudança de volume, então $\nu = 0,5$. Quanto mais o coeficiente de Poisson se aproxima de 0,5, menos compressível é o material. Segundo Fossen (2012), a maioria das rochas apresenta valores de ν entre 0,2 e 0,33.

Para relacionar a mudança elástica de volume ou a dilatação Δ (Eq. 13.26) e o esforço médio ou hidrostático fornecido pela Eq. 2.88, utiliza-se o *módulo de compressibilidade* ou *módulo de elasticidade volumétrica* (K), ou seja:

$$\bar{\sigma} = K\Delta \tag{13.31}$$

Os módulos de elasticidade descritos são constantes em materiais isotrópicos, porém são variáveis em materiais anisotrópicos investigados pelos geólogos.

13.6 Tração ou compressão em duas direções ortogonais

Numa barra retangular submetida a forças de tração em duas direções ortogonais X e Y, o alongamento numa dessas direções depende não só da tensão de tração aplicada nessa direção, mas também da tensão atuante na direção perpendicular. Segundo a Eq. 13.4, o alongamento e_x na direção do eixo dos X devido à tensão de tração σ_x será igual a:

$$e_x = \frac{\sigma_x}{E}$$

Por sua vez, a tensão de tração σ_y, segundo Poisson (Eq. 13.22), produzirá uma extensão na direção Y e uma contração na direção X. Assim:

$$e_y = \frac{\sigma_y}{E}$$

Mas, segundo Poisson:

$$\nu = \frac{-e_x}{e_y}$$

O sinal negativo na equação anterior indica a contração na direção X. Substituindo-se essa equação na equação anterior, obtém-se:

$$-e_x = \nu \frac{\sigma_y}{E}$$

Se as tensões σ_x e σ_y atuarem simultaneamente, o alongamento relativo na direção X será igual a:

$$e_x = \frac{\sigma_x}{E} - \nu \frac{\sigma_y}{E} \tag{13.32}$$

Da mesma forma, para a direção Y tem-se:

$$e_y = \frac{\sigma_y}{E} - \nu \frac{\sigma_x}{E} \tag{13.33}$$

A contração da barra retangular na direção Z será igual a:

$$e_z = -\nu \frac{\sigma_x}{E} - \nu \frac{\sigma_y}{E} = -\frac{\nu}{E}(\sigma_x + \sigma_y) \tag{13.34}$$

No caso particular em que as trações nas duas direções são iguais ($\sigma_x = \sigma_y = \sigma$), tem-se, com base nas Eqs. 13.32 e 13.33:

$$e_x = e_y = \frac{\sigma}{E}(1 - \nu) \tag{13.35}$$

As tensões σ_x e σ_y podem ser obtidas em função das deformações e_x e e_y com base nas Eqs. 13.32 e 13.33. Levando-se em consideração a Eq. 13.33, obtém-se:

$$\sigma_y = Ee_y + \nu\sigma_x$$

Substituindo-se essa equação na Eq. 13.32:

$$e_x = \frac{\sigma_x}{E} - \frac{\nu(Ee_y + \nu\sigma_x)}{E}$$

$$\sigma_x = E(e_x + \nu e_y) + \nu^2 \sigma_x$$

$$\sigma_x(1 - \nu^2) = E(e_x + \nu e_y)$$

Obtendo-se finalmente:

$$\sigma_x = \frac{E(e_x + \nu e_y)}{(1 - \nu^2)} \tag{13.36}$$

Pelo mesmo procedimento em relação à Eq. 13.32, obtém-se:

$$\sigma_y = \frac{E(e_y + \nu e_x)}{(1 - \nu^2)} \tag{13.37}$$

13.7 Cisalhamento puro

O modelo de cisalhamento puro é equivalente a um estado de tensões produzido por uma tração numa direção e uma compressão igual na direção perpendicular. Dessa forma, consideram-se, nesse modelo, as tensões normais atuando em duas direções ortogonais, sendo uma de compressão ao longo do eixo Y e uma de extensão na direção horizontal ou ao longo do eixo X (Fig. 13.4A).

Considera-se ainda que a tensão de tração σ_x é numericamente igual à tensão de compressão σ_y na vertical. As magnitudes dessas tensões podem ser obtidas por meio do círculo de tensões.

A Fig. 13.4B mostra o círculo de tensões para o caso em análise, no qual o ponto D representa as tensões que atuam nos planos ab e cd e inclinados a 45° em relação ao eixo X. O ponto D_1 representa as tensões que atuam nos planos ad e bc, perpendiculares aos planos ab e cd. O círculo das tensões evidencia que a tensão normal em cada um desses planos é zero e que a tensão de cisalhamento nos mesmos planos, representada pelo raio do círculo, é numericamente igual às tensões máxima e mínima, de modo que:

$$\sigma_s = \sigma_x = -\sigma_y \tag{13.38}$$

O elemento abcd da figura está em condições de equilíbrio, uma vez que sobre os lados não atuam tensões normais, por estarem dispostos a 45° do eixo X. Se esse elemento se deformar por cisalhamento puro, os comprimentos ab, ad, bc e cd, pelo fato de tensões normais não atuarem sobre os lados, não mudarão devido à deformação, porém a diagonal horizontal bd se alongará, enquanto a diagonal vertical ac encurtará, transformando o quadrado em um losango.

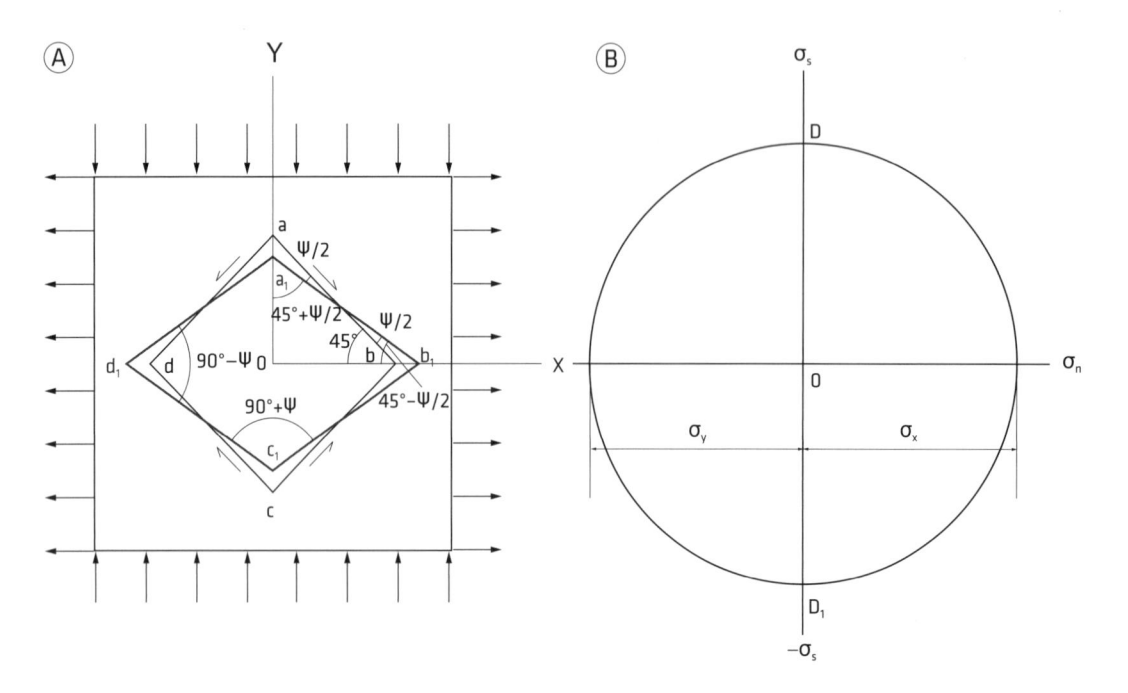

Fig. 13.4 Deformação de um quadrado abcd por cisalhamento puro (A) e o círculo de tensões correspondente (B)

O ângulo em b, que era de 90° antes da deformação diminui, de um valor igual a ψ, ficando igual a (90 − ψ), enquanto o ângulo em a aumenta em um mesmo valor, tornando-se igual a (90 + ψ). Considerando-se que os lados do quadrado original sejam unitários, então:

$$\gamma = \text{tg}\,\psi \tag{13.39}$$

Em que γ é o cisalhamento linear, como visto no Cap. 9.

Se o material obedece à lei de Hooke, o cisalhamento linear será proporcional à tensão cisalhante σ_s, podendo-se exprimir a relação entre esses parâmetros da seguinte forma:

$$G = \frac{\sigma_s}{\gamma} \tag{13.40}$$

Na equação acima, G depende das propriedades mecânicas do material e é chamado de *módulo de rigidez* ou *módulo de cisalhamento*. Uma vez que o cisalhamento linear é adimensional, G deverá ser expresso nas mesmas dimensões que a tensão cisalhante (bar ou MPa).

O módulo de cisalhamento pode ser expresso em função do módulo de elasticidade e do coeficiente de Poisson. Considere-se o triângulo 0ab da Fig. 13.4A. O alongamento do lado 0b e o encurtamento do lado 0a desse triângulo durante a deformação são determinados pelas Eqs. 13.32 e 13.33. Tendo-se em conta a definição de elongação de linhas (Cap. 7), o comprimento do lado $0b_1$ é dado por:

$$0b_1 = 0b(1 + e_x)$$

Enquanto, para o lado $0a_1$:

$$0a_1 = 0a(1 + e_y)$$

Com base no triângulo $0a_1 b_1$ e tendo-se em vista que 0b = 0a, tem-se:

$$\text{tg}(45 - \psi/2) = \frac{0a_1}{0b_1} = \frac{1 + e_y}{1 + e_x} \tag{13.41}$$

Utilizando-se a fórmula de ângulos duplos e a Eq. 13.39:

$$\text{tg}(45 - \psi/2) = \frac{\text{tg}\,45 - \text{tg}\,\psi/2}{1 + \text{tg}\,45\,\text{tg}\,\psi/2} = \frac{1 - \dfrac{\gamma}{2}}{1 + \dfrac{\gamma}{2}} \tag{13.42}$$

Comparando-se essas equações, obtém-se:

$$\frac{1 + e_y}{1 + e_x} = \frac{1 - \dfrac{\gamma}{2}}{1 + \dfrac{\gamma}{2}} \tag{13.43}$$

Tendo-se em conta que, no cisalhamento puro:

$$\sigma_x = -\sigma_y = \sigma_s$$

E com base na Eq. 13.32, tem-se:

$$e_x = -e_y = \frac{\sigma_x(1+\nu)}{E} = \frac{\sigma_s(1+\nu)}{E} \qquad (13.44)$$

Substituindo-se essa expressão na Eq. 13.43, obtém-se:

$$\frac{1 - \dfrac{\sigma_s(1+\nu)}{E}}{1 + \dfrac{\sigma_s(1+\nu)}{E}} = \frac{1 - \dfrac{\gamma}{2}}{1 + \dfrac{\gamma}{2}} \qquad (13.45)$$

E, após o desenvolvimento, obtém-se:

$$\gamma = \frac{2\sigma_s(1+\nu)}{E} \qquad (13.46)$$

Comparando-se essa equação com a Eq. 13.40, a relação do módulo de rigidez com os módulos de elasticidade e o coeficiente de Poisson é expressa por:

$$G = \frac{E}{2(1+\nu)} \qquad (13.47)$$

13.8 Tração ou compressão em três direções ortogonais

Considere-se um cubo no qual atuam as tensões σ_1, σ_2 e σ_3 perpendicularmente às suas faces e que se deforma nas quantidades e_1, e_2 e e_3, transformando-se em um paralelepípedo.

Considere-se em primeiro lugar a deformação e_1, desenvolvida em parte devido à tensão σ_1 e que produz uma extensão σ_1/E. As tensões σ_2 e σ_3 também contraem o cubo em suas partes longitudinais. Assim, a tensão σ_2, que produz uma deformação σ_2/E na direção e_2, também causa uma contração nas outras duas direções perpendiculares, e_1 e σ_3, na proporção $-(\nu\sigma_1/E)$. Do mesmo modo, a tensão σ_3 produz uma deformação igual a $-(\nu\sigma_3/E)$ na direção de e_1.

Dessa forma, a deformação do cubo na direção de e_1 é dada por:

$$e_1 = \frac{\sigma_1}{E} - \frac{\nu\sigma_2}{E} - \frac{\nu\sigma_3}{E}$$

Logo:

$$e_1 = \frac{1}{E}[\sigma_1 - \nu(\sigma_2 + \sigma_3)] \qquad (13.48)$$

Da mesma forma, é possível determinar a deformação do cubo para as outras duas direções, e_2 e e_3, ou seja:

$$e_2 = \frac{1}{E}[\sigma_2 - \nu(\sigma_1 + \sigma_3)] \qquad (13.49)$$

$$e_3 = \frac{1}{E}[\sigma_3 - \nu(\sigma_1 + \sigma_2)] \qquad (13.50)$$

O conjunto dessas três equações é conhecido como *equação de Hooke generalizada* ou, ainda, como *lei de Hooke para deformação triaxial*, estendida para os estados de tensões biaxiais e triaxiais, sendo o caso geral dado por:

$$e_x = \frac{1}{E}[\sigma_x - \nu(\sigma_y + \sigma_z)] \qquad (13.51)$$

E, com base na Eq. 13.40:

$$\gamma_{xy} = \frac{\sigma_{xy}}{G} \qquad (13.52)$$

$$\gamma_{yz} = \frac{\sigma_{yz}}{G} \qquad (13.53)$$

$$\gamma_{xz} = \frac{\sigma_{xz}}{G} \qquad (13.54)$$

Essas três equações podem ainda ser escritas da seguinte forma, tendo-se em vista a Eq. 13.47:

$$\gamma_{xy} = \frac{2(1+\nu)}{E}\sigma_{xy} \qquad (13.55)$$

$$\gamma_{yz} = \frac{2(1+\nu)}{E}\sigma_{yz} \qquad (13.56)$$

$$\gamma_{xz} = \frac{2(1+\nu)}{E}\sigma_{xz} \qquad (13.57)$$

Na forma matricial, as deformações no campo tridimensional expressas pelas Eqs. 13.48 a 13.50 podem ser descritas como:

$$\begin{bmatrix} e_1 \\ e_2 \\ e_3 \end{bmatrix} = \frac{1}{E}\begin{bmatrix} 1 & -\nu & -\nu \\ -\nu & 1 & -\nu \\ -\nu & -\nu & 1 \end{bmatrix}\begin{bmatrix} \sigma_1 \\ \sigma_2 \\ \sigma_3 \end{bmatrix}$$

Uma importante observação a ser feita sobre esses resultados é que a condição de tensão plana ($\sigma_2 = 0$) não necessariamente induz um estado de deformação plana ($e_2 = 0$), como se pode verificar na Eq. 13.49.

As Eqs. 13.48 a 13.50 podem ser invertidas para fornecer os valores das tensões em função das deformações para condições tridimensionais:

$$\sigma_1 = \frac{E}{(1+\nu)(1-2\nu)}\left[(1-\nu)e_1 + \nu(e_2 + e_3)\right] \qquad (13.58)$$

$$\sigma_2 = \frac{E}{(1+\nu)(1-2\nu)}\left[(1-\nu)e_2 + \nu(e_1 + e_3)\right] \qquad (13.59)$$

$$\sigma_3 = \frac{E}{(1+\nu)(1-2\nu)}[(1-\nu)e_3 + \nu(e_1 + e_2)] \tag{13.60}$$

Na forma matricial, as tensões principais no campo tridimensional são dadas por:

$$\begin{bmatrix}\sigma_1\\ \sigma_2\\ \sigma_3\end{bmatrix} = \frac{E}{(1+\nu)(1-2\nu)} \begin{bmatrix}1-\nu & \nu & \nu\\ \nu & 1-\nu & \nu\\ \nu & \nu & 1-\nu\end{bmatrix} \begin{bmatrix}e_1\\ e_2\\ e_3\end{bmatrix}$$

Somando-se as Eqs. 13.48, 13.49 e 13.50, obtém-se:

$$e_1 + e_2 + e_3 = \frac{(1-2\nu)}{E}(\sigma_1 + \sigma_2 + \sigma_3) \tag{13.61}$$

Tendo-se em conta a Eq. 13.61 e nela se substituindo as Eqs. 13.26 e 2.88, tem-se:

$$\Delta = \frac{3\bar{\sigma}}{E}(1-2\nu) \tag{13.62}$$

Ou ainda, em função da Eq. 13.31:

$$K = \frac{\bar{\sigma}}{\Delta} = \frac{E}{3(1-2\nu)} \tag{13.63}$$

Sendo K o módulo de compressibilidade da rocha. Para materiais elásticos, K representa uma medida da pressão hidrostática necessária para produzir uma dada mudança de volume. Materiais altamente compressíveis possuem um baixo valor de K.

13.9 Equações gerais de tensão

Para expressar as tensões em função das deformações, as Eqs. 13.48, 13.49 e 13.50 são rearranjadas em três novas equações do seguinte tipo:

$$\sigma_x = \frac{E}{(1+\nu)(1-2\nu)}[e_x(1-\nu) + \nu(e_y + e_z)] \tag{13.64}$$

$$\sigma_y = \frac{E}{(1+\nu)(1-2\nu)}[e_y(1-\nu) + \nu(e_x + e_z)]$$

$$\sigma_z = \frac{E}{(1+\nu)(1-2\nu)}[e_z(1-\nu) + \nu(e_x + e_y)]$$

Essas equações descrevem as tensões ao longo dos eixos x, y e z, respectivamente, e podem ser simplificadas utilizando-se os novos módulos elásticos λ e G, conhecidos como parâmetros de Lamé, ou seja:

$$\sigma_x = (\lambda + 2G)e_x + \lambda e_y + \lambda e_z \tag{13.65}$$

$$\sigma_y = (\lambda + 2G)e_y + \lambda e_x + \lambda e_z \tag{13.66}$$

$$\sigma_z = (\lambda + 2G)e_z + \lambda e_x + \lambda e_y \tag{13.67}$$

Nas equações anteriores,

$$\lambda = \frac{\nu E}{(1+\nu)(1-2\nu)} \tag{13.68}$$

E

$$G = \mu = \frac{E}{2(1+\nu)}$$

Qualquer parâmetro que forneça a razão de um componente do esforço em relação a um componente de deformação é geralmente chamado de *módulo elástico*. Por causa disso, os parâmetros λ e G são conhecidos como parâmetros de Lamé, em homenagem ao matemático e físico francês Gabriel Lamé, e possuem a conotação de módulo elástico. Alguns autores simbolizam o parâmetro G com a letra grega μ. De modo a evitar confusão com o coeficiente de fricção, prefere-se aqui usar a letra G.

O parâmetro λ não tem uma interpretação física direta ou simples, porém é muito útil para simplificar a matriz de rigidez na lei de Hooke. Os módulos de elasticidade λ e G, juntos, constituem uma parametrização do módulo de elasticidade para meios isotrópicos e homogêneos e estão relacionados com outros módulos de elasticidade, como será visto adiante.

Os módulos elásticos são assim chamados porque não variam com a tensão aplicada, cumprindo observar que não correspondem à resistência da rocha submetida a uma tensão. Trata-se de módulos de proporcionalidade entre a tensão aplicada e a deformação de um corpo no campo elástico. A resistência da rocha a uma determinada tensão é entendida como a tensão máxima suportada por ela antes da ruptura.

As equações anteriormente expostas, expressas em função dos eixos principais de deformação, adquirem as formas:

$$\sigma_1 = (\lambda + 2G)e_1 + \lambda e_2 + \lambda e_3 \tag{13.69}$$

$$\sigma_2 = (\lambda + 2G)e_2 + \lambda e_1 + \lambda e_3 \tag{13.70}$$

$$\sigma_3 = (\lambda + 2G)e_3 + \lambda e_1 + \lambda e_2 \tag{13.71}$$

Uma vez que a dilatação (ou deformação volumétrica) é dada por $\Delta = (e_1 + e_2 + e_3)$, as três equações acima podem ser reescritas da seguinte forma (Jaeger; Cook; Zimmerman, 1979):

$$\sigma_1 = \lambda\Delta + 2Ge_1 \tag{13.72}$$

$$\sigma_2 = \lambda\Delta + 2Ge_2 \tag{13.73}$$

$$\sigma_3 = \lambda\Delta + 2Ge_3 \tag{13.74}$$

Somando-se os três esforços principais:

$$(\sigma_1 + \sigma_2 + \sigma_3) = 3\lambda\Delta + 2G(e_1 + e_2 + e_3) \tag{13.75}$$

Substituindo-se nessa equação a deformação volumétrica Δ, conforme visto anteriormente, obtém-se:

$$(\sigma_1 + \sigma_2 + \sigma_3) = 3\lambda\Delta + 2G\Delta$$

Logo:

$$(\sigma_1 + \sigma_2 + \sigma_3) = \Delta(3\lambda + 2G) \tag{13.76}$$

Substituindo-se nessa equação a Eq. 2.88, obtém-se finalmente:

$$\bar{\sigma} = \Delta\left(\lambda + \frac{2}{3}G\right) \tag{13.77}$$

13.10 Equações gerais de deformação

As Eqs. 13.70, 13.71 e 13.72 fornecem as tensões em função das deformações. Invertendo-se essas equações, pode-se obter as *equações gerais de deformação* em função das tensões, ou seja:

$$e_1 = \frac{(\lambda + G)}{G(3\lambda + 2G)}\sigma_1 - \frac{\lambda}{2G(3\lambda + 2G)}\sigma_2 - \frac{\lambda}{2G(3\lambda + 2G)}\sigma_3 \tag{13.78}$$

$$e_2 = -\frac{\lambda}{2G(3\lambda + 2G)}\sigma_1 + \frac{(\lambda + G)}{G(3\lambda + 2G)}\sigma_2 - \frac{\lambda}{2G(3\lambda + 2G)}\sigma_3 \tag{13.79}$$

$$e_3 = -\frac{\lambda}{2G(3\lambda + 2G)}\sigma_1 - \frac{\lambda}{2G(3\lambda + 2G)}\sigma_2 + \frac{(\lambda + G)}{G(3\lambda + 2G)}\sigma_3 \tag{13.80}$$

Para o estado de deformação uniaxial, o módulo de elasticidade expresso na Eq. 13.4 pode ser descrito em função dos parâmetros G e λ. Assim:

$$E = \frac{\sigma_1}{e_1} = \frac{G(3\lambda + 2G)}{(\lambda + G)} \tag{13.81}$$

A razão de Poisson (Eq. 13.22), da mesma forma, pode ser descrita por:

$$\nu = \frac{-e_3}{e_1} = \frac{\lambda}{2(\lambda + G)} \tag{13.82}$$

Embora numerosos parâmetros elásticos possam ser definidos para materiais isotrópicos, apenas dois deles são independentes. Assim, conhecendo-se dois deles, os outros podem ser determinados pelas equações anteriormente expostas. Mais de trinta desses parâmetros são descritos, como pode ser visto em Davis e Selvadurai (1996). Outras equações úteis são dadas abaixo (ver também o Quadro 13.1):

$$\lambda = \frac{E\nu}{(1+\nu)(1-2\nu)} \tag{13.83}$$

$$G = \mu = \frac{E}{2(1+\nu)} \tag{13.84}$$

$$K = \frac{E}{3(1-2\nu)} \tag{13.85}$$

$$\lambda = \frac{2G\nu}{(1-2\nu)} \quad \text{(13.86)}$$

$$\nu = \frac{\lambda}{2(\lambda + G)} \quad \text{(13.87)}$$

$$E = 2G(1+\nu) \quad \text{(13.88)}$$

$$E = \frac{G(3\lambda + 2G)}{(\lambda + G)} \quad \text{(13.89)}$$

$$K = \frac{2G(1+\nu)}{3(1-2\nu)} \quad \text{(13.90)}$$

$$\lambda = K - \frac{2}{3}G \quad \text{(13.91)}$$

$$E = \frac{9KG}{3K+G} \quad \text{(13.92)}$$

$$\nu = \frac{3K-2G}{6K+2G} \quad \text{(13.93)}$$

Poisson desenvolveu modelos simplificados para interações atômicas em materiais elásticos e concluiu que $\lambda = \nu$. Dessa forma, pode-se ter:

$$\lambda = G$$

$$K = \frac{5G}{3}$$

$$E = \frac{5G}{2}$$

$$\nu = \frac{1}{4}$$

Quadro 13.1 Módulos de elasticidade para materiais homogêneos e isotrópicos e fórmulas de conversão

	Módulo de compressibilidade (K)		Módulo de Young (E)		Módulo de cisalhamento (G)		Coeficiente de Poisson (ν)	
	(λ, G)	(E, G)	(K, λ)	(K, G)	(λ, ν)	(G, ν)	(E, ν)	(K, ν)	(K, E)
K =	$\lambda + \frac{2G}{3}$	$\frac{EG}{3(3G-E)}$			$\frac{\lambda'' + \nu}{3\nu}$	$\frac{2G(1+\nu)}{3(1-2\nu)}$	$\frac{E}{3(1-2\nu)}$		
E =	$\frac{G(3\lambda+2G)}{\lambda + G}$		$\frac{9K(K-\lambda)}{3K-\lambda}$	$\frac{9KG}{3K+G}$	$\frac{\lambda(1+\nu)(1-2\nu)}{\nu}$	$2G(1+\nu)$		$3K(1-2\nu)$	
λ =		$\frac{G(E-2G)}{3G-E}$		$K - \frac{2G}{3}$		$\frac{2G\nu}{1-2\nu}$	$\frac{E\nu}{(1+\nu)(1-2\nu)}$	$\frac{3K\nu}{1+\nu}$	$\frac{3K(3K-E)}{9K-E}$
G =			$\frac{3(K-\lambda)}{2}$		$\frac{\lambda(1-2\nu)}{2\nu}$		$\frac{E}{2(1+\nu)}$	$\frac{3K(1-2\nu)}{2(1+\nu)}$	$\frac{3KE}{9K-E}$
ν =	$\frac{\lambda}{2(\lambda+G)}$	$\frac{E}{2G}-1$	$\frac{\lambda}{3K-\lambda}$	$\frac{3K-2G}{2(3K+G)}$	$\frac{\lambda(1-\nu)}{\nu}$				$\frac{\cdots}{6K}$

Fonte: baseado na Wikipédia.

Segundo Jaeger, Cook e Zimmerman (1979), a condição expressa por $\lambda = \nu$ não é das mais apuradas para muitas rochas, pois leva em consideração um conjunto de diferentes tipos de rocha. A despeito disso, é uma relação bastante usada, especialmente em Geofísica, como forma de simplificar as equações de elasticidade.

13.11 Casos especiais

13.11.1 Pressão hidrostática

Nesse caso $\sigma_1 = \sigma_2 = \sigma_3 = P1$

Esse estado de tensão ocorre quando uma rocha está envolta em um fluido sob uma pressão de magnitude P. Fazendo-se $G(3\lambda + 2G) = A$ e substituindo-se na Eq. 13.78, a deformação é dada por:

$$e_1 = \frac{(\lambda+G)P}{A} - \frac{P\lambda}{2A} - \frac{P\lambda}{2A} = \frac{2(\lambda+G)P - 2P\lambda}{2A}$$

$$e_1 = \frac{2(\lambda+G)P - 2P\lambda}{2A} = \frac{GP}{G(3\lambda+2G)}$$

Substituindo-se o valor de K fornecido pela Eq. 13.91 na equação acima, obtém-se finalmente:

$$e_1 = \frac{P}{3K} \qquad (13.94)$$

Segue-se, portanto:

$$e_1 = e_2 = e_3 = \frac{P}{3K} \qquad (13.95)$$

Somando-se essas três identidades, obtém-se a deformação volumétrica:

$$e_1 + e_2 + e_3 = \frac{3P}{3K}$$

E considerando-se a Eq. 13.26, obtém-se:

$$\Delta = \frac{P}{K} \qquad (13.96)$$

O termo 1/K pode ser identificado como a *compressibilidade* da rocha.

13.11.2 Tensão uniaxial

Nesse caso, $\sigma_1 \neq 0$ e $\sigma_2 = \sigma_3 = 0$.

É a situação de uma amostra comprimida em uma direção enquanto suas laterais são mantidas livres de pressão. Pilares em minas subterrâneas são submetidos a situações de tensões desse tipo. A tensão resultante será de contração $\left(e_1 = \frac{\sigma_1}{E}\right)$ na direção de σ_1 e de expansão $\left(e_2 = e_3 = \frac{-\nu\sigma_1}{E}\right)$ nas direções perpendiculares σ_2 e σ_3.

O tensor pode ser escrito da seguinte forma:

CAPÍTULO 13 | Tensões e deformações no campo elástico

$$\begin{bmatrix} e_1 & 0 & 0 \\ 0 & e_2 & 0 \\ 0 & 0 & e_3 \end{bmatrix} = \frac{\sigma_1}{E} \begin{bmatrix} 1 \\ -\nu \\ -\nu \end{bmatrix}$$

A mudança de volume será dada por:

$$\Delta = e_1 + e_2 + e_3 = \frac{\sigma_1}{E}(1 - 2\nu) \tag{13.97}$$

13.11.3 Deformação uniaxial

Nesse caso, $e_1 \neq 0$ e $e_2 = e_3 = 0$.

É a situação de um reservatório quando é preenchido, e, como consequência, a tensão vertical causa contração no material enquanto as rochas adjacentes ao reservatório inibem a expansão.

Assim, com base nas equações gerais de tensão (Eqs. 13.69, 13.70 e 13.71):

$$\sigma_1 = (\lambda + 2G)e_1 \tag{13.98}$$

$$\sigma_2 = \sigma_3 = \lambda e_1 = \left(\frac{\nu}{1-\nu}\right)\sigma_1 \tag{13.99}$$

Em termos de tensor:

$$\begin{bmatrix} \sigma_1 & 0 & 0 \\ 0 & \sigma_2 & 0 \\ 0 & 0 & \sigma_3 \end{bmatrix} = e_1 \begin{bmatrix} \lambda + 2G \\ \lambda \\ \lambda \end{bmatrix}$$

13.11.4 Caso em que $\sigma_1 \neq 0$, $e_2 = 0$ e $\sigma_3 = 0$

Esse estado de tensão corresponde a uma tensão aplicada numa direção, com tensões e deformações nulas nos dois eixos mutuamente ortogonais, perpendiculares à direção da aplicação da carga. As Eqs. 13.78, 13.79 e 13.80 podem ser rearranjadas, fornecendo:

$$e_1 = \frac{(1-\nu^2)\sigma_1}{E} \tag{13.100}$$

$$\sigma_2 = \nu\sigma_1 \tag{13.101}$$

$$e_3 = -\left[\frac{\nu}{(1-\nu)}\right]e_3 \tag{13.102}$$

13.11.5 Tensão biaxial ou tensão plana

Nesse caso, $\sigma_1 \neq 0$, $\sigma_2 \neq 0$ e $\sigma_3 = 0$.

No estado de tensão plana, as tensões normais atuam num plano, em direções perpendiculares entre si, sendo nula a tensão normal na terceira dimensão, como pode ser assumido no caso de uma camada de rocha submetida a tensões no plano da camada.

As deformações, nesse caso, podem ser obtidas com base nas equações gerais de deformação (Eqs. 13.78, 13.79 e 13.80).

$$e_1 = \frac{1}{E}(\sigma_1 - \nu\sigma_2) \tag{13.103}$$

$$e_2 = \frac{1}{E}(\sigma_2 - \nu\sigma_1) \tag{13.104}$$

$$e_3 = \frac{-\nu}{E}(\sigma_1 + \sigma_2) \tag{13.105}$$

As três equações acima podem também ser obtidas com base na equação de Hooke generalizada, fazendo-se $\sigma_3 = 0$, o que corresponde a uma formação plana. Embora o estado de tensão plana seja bidimensional, na realidade o estado de tensão é tridimensional, com a extensão no eixo Z sendo dada pela Eq. 13.105.

A dilatação é dada pela soma das equações acima, uma vez que $\Delta = e_1 + e_2 + e_3$:

$$\Delta = \frac{1}{E}(1 - 2\nu)(\sigma_1 + \sigma_2) \tag{13.106}$$

As Eqs. 13.103 e 13.104 podem ser resolvidas para a determinação das *tensões* em função das *deformações*:

$$\sigma_1 = \frac{E(e_1 + \nu e_2)}{(1 - \nu^2)} \tag{13.107}$$

$$\sigma_2 = \frac{E(2 + \nu e_1)}{(1 - \nu^2)} \tag{13.108}$$

Para a tensão de cisalhamento puro σ_{12}, a deformação cisalhante γ_{12} é dada por:

$$\gamma_{12} = \frac{\sigma_{12}}{G} \tag{13.109}$$

Ou

$$\sigma_{12} = G\gamma_{12}$$

Em que $G = E/2(1 + \nu)$, obtido com base na Eq. 13.88.

Desejando-se determinar as tensões principais a partir das deformações, pode-se ainda fazer, com base nas equações gerais de tensão (Eqs. 13.69, 13.70 e 13.71):

$$\sigma_1 = \frac{4G(\lambda + G)}{(\lambda + 2G)}e_1 + \frac{2G\lambda}{(\lambda + 2G)}e_2 \tag{13.110}$$

$$\sigma_2 = \frac{2G\lambda}{(\lambda + 2G)}e_1 + \frac{4G(\lambda + G)}{(\lambda + 2G)}e_2 \tag{13.111}$$

A energia acumulada na deformação plana, tendo-se em conta a Eq. 13.134, é igual a:

$$W = \frac{(\sigma_1 e_1 + \sigma_2 e_2 + \sigma_{12}\gamma_{12})}{2}$$

$$W = \frac{(\sigma_1^2 + \sigma_2^2 - 2\nu\sigma_1\sigma_2)}{2E} + \frac{\sigma_{12}^2}{2G}$$

$$W = \frac{E(e_1^2 + e_2^2 - 2\nu e_1 e_2)}{2(1 - \nu^2)} + \frac{G\gamma_{12}^2}{2}$$

13.11.6 Deformação biaxial ou deformação plana

Nesse caso, $e_1 \neq 0$, $e_2 \neq 0$ e $e_3 = 0$.

No estado de deformação plana, a deformação ocorre em planos paralelos a um dado plano. Na direção normal a esse plano, a deformação é desprezível, como ocorre no caso em que somente a espessura e o comprimento de camadas de rocha segundo uma direção são deformados.

As tensões, com base nas equações gerais de tensão, são dadas por:

$$\sigma_1 = (\lambda + 2G)e_1 + \lambda e_2 \tag{13.112}$$

$$\sigma_2 = (\lambda + 2G)e_2 + \lambda e_1 \tag{13.113}$$

$$\sigma_3 = \lambda(e_1 + e_2) = \frac{\lambda}{2(\lambda + G)}(\sigma_1 + \sigma_2) = \nu(\sigma_1 + \sigma_2) \tag{13.114}$$

A inversão das equações acima e a lei de Hooke fornecem o valor das deformações em função do esforço em termos de planos principais:

$$e_1 = \frac{1}{E}\left[(1-\nu^2)\sigma_1 - \nu(1+\nu)\sigma_2\right] \tag{13.115}$$

$$e_2 = \frac{1}{E}[(1-\nu^2)\sigma_2 - \nu(1+\nu)\sigma_1] \tag{13.116}$$

$$e_3 = 0 \tag{13.117}$$

Essas três equações podem ainda ser escritas da seguinte forma, como aparece em algumas publicações:

$$e_1 = \frac{(1+\nu)}{E}[(1-\nu)\sigma_1 - \nu\sigma_2] \tag{13.118}$$

$$e_2 = \frac{(1+\nu)}{E}[(1-\nu)\sigma_2 - \nu\sigma_1] \tag{13.119}$$

$$e_3 = 0 \tag{13.120}$$

Se os eixos X e Y não coincidem com os eixos principais de tensão, então:

$$e_x = \frac{(1-\nu^2)}{E}\sigma_x - \frac{\nu(1+\nu)}{E}\sigma_y \tag{13.121}$$

$$e_y = \frac{(1-\nu^2)}{E}\sigma_y - \frac{\nu(1+\nu)}{E}\sigma_x \tag{13.122}$$

$$e_{xy} = \frac{(1+\nu)}{E}\tau_{xy} = \frac{1}{2G}\tau_{xy} \tag{13.123}$$

A deformação plana é geralmente empregada em estudos de análise das tensões em furos de sondagem ou em aberturas subterrâneas alongadas, a exemplo de túneis.

É útil saber converter soluções para tensões planas nas correspondentes soluções para deformações planas, uma vez que, na literatura, as equações descrevem especificamente um ou outro caso, mas raramente servem para as duas situações juntas.

É mais rápido se as soluções forem escritas em termos de G e de ν, pois, em tais casos, as soluções para deformações planas podem ser convertidas em soluções para tensões planas pela substituição de $(3 - 4\nu)$ por $(3 - \nu)/(1 + \nu)$, o que equivale a substituir ν por $\nu/(1 + \nu)$.

Da mesma forma, soluções para tensões planas podem ser convertidas em soluções para deformações planas fazendo-se a substituição inversa, ou seja, (ν) por $\nu/(1 - \nu)$.

13.11.7 Fórmulas combinadas para as tensões e deformações planas

Substituindo-se λ nas Eqs. 13.112 e 13.113 por $2G\lambda/(\lambda + 2G)$, as equações resultantes serão idênticas às Eqs. 13.110 e 13.111, o que sugere a possibilidade de que as relações tensão-deformação para a tensão plana ou para a deformação plana possam ser escritas numa forma aplicável a ambas as situações. Na realidade, as equações que relacionam a deformação com a tensão podem ser escritas da seguinte forma:

$$e_1 = \frac{(\Omega + 1)}{8G}\sigma_1 + \frac{(\Omega - 3)}{8G}\sigma_2 \qquad (13.124)$$

$$e_2 = \frac{(\Omega - 3)}{8G}\sigma_1 + \frac{(\Omega + 1)}{8G}\sigma_2 \qquad (13.125)$$

Nessas equações, o termo Ω é conhecido como *coeficiente de Muskhelishvili* e definido, para uma deformação plana, como igual a:

$$\Omega = 3 - 4\nu$$

E, para uma tensão plana, como igual a:

$$\Omega = \frac{3 - \nu}{1 + \nu}$$

As equações gerais (Eqs. 13.124 e 13.125) aplicadas em sistemas de coordenadas que não coincidem com os eixos principais de deformação ou de tensão são:

$$e_{xx} = \frac{(\Omega + 1)}{8G}\tau_{xx} + \frac{(\Omega - 3)}{8G}\tau_{yy}$$

$$e_{yy} = \frac{(\Omega - 3)}{8G}\tau_{xx} + \frac{(\Omega + 1)}{8G}\tau_{yy}$$

$$e_{xy} = \frac{(1 + \nu)}{8G}\tau_{xy} = \frac{1}{2G}\tau_{xy}$$

13.11.8 Deformação axissimétrica e deformação plana

As equações da lei de Hooke podem ainda ser simplificadas para a condição em que a deformação em um dos planos é nula e em que se pressupõe que as tensões e as deformações são iguais em um determinado plano. Essa condição é conhecida como deformação axissimétrica. A diferença desse modelo em relação à deformação plana é que, nesta, a deformação em um dos eixos é nula.

Na deformação axissimétrica, a equação definida em termos de planos principais, partindo-se primeiro da Eq. 13.48 e nela se fazendo $\sigma_2 = \sigma_3$, é:

$$e_1 = \frac{1}{E}(\sigma_1 - 2\nu\sigma_2)$$

Partindo-se agora da Eq. 13.49 e nela se fazendo a mesma substituição, obtém-se:

$$e_2 = e_3 = \frac{1}{E}[(1-\nu)\sigma_2 - \nu\sigma_1]$$

Na forma matricial, essas equações são:

$$\begin{bmatrix} e_1 \\ e_2 \end{bmatrix} = \frac{1}{E}\begin{bmatrix} 1 & -2\nu \\ -\nu & 1-\nu \end{bmatrix}\begin{bmatrix} \sigma_1 \\ \sigma_2 \end{bmatrix}$$

$$\begin{bmatrix} \sigma_1 \\ \sigma_2 \end{bmatrix} = \frac{E}{(1+\nu)(1-2\nu)}\begin{bmatrix} 1-\nu & 2\nu \\ \nu & 1 \end{bmatrix}\begin{bmatrix} e_1 \\ e_2 \end{bmatrix}$$

Para a condição de deformação plana, na qual a deformação em um dos eixos é nula ($e_2 = 0$), têm-se:

$$e_1 = \left(\frac{1+\nu}{E}\right)[(1-\nu)\sigma_1 - \nu\sigma_3]$$

$$e_2 = 0$$

$$e_3 = \left(\frac{1+\nu}{E}\right)[(1-\nu)\sigma_3 - \nu\sigma_1]$$

Na forma matricial, essas equações são:

$$\begin{bmatrix} e_1 \\ e_2 \end{bmatrix} = \frac{1+\nu}{E}\begin{bmatrix} 1-\nu & -\nu \\ -\nu & 1-\nu \end{bmatrix}\begin{bmatrix} \sigma_1 \\ \sigma_2 \end{bmatrix}$$

$$\begin{bmatrix} \sigma_1 \\ \sigma_2 \end{bmatrix} = \frac{E}{(1+\nu)(1-2\nu)}\begin{bmatrix} 1-\nu & \nu \\ \nu & 1-\nu \end{bmatrix}\begin{bmatrix} e_1 \\ e_2 \end{bmatrix}$$

Essas equações de deformação correspondem às Eqs. 13.118 a 13.120, enquanto as equações de tensão correspondem às Eqs. 13.58 a 13.60, conforme visto anteriormente, porém considerando-se nestas últimas que $e_3 = 0$ e $\sigma_3 = 0$.

13.11.9 Deformação devido à carga litostática

A deformação vertical causada pela carga litostática é calculada com base na Eq. 13.15:

$$e_1 = \frac{1}{E}[(1-\nu^2)\sigma_1 - \nu(1+\nu)\sigma_2]$$

O campo de tensão em profundidade, se não houver tensão tectônica atuante, deverá ser de natureza hidrostática, ou seja, $\sigma_1 = \sigma_2 = \rho g z$. Assim, com base na equação acima:

$$e_1 = \frac{(1+\nu)(1-2\nu)}{(1-\nu)E}\rho g z \qquad \textbf{(13.126)}$$

13.12 Materiais isotrópicos e ortotrópicos

Um material é dito homogêneo ou isotrópico se as propriedades não variam em função da posição dentro do corpo nem em função da direção dentro do corpo. Tal corpo tem três propriedades do material: módulo de elasticidade longitudinal, módulo de elasticidade transversal ou módulo de rigidez e coeficiente de Poisson, sendo apenas duas delas independentes.

Para um material isotrópico, uma tensão normal de tração causa um alongamento na direção da tensão e uma contração na direção perpendicular à tensão. As tensões de cisalhamento causam apenas distorções. Esses tipos de deformação acontecem em materiais isotrópicos independentemente da direção da tensão aplicada.

Os corpos que possuem propriedades elásticas diferentes em três direções mutuamente perpendiculares em três planos de simetria perpendiculares, como minerais ortorrômbicos, são conhecidos como ortotrópicos. As propriedades elásticas do material ortotrópico, ao contrário do material isotrópico, variam em função de sua orientação no interior do corpo.

Da mesma forma que o material isotrópico, o material ortotrópico alonga-se na direção da tensão e contrai-se na direção perpendicular, porém os módulos dos alongamentos e das contrações não são os mesmos para os dois materiais, uma vez que as propriedades elásticas do material ortotrópico variam em função de sua orientação dentro do corpo.

Pelo fato de as propriedades elásticas dos materiais ortotrópicos variarem em função de sua orientação dentro do corpo, seu comportamento mecânico é mais complexo do que o dos materiais isotrópicos.

A deformação de sólidos com comportamento elástico ou quase elástico pode ser calculada para determinadas condições de tensão se apenas duas das constantes do material forem especificadas, como, por exemplo, o módulo de Young (E) e a razão de Poisson (ν).

A lei de Hook generalizada em três dimensões, na forma matricial, para *materiais isotrópicos*, pode ser vista em Means (1979), Goodman (1989) e Ramsay e Lisle (2000):

$$\begin{bmatrix} e_x \\ e_y \\ e_z \\ \gamma_{xy} \\ \gamma_{yz} \\ \gamma_{xz} \end{bmatrix} = \begin{bmatrix} \frac{1}{E} & -\frac{\nu}{E} & -\frac{\nu}{E} & 0 & 0 & 0 \\ -\frac{\nu}{E} & \frac{1}{E} & -\frac{\nu}{E} & 0 & 0 & 0 \\ -\frac{\nu}{E} & -\frac{\nu}{E} & \frac{1}{E} & 0 & 0 & 0 \\ 0 & 0 & 0 & \frac{2(1+\nu)}{E} & 0 & 0 \\ 0 & 0 & 0 & 0 & \frac{2(1+\nu)}{E} & 0 \\ 0 & 0 & 0 & 0 & 0 & \frac{2(1+\nu)}{E} \end{bmatrix} \begin{bmatrix} \sigma_x \\ \sigma_y \\ \sigma_z \\ \sigma_{xy} \\ \sigma_{yz} \\ \sigma_{xz} \end{bmatrix} \qquad (13.127)$$

As quantidades E e ν podem ser determinadas diretamente de ensaios de laboratório. A inversão da matriz permite determinar as tensões em função das deformações. Nesse caso, é mais usual o emprego da constante de Lamé (λ) e do módulo de cisalhamento (G). Assim:

$$\begin{bmatrix} \sigma_x \\ \sigma_y \\ \sigma_z \\ \sigma_{xy} \\ \sigma_{yz} \\ \sigma_{xz} \end{bmatrix} = \begin{bmatrix} \lambda+2G & \lambda & \lambda & 0 & 0 & 0 \\ \lambda & \lambda+2G & \lambda & 0 & 0 & 0 \\ \lambda & \lambda & \lambda+2G & 0 & 0 & 0 \\ 0 & 0 & 0 & G & 0 & 0 \\ 0 & 0 & 0 & 0 & G & 0 \\ 0 & 0 & 0 & 0 & 0 & G \end{bmatrix} \begin{bmatrix} e_x \\ e_y \\ e_z \\ \gamma_{xy} \\ \gamma_{yz} \\ \gamma_{xz} \end{bmatrix}$$

Na equação acima, têm-se:

$$\lambda = \frac{E\nu}{(1+\nu)(1-2\nu)} \tag{13.128}$$

$$G = \frac{E}{2(1+\nu)} \tag{13.129}$$

Somando-se as duas equações e colocando-as em evidência, obtém-se:

$$\lambda + 2G = \frac{E\nu}{(1+\nu)(1-2\nu)} + \frac{E}{(1+\nu)} = \frac{E}{(1+\nu)(1-2\nu)}(\nu + 1 - 2\nu)$$

E, finalmente:

$$\lambda + 2G = \frac{E(1-\nu)}{(1+\nu)(1-2\nu)} \tag{13.130}$$

Na forma expandida, as equações obtidas com base na Eq. 13.127 correspondem às Eqs. 13.69 a 13.71, ou seja:

$$\sigma_x = (\lambda+2G)e_x + \lambda e_y + \lambda e_z$$
$$\sigma_y = \lambda e_x + (\lambda+2G)e_y + \lambda e_z$$
$$\sigma_z = \lambda e_x + \lambda e_y + (\lambda+2G)e_z$$
$$\sigma_{xy} = G\gamma_{xy}$$
$$\sigma_{yz} = G\gamma_{yz}$$
$$\sigma_{xz} = G\gamma_{xz}$$

A obtenção dos termos acima é feita tomando-se como referência o quarto superior esquerdo da Eq. 13.127. Assim:

$$\begin{bmatrix} e_x \\ e_y \\ e_z \end{bmatrix} = \frac{1}{E} \begin{bmatrix} 1 & -\nu & -\nu \\ -\nu & 1 & -\nu \\ -\nu & -\nu & 1 \end{bmatrix} \begin{bmatrix} \sigma_x \\ \sigma_y \\ \sigma_z \end{bmatrix}$$

Usando-se a regra de Cramer para a inversão de uma matriz 3 × 3, tem-se:

$$\begin{bmatrix} \sigma_x \\ \sigma_y \\ \sigma_z \end{bmatrix} = \frac{E}{\text{Det}} \begin{bmatrix} 1-\nu^2 & \nu(1+\nu) & \nu(1+\nu) \\ \nu(1+\nu) & 1-\nu^2 & \nu(1+\nu) \\ \nu(1+\nu) & \nu(1+\nu) & 1-\nu^2 \end{bmatrix} \begin{bmatrix} e_x \\ e_y \\ e_z \end{bmatrix}$$

Em que Det é o determinante da matriz, que é igual a:

$$Det = (1+\nu)^2(1-2\nu)$$

Substituindo-se o determinante na matriz acima, dividindo-se o determinante e os termos da matriz por $(1+\nu)$ e lembrando-se de que $(1-\nu^2) = (1+\nu)(1-\nu)$, tem-se:

$$\begin{bmatrix} \sigma_x \\ \sigma_y \\ \sigma_z \end{bmatrix} = \frac{E}{(1+\nu)(1-2\nu)} \begin{bmatrix} 1-\nu & \nu & \nu \\ \nu & 1-\nu & \nu \\ \nu & \nu & 1-\nu \end{bmatrix} \begin{bmatrix} e_x \\ e_y \\ e_z \end{bmatrix}$$

Na forma expandida, as equações resultantes correspondem à Eq. 13.64.

Muitos materiais elásticos se aproximam da condição ortotrópica, ou seja, suas propriedades elásticas variam ao longo das três direções mutuamente perpendiculares nos três planos de simetria perpendiculares, como minerais ortorrômbicos. Para materiais com planos de simetria alinhados paralelamente aos eixos do sistema de coordenadas, o tensor toma a seguinte forma:

$$\begin{bmatrix} e_x \\ e_y \\ e_z \\ \gamma_{xy} \\ \gamma_{yz} \\ \gamma_{xz} \end{bmatrix} = \begin{bmatrix} \frac{1}{E_1} & -\frac{\nu_{21}}{E_2} & -\frac{\nu_{31}}{E_3} & 0 & 0 & 0 \\ -\frac{\nu_{12}}{E_1} & \frac{1}{E_2} & -\frac{\nu_{32}}{E_3} & 0 & 0 & 0 \\ -\frac{\nu_{13}}{E_1} & -\frac{\nu_{23}}{E_2} & \frac{1}{E_3} & 0 & 0 & 0 \\ 0 & 0 & 0 & \frac{1}{G_{12}} & 0 & 0 \\ 0 & 0 & 0 & 0 & \frac{1}{G_{23}} & 0 \\ 0 & 0 & 0 & 0 & 0 & \frac{1}{G_{13}} \end{bmatrix} \begin{bmatrix} \sigma_x \\ \sigma_y \\ \sigma_z \\ \sigma_{xy} \\ \sigma_{yz} \\ \sigma_{xz} \end{bmatrix}$$

Nessa matriz, os subscritos 1, 2 e 3 referem-se às medidas nas direções X, Y e Z, alinhados com os eixos principais da elasticidade. Por exemplo, E_1 é o módulo de Young na direção X. O módulo de Poisson ν_{12} iguala a contração na direção Y com a proporção de extensão na direção X. G_{12} é o módulo de cisalhamento no plano XY etc.

Na forma expandida, as equações adquirem a forma abaixo, e correspondem às Eqs. 13.48 a 13.50:

$$e_x = \frac{1}{E_1}\sigma_x - \frac{\nu_{21}}{E_2}\sigma_y - \frac{\nu_{31}}{E_3}\sigma_z$$

$$e_y = -\frac{\nu_{12}}{E_1}\sigma_x + \frac{1}{E_2}\sigma_y - \frac{\nu_{32}}{E_3}\sigma_z$$

$$e_z = -\frac{\nu_{13}}{E_1}\sigma_x - \frac{\nu_{23}}{E_2}\sigma_y + \frac{1}{E_3}\sigma_z$$

$$\gamma_{xy} = \frac{1}{G_{12}} \sigma_{xy}$$

$$\gamma_{yz} = \frac{1}{G_{23}} \sigma_{yz}$$

$$\gamma_{xz} = \frac{1}{G_{13}} \sigma_{xz}$$

13.13 Efeito da pressão confinante

As rochas na crosta estão submetidas a uma pressão confinante, o que impõe restrições às variações de volume, especialmente no que diz respeito às condições de extensão nas direções horizontais. Um esforço vertical aplicado a uma barra não confinada causa sua expansão nas direções horizontais, estando suas elongações e_2 e e_3 diretamente relacionadas ao encurtamento vertical pela razão de Poisson.

Se um volume de rochas em processo de soterramento sofre um encurtamento na vertical, sua expansão na horizontal é dificultada pela pressão confinante, que se contrapõe à pressão vertical. Sua extensão lateral, portanto, pode ser compensada apenas em uma pequena proporção, conforme mostrado na Fig. 13.5.

A Eq. 13.49 descreve as relações entre a deformação e_2 e as tensões σ_1, σ_2 e σ_3 para uma situação de não confinamento. No entanto, para rochas soterradas, devido à tensão confinante, a deformação horizontal é nula ou muito pequena, ou seja, $e_2 = e_3 \cong 0$, e como consequência ocorre uma redução do encurtamento vertical e_1.

Fazendo-se $e_2 = 0$ na Eq. 13.49, tem-se:

$$[\sigma_2 - \nu(\sigma_1 + \sigma_3)] = 0$$

A Eq. 13.50, que descreve as relações entre a deformação e_3 (também horizontal) e as tensões σ_1, σ_2 e σ_3, poderia ser utilizada para o mesmo fim da Eq. 13.49.

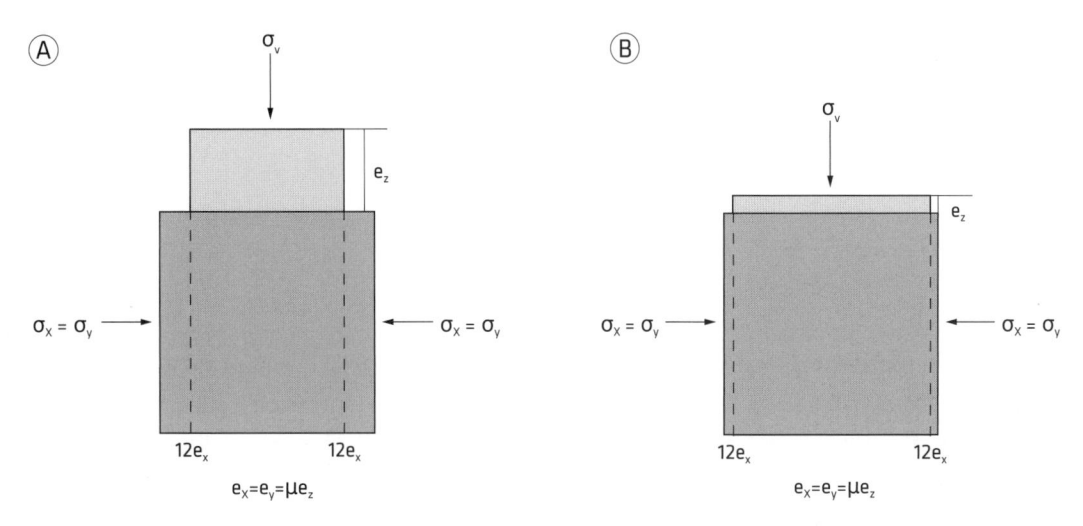

Fig. 13.5 (A) Esforço vertical aplicado a um conjunto de rochas na crosta com baixa pressão de confinamento. O retângulo em cinza claro indica a forma inicial de uma amostra da porção de crosta, e o retângulo em cinza escuro, sua forma final. (B) Trecho de crosta submetido a uma pressão vertical, mas com forte confinamento lateral. As elongações horizontais $e_x = e_y$ estão relacionadas ao encurtamento e_z pela razão de Poisson (ν)

Considerando-se que $\sigma_2 = \sigma_3$ (pressão confinante) e fazendo-se $\sigma_1 = \sigma_v$ na equação anterior, obtém-se finalmente:

$$\sigma_2 = \sigma_3 = \left(\frac{\nu}{1-\nu}\right)\sigma_v \qquad (13.131)$$

As rochas possuem valores de ν tipicamente entre 0,25 e 0,33. Com $\nu = 0,25$, a pressão confinante resulta em 1/3 da pressão vertical σ_v; com $\nu = 0,33$, a pressão confinante resulta em cerca de 1/2 da pressão vertical σ_v.

13.14 Tensão diferencial

As rochas em subsuperfície estão submetidas a um campo triaxial de tensões no qual um dos eixos principais de tensões é aproximadamente vertical, e os outros dois, aproximadamente horizontais. A tensão vertical σ_v em um ponto qualquer da crosta pode ser calculada, conforme visto anteriormente, com base no peso das rochas sobrejacentes, enquanto as tensões horizontais podem ter magnitudes iguais à da tensão vertical.

Nesse caso especial, a rocha é isotrópica, homogênea e sem forças externas atuantes, como, por exemplo, forças tectônicas tangenciais. Se forças tectônicas tangenciais estiverem atuando, haverá uma tensão principal horizontal máxima σ_H e, perpendicular a esta, uma tensão principal horizontal mínima σ_h.

A tensão diferencial na litosfera, qualquer que seja a profundidade de soterramento, é descrita por:

$$\sigma_v > \sigma_H - \sigma_h$$

Dessa forma, considerando-se que $\sigma_H = \sigma_h = \sigma_2 = \sigma_3$, a tensão diferencial torna-se:

$$\sigma_{dif} = \sigma_1 - \sigma_3$$

Ou

$$\sigma_{dif} = \sigma_v - \sigma_h$$

Logo:

$$\sigma_{dif} = \left(\frac{1-2\nu}{1-\nu}\right)\sigma_v$$

Para uma rocha com $\nu = 0,3$, a tensão diferencial é igual a $0,57\sigma_v$, e para $\nu = 0,25$, a tensão diferencial é igual a $0,66\sigma_v$. A tensão diferencial aumenta com a profundidade a uma taxa de $-15,4$ MPa/km na crosta continental, para uma densidade média das rochas igual a 2,7 g/cm^3.

13.15 Energia da deformação elástica

No processo de deformação elástica, uma certa quantidade de energia se acumula no interior do sólido deformado. Na representação gráfica das relações elásticas entre o esforço e a deformação (Fig. 13.6), o trabalho realizado W é igual à área situada abaixo da reta tensão-transformação (correspondente à hipotenusa do triângulo retângulo assinalado), ou seja:

$$W = \frac{\sigma e}{2} \tag{13.132}$$

Em três dimensões, a energia acumulada é igual ao trabalho realizado durante a deformação ou ao somatório do trabalho de cada uma das três direções principais dos eixos de tensão (e da deformação), ou seja:

$$W = \frac{(\sigma_1 e_1 + \sigma_2 e_2 + \sigma_3 e_3)}{2} \tag{13.133}$$

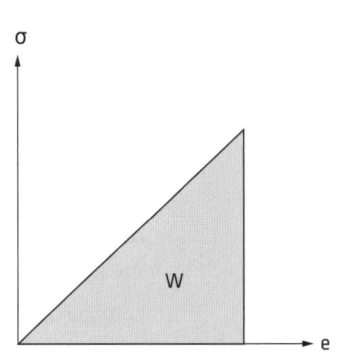

Fig. 13.6 A área sob a reta no gráfico tensão-deformação representa o trabalho realizado durante a deformação

Essa energia de deformação pode ser expressa em função das tensões, empregando-se a equação do esforço-deformação (Eqs. 13.48, 13.49 e 13.50) na equação acima. Após o rearranjo dos termos, a equação adquire a seguinte forma:

$$W = \frac{1}{2E}[\sigma_1^2 + \sigma_2^2 + \sigma_3^2 - 2\nu(\sigma_1\sigma_2 + \sigma_2\sigma_3 + \sigma_3\sigma_1)] \tag{13.134}$$

A energia W consta de duas partes: uma parte, W_Δ, é empregada na mudança de volume, sendo produzida pelo componente hidrostático do tensor de esforços. A outra parte, W', decorre da distorção do sólido, sendo produzida pelos esforços deviatóricos.

$$W_\Delta = \frac{\bar{\sigma}\Delta}{2} \tag{13.135}$$

Substituindo-se nessa equação a Eq. 13.31:

$$W_\Delta = \frac{\bar{\sigma}^2}{2K} \tag{13.136}$$

Ou então, substituindo-se a Eq. 13.62 na Eq. 13.135:

$$W_\Delta = \frac{3\bar{\sigma}^2}{2E}(1-2\nu)$$

Substituindo-se a Eq. 2.88 nessa equação, obtém-se finalmente:

$$W_\Delta = \left(\frac{1-2\nu}{6E}\right)(\sigma_1 + \sigma_2 + \sigma_3)^2 \tag{13.137}$$

A energia acumulada por distorção é igual a:

$$W' = W - W_\Delta \tag{13.138}$$

Substituindo-se as Eqs. 13.137 e 13.134 na Eq. 13.138, a energia acumulada por distorção do sólido W' passa a ser expressa da seguinte forma:

$$W' = \frac{1}{6G}[\sigma_1^2 + \sigma_2^2 + \sigma_3^2 - (\sigma_1\sigma_2 + \sigma_2\sigma_3 + \sigma_3\sigma_1)] \tag{13.139}$$

Ou ainda:

$$W' = \frac{1}{12G}[(\sigma_1 - \sigma_2)^2 + (\sigma_2 - \sigma_3)^2 + (\sigma_3 - \sigma_1)^2]$$ (13.140)

A equação que fornece a energia de deformação acumulada W no processo de deformação e as que fornecem suas diferentes componentes, como a empregada na mudança de volume W_Δ e aquela decorrente da distorção do sólido W´, são sumamente importantes, porém têm sido pouco utilizadas no meio geológico.

Anexos

Anexo i – Derivação da Eq. 2.83

Considerem-se as seguintes equações:

$$\tau = c + \sigma_n \, \text{tg}\, \phi \qquad (A.1)$$

$$\sigma_n = \frac{\sigma_1 + \sigma_3}{2} + \frac{\sigma_1 - \sigma_3}{2} \cos 2\theta \qquad (A.2)$$

$$\tau = \frac{\sigma_1 - \sigma_3}{2} \, \text{sen}\, 2\theta \qquad (A.3)$$

A substituição das Eqs. A.2 e A.3 na Eq. A.1, com $\mu = \text{tg}\,\phi$, fornece:

$$\frac{\sigma_1 - \sigma_3}{2} \, \text{sen}\, 2\theta = c + \left(\frac{\sigma_1 + \sigma_3}{2} + \frac{\sigma_1 - \sigma_3}{2} \cos 2\theta \right) \mu \qquad (A.4)$$

Desenvolvendo-se a Eq. A.4:

$$\frac{\sigma_1}{2} \, \text{sen}\, 2\theta - \frac{\sigma_3}{2} \, \text{sen}\, 2\theta = c + \frac{\sigma_1}{2}\mu + \frac{\sigma_3}{2}\mu + \frac{\sigma_1}{2}\mu \cos 2\theta - \frac{\sigma_3}{2}\mu \cos 2\theta$$

$$\frac{\sigma_1}{2}(\text{sen}\, 2\theta - \mu - \mu \cos 2\theta) - \frac{\sigma_3}{2}(\text{sen}\, 2\theta + \mu - \mu \cos 2\theta) = c$$

Obtém-se:

$$\sigma_1(\text{sen}\, 2\theta - \mu - \mu \cos 2\theta) - \sigma_3(\text{sen}\, 2\theta + \mu - \mu \cos 2\theta) = 2c \qquad (A.5)$$

Com base na Fig. 2.15, pode-se fazer:

$$2\theta = 90 + \phi \qquad (A.6)$$

Logo:

$$\text{sen}\, 2\theta = \text{sen}(90 + \phi) = \text{sen}\, 90 \cos \phi + \text{sen}\, \phi \cos 90$$

$$\text{sen}\, 2\theta = \cos \phi \qquad (A.7)$$

Mas como:

$$\text{tg}\, \phi = \mu \qquad (A.8)$$

$$\sec^2 \phi = 1 + \text{tg}^2 \phi \qquad (A.9)$$

A substituição da Eq. A.8 na Eq. A.9 resulta em:

$$\sec^2 \phi = 1 + \mu^2$$

$$\sec \phi = \sqrt{1 + \mu^2} \tag{A.10}$$

Tendo-se em foco a Eq. A.10:

$$\cos \phi = \frac{1}{\sec \phi} = \frac{1}{\sqrt{1 + \mu^2}} \tag{A.11}$$

Considerando-se a relação trigonométrica fundamental:

$$\cos^2 2\theta = 1 - \text{sen}^2 2\theta$$

E substituindo-se o resultado das Eqs. A.7 e A.11 nessa equação, tem-se:

$$\cos 2\theta = \pm \frac{1}{\sqrt{1 + \mu^2}} \tag{A.12}$$

Como o ângulo 2θ é um arco do segundo quadrante trigonométrico, seu cosseno é negativo, e logo:

$$\cos 2\theta = -\frac{1}{\sqrt{1 + \mu^2}}$$

Comparando-se as Eqs. A.7 e A.11, tem-se:

$$\text{sen } 2\theta = \frac{1}{\sqrt{1 + \mu^2}} \tag{A.13}$$

Considerando-se as Eqs. A.12 e A.13, tem-se:

$$\text{sen } 2\theta - \mu \cos 2\theta = \frac{(1 + \mu^2)\sqrt{1 + \mu^2}}{1 + \mu^2} = \sqrt{1 + \mu^2} \tag{A.14}$$

Finalmente, levando-se o resultado da Eq. A.13 na Eq. A.14, vem:

$$\sigma_1 \left(\sqrt{1 + \mu^2} - \mu \right) - \sigma_3 \left(\sqrt{1 + \mu^2} + \mu \right) = 2c \tag{A.15}$$

Com base na equação acima, pode-se ainda fazer:

$$\sigma_1 = \frac{2c + \sigma_3 \left(\sqrt{1 + \mu^2} + \mu \right)}{\left(\sqrt{1 + \mu^2} - \mu \right)} \tag{A.16}$$

Multiplicando-se o numerador e o denominador da equação acima por $\sqrt{1 + \mu^2} - \mu$, obtém-se finalmente:

$$\sigma_1 = 2c \left(\sqrt{1 + \mu^2} + \mu \right) + \sigma_3 \left(\sqrt{1 + \mu^2} + \mu \right)^2 \tag{A.17}$$

Anexo 2 – Coordenadas do ponto de tangência entre a parábola de Griffith e a reta de Coulomb

1 Equação da parábola no sistema (τ, σ_n)

Com base na Eq. 3.8, tem-se:

$$\tau^2 - 4T\sigma_n - 4T^2 = 0 \qquad (A.18)$$

2 Equação da reta tangente

Seja a equação reduzida da reta tangente à parábola formando com o eixo das abscissas σ_n um ângulo de 37°:

$$\tau = nT + 0{,}75\sigma_n \qquad (A.19)$$

Em que 0,75 é o valor aproximado com duas decimais do coeficiente angular da tangente de 37°.

3 Ordenada do ponto de tangência τ_0

Sabe-se que, no ponto de tangência com uma curva, a derivada primeira da função naquele ponto representa o coeficiente angular da reta tangente. Dessa maneira, considerando-se a função que representa a curva parábola, dada na Eq. A.18, pode-se calcular a sua derivada primeira:

$$2\tau \frac{\partial \tau}{\partial \sigma_n} = 4T$$

$$\frac{\partial \tau}{\partial \sigma_n} = \frac{2T}{\tau} = \text{tg}\,37 = 0{,}75$$

$$\tau = \frac{2T}{0{,}75} \rightarrow \tau = \tau_0 = 2{,}6667T \qquad (A.20)$$

4 Abscissa do ponto de tangência σ_0

Substituindo-se a Eq. A.20 na equação da parábola (Eq. A.18), pelo fato de esse ponto pertencer simultaneamente à reta tangente e à parábola, e arredondando-se o coeficiente de τ para a segunda casa decimal, têm-se:

$$(2{,}67T)^2 - 4T\sigma_n - 4T^2 = 0$$
$$7{,}13T^2 - 4T\sigma_n - 4T^2 = 0$$
$$3{,}13T^2 = 4T\sigma_n$$

Logo:

$$\sigma_n = \sigma_o = 0{,}7778T \qquad \text{(A.21)}$$

5 Equação da reta tangente (obtenção)

A equação da reta tangente à parábola $\tau^2 - 4T\sigma_n - 4T^2 = 0$ no ponto (σ_o, τ_o) pode agora ser explicitada:

$$(\tau - \tau_o) = m(\sigma_n - \sigma_o) \qquad \text{(A.22)}$$

Substituindo-se os valores conhecidos das Eqs. A.20 e A.21 e também o coeficiente angular $m = 0{,}75$ na Eq. A.22, obtêm-se:

$$(\tau - 2{,}67T) = 0{,}75(\sigma_n - 0{,}78T)$$

$$\tau = 2{,}67T + 0{,}75\sigma_n - 0{,}58T$$

E, finalmente:

$$\tau = 2{,}08335T + 0{,}75\sigma_n \qquad \text{(A.23)}$$

A equação acima representa, portanto, a equação da reta tangente à parábola, formando um ângulo de 37° com o eixo σ_n, contado a partir deste, no sentido anti-horário.

Caso o ângulo de inclinação da reta de Coulomb seja de 30°, então:

$$\tau = 2{,}30T + 0{,}58\sigma_n$$

Anexo 3 – Círculo máximo de Mohr no fraturamento hidráulico

A análise da figura que contém a parábola e a família de círculos de Mohr tangentes no ponto (−T,0) permite concluir que os círculos de Mohr interceptam o eixo das abscissas σ_n em pontos cujos diâmetros abrangem os intervalos:

$$(-T,0); (-T,T); (-T,2T); (-T,3T) \tag{A.24}$$

Designando-se os centros dos círculos como α e β e os raios como r, os centros e os raios dos círculos representados por seus diâmetros na equação acima são:

$$\alpha = -\frac{T}{2}, \quad \beta = 0, \quad r = \frac{T}{2}$$

$$\alpha = 0, \quad \beta = 0, \quad r = T$$

$$\alpha = \frac{T}{2}, \quad \beta = 0, \quad r = T + \frac{T}{2} = \frac{3T}{2}$$

$$\alpha = T, \quad \beta = 0, \quad r = \frac{3T}{2} + \frac{T}{2} = 2T$$

A análise das equações acima permite observar que:

$$r = T + \alpha \tag{A.25}$$

A equação da parábola é dada pela Eq. A.18, que, com $\sigma_n = x$ e $\tau = y$, se transforma em:

$$y^2 - 4Tx - 4T^2 = 0 \tag{A.26}$$

1 Função de Lagrange

Conforme (Demidovich, p. 232), uma função de Lagrange é toda função com a forma:

$$F(x,y) = f(x,y) + \lambda\varphi(x,y), \quad \lambda \in R \tag{A.27}$$

Para o objetivo presente, a função f(x, y) na Eq. A.27 pode representar a família de círculos de Mohr com centros em (α, 0) e raios r, com os valores de α mostrados acima e o de r apresentado na Eq. A.25, transformando-se, portanto, em:

$$f(x,y) = (x-\alpha)^2 + y^2 - (\alpha+T)^2 = 0 \tag{A.28}$$

A função φ(x, y) da Eq. A.27 representa a parábola que contém o ponto comum (–T, 0), tangente com a família de círculos:

$$\varphi(x,y) = y^2 - 4Tx - 4T^2 = 0 \tag{A.29}$$

A substituição das Eqs. A.28 e A.29 na Eq. A.27 resulta em:

$$F(x,y) = (x-\alpha)^2 + y^2 - (\alpha+T)^2 \lambda(y^2 - 4Tx - 4T^2) = 0 \tag{A.30}$$

2 Condições necessárias de máximo

Para Demidovich (p. 232), as condições necessárias para que a função de Lagrange definida na Eq. A.30 tenha extremo são:

$$\frac{\partial F}{\partial x} = \frac{\partial f}{\partial x} + \lambda \frac{\partial \varphi}{\partial x} = 0$$

$$\frac{\partial F}{\partial y} = \frac{\partial f}{\partial y} + \lambda \frac{\partial \varphi}{\partial y} = 0$$

$$y^2 - 4Tx - 4T^2 = 0 \tag{A.31}$$

Dessa forma, ao se aplicarem as condições da Eq. A.31 nas Eqs. A.28 e A.29:

$$\frac{\partial F}{\partial x} = 2(x-\alpha) - 4T\lambda = 0$$

$$\frac{\partial F}{\partial y} = 2y + 2\lambda y = 0$$

$$y^2 - 4Tx - 4T^2 = 0 \tag{A.32}$$

Da segunda equação da Eq. A.32 resulta que $\lambda = -1$, e sua substituição na primeira leva a:

$$2(x-\alpha) + 4T = 0 \rightarrow x = \alpha - 2T \tag{A.33}$$

Substituindo-se agora a Eq. A.33 na terceira equação da Eq. A.31, têm-se:

$$y^2 - 4T(\alpha - 2T) - 4T^2 = 0$$

$$y^2 = 4T\alpha - 4T^2 \tag{A.34}$$

A substituição das Eqs. A.33 e A.34 na Eq. A.28 (família de círculos de Mohr) leva a:

$$(\alpha - 2T - \alpha)^2 + 4T\alpha - 4T^2 = (\alpha + T)^2$$
$$4T^2 + 4T\alpha - 4T^2 = (\alpha + T)^2$$
$$(\alpha + T)^2 - 4T\alpha = 0 \rightarrow \alpha^2 + 2\alpha T + T^2 - 4\alpha T = 0$$
$$\alpha^2 - 2T\alpha + T^2 = 0 \rightarrow (\alpha - T)^2 = 0$$

$$\alpha = T \qquad \text{(A.35)}$$

Portanto, o centro do círculo máximo tem coordenada (T, 0), e o raio tem seu valor conhecido após a substituição de $\alpha = T$ na Eq. A.25:

$$r = T + \alpha = T + T = 2T \qquad \text{(A.36)}$$

3 Conclusão

Do exposto anteriormente, conclui-se que o maior círculo de Mohr tangente à parábola $y^2 - 4Tx - 4T^2 = 0$ no ponto (–T, 0) tem raio 2T e centro no ponto (T, 0), cujo diâmetro abrange o intervalo (–T, 3T).

Assim, $(\sigma_1 - \sigma_3) = 4T$.

Anexo 4 – Círculo máximo de Mohr para cisalhamento tracional

Esse círculo deve passar pelo ponto de interseção da parábola (ver Fig. 3.12):

$$\tau^2 - 4T\sigma_n - 4T^2 = 0 \qquad \textbf{(A.37)}$$

Com o eixo τ no sentido positivo. Nessas condições, fazendo-se $\sigma_n = 0$ na Eq. A.37, tem-se:

$$\tau^2 = 4T^2 \rightarrow \tau = \pm 2T \qquad \textbf{(A.38)}$$

Pelo fato de se considerar somente o sentido positivo do eixo vertical τ, tem-se que $\tau = 2T$ e que o ponto de interseção da parábola com o eixo vertical é (0, 2T).

1 Raio do círculo

O círculo procurado é aquele cuja circunferência passa pelo ponto (0, 2T) e está centrado no ponto (2T, 0). Nessas condições, o raio da circunferência é a distância entre esses dois pontos, isto é (ver Fig. 3.12):

$$r = \sqrt{(2T-0)^2 + (0-2T)^2} \rightarrow r = \sqrt{8T^2}$$

$$r = 2\sqrt{2}T \qquad \textbf{(A.39)}$$

2 Equação da circunferência

A equação da circunferência cujo centro está no ponto (2T, 0) e cujo raio é dado pela Eq. A.39 é, portanto:

$$(\sigma_n - 2T)^2 + \tau^2 = 8T^2 \qquad \textbf{(A.40)}$$

3 Interseção da circunferência com o eixo σ_n

A interseção da circunferência da Eq. A.40 com o eixo σ_n deve ser $\tau = 0$.
Logo:

$$(\sigma_n - 2T)^2 = 8T^2$$
$$\sigma_n^2 - 4T\sigma_n + 4T^2 = 8T^2$$
$$\sigma_n^2 - 4T\sigma_n - 4T^2 = 0$$

$$\sigma_n = \frac{4T \pm \sqrt{16T^2 + 16T^2}}{2}$$

$$\sigma_n = \frac{4T \pm \sqrt{32T^2}}{2}$$

$$\sigma_n = \frac{4T \pm 4T\sqrt{2}}{2}$$

Donde o valor máximo de σ_n é igual a σ_1, ou seja:

$$\sigma_1 = 2T\left(1+\sqrt{2}\right)$$

E o valor mínimo de σ_n é igual a σ_3, ou seja:

$$\sigma_3 = 2T\left(1-\sqrt{2}\right)$$

E, finalmente:

$$\sigma_1 = 4{,}828427125T$$

$$\sigma_3 = -0{,}828427125T \tag{A.41}$$

4 Diâmetro do círculo

Com base na Eq. A.41, a tensão diferencial é, portanto, igual a:

$$(\sigma_1 - \sigma_3) = 5{,}65685425T \tag{A.42}$$

Anexo 5 – Círculo máximo de Mohr para fraturamento aberto

1 Equação da parábola

$$\tau^2 - 4T\sigma_n - 4T^2 = 0 \qquad \text{(A.43)}$$

2 Equação da reta tangente

Seja a equação reduzida da reta tangente à parábola, formando com o eixo das abscissas σ_n um ângulo de 37° (ver Eq. A.19):

$$\tau = nT + 0{,}75\sigma_n \qquad \text{(A.44)}$$

3 Ordenada do ponto de tangência τ_0

Considerando-se a função que representa a curva parábola, dada na Eq. A.43, pode-se calcular a sua derivada primeira (ver Eq. A.20):

$$2\tau \frac{\partial \tau}{\partial \sigma_n} = 4T \rightarrow \frac{2T}{\tau} = 0{,}75 \rightarrow \tau = \frac{2T}{0{,}75} \rightarrow \tau = \tau_0 = 2{,}6667T \qquad \text{(A.45)}$$

4 Abscissa do ponto de tangência σ_0

Esse ponto pertence simultaneamente à reta tangente. Logo (ver Eq. A.21):

$$\sigma_n = \sigma_0 = 0{,}7778T \qquad \text{(A.46)}$$

5 Equação da reta tangente (obtenção)

A equação da reta tangente à parábola $\tau^2 - 4T\sigma_n - 4T^2 = 0$ no ponto (σ_0, τ_0) pode agora ser explicitada (ver Eq. A.23):

$$\tau = 2{,}08335T + 0{,}75\sigma_n \qquad \text{(A.47)}$$

A equação acima representa, portanto, a equação da reta tangente à parábola, formando ângulo de 37° com o eixo σ_n, contado a partir deste, no sentido anti-horário.

6 Interseção do círculo de Mohr com o eixo (σ_n)

Considere-se, na Fig. 4.7, a equação da reta que passa pelo centro do círculo e é perpendicular à reta de Coulomb, dada pela Eq. A.47.

Considere-se ainda que as coordenadas do centro do círculo de Mohr são $(\alpha, 0)$ e que a distância do centro do círculo de Mohr à reta de Coulomb e a distância de um ponto

(x_0, y_0) a uma reta de equação $Ax + By + C = 0$ no plano X_0Y_0 são dadas pela expressão:

$$d = \frac{Ax_0 + By_0 + C}{\sqrt{A^2 + B^2}} \quad \text{(A.48)}$$

Reescrevendo-se a Eq. A.47 na forma da equação da reta acima, obtém-se:

$$0{,}75\sigma_n - \tau + 2{,}08335T = 0 \quad \text{(A.49)}$$

Os coeficientes da Eq. A.49 em relação à equação das retas são:

$$A = 0{,}75; \quad B = -1; \quad C = 2{,}08335T$$

Como será aplicada a distância do ponto que é o centro do círculo de Mohr à reta de Coulomb (Eq. A.49), aplicando-se a fórmula da distância com $d = \alpha$, $x_0 = \alpha$ e $y_0 = 0$ obtêm-se:

$$\alpha = \frac{0{,}75\alpha + (-1)(0) + 2{,}08335T}{\sqrt{(0{,}75)^2 + (-1)^2}} = \frac{0{,}75\alpha + 2{,}08335T}{1{,}25}$$

$$1{,}25\alpha = 0{,}75\alpha + 2{,}08335T \rightarrow 0{,}5\alpha = 2{,}08335T$$

$$\alpha = \frac{2{,}08335T}{0{,}5} \rightarrow \alpha = 4{,}1667 \quad \text{(A.50)}$$

Considerando-se novamente a Fig. 4.7, o círculo de Mohr ali observado intercepta o eixo σ_n nos pontos $(0,0)$ e $(2\alpha,0)$. Portanto, as abscissas de interseção são:

$$0 \text{ e } 2\alpha = 2(4{,}1667T = 8{,}3334 \rightarrow \alpha = 8{,}33T) \quad \text{(A.51)}$$

Anexo 6 – Derivação das Eqs. 3.25 e 3.26

Partindo-se da Eq. 2.85, abaixo reproduzida, e considerando-se as pressões efetivas σ'_1 e σ'_3, obtêm-se, subtraindo-se σ'_3 dos dois termos:

$$\sigma_1 = 2C\left[\sqrt{1+\mu^2}+\mu\right]+\sigma_3\left[\sqrt{1+\mu^2}+\mu\right]^2$$

$$\sigma'_1 - \sigma'_3 = 2C\left[\sqrt{1+\mu^2}+\mu\right]+\sigma'_3\left[\sqrt{1+\mu^2}+\mu\right]^2 - \sigma'_3$$

Fazendo-se:

$$\left[\sqrt{1+\mu^2}+\mu\right]^2 = K$$

Essa relação representa a Eq. 3.26, que, substituída na equação anterior, fornece a Eq. 3.25:

$$(\sigma_1 - \sigma_3) = 2C\sqrt{K} + (K-1)\sigma'_3$$

Anexo 7 – Condições de reativação de falhas

Tendo-se em vista o critério de Coulomb para falhas sem coesão:

$$\tau = \mu_s \sigma'_n \quad \text{(A.52)}$$

$$\tau = \frac{\sigma'_1 - \sigma'_3}{2} \operatorname{sen} 2\theta \quad \text{(A.53)}$$

$$\sigma'_n = \frac{\sigma'_1 + \sigma'_3}{2} + \frac{\sigma'_1 - \sigma'_3}{2} \cos 2\theta \quad \text{(A.54)}$$

Substituindo-se as Eqs. A.53 e A.54 na Eq. A.52, tem-se:

$$\frac{\sigma'_1 - \sigma'_3}{2} \operatorname{sen} 2\theta = \mu_s \left(\frac{\sigma'_1 + \sigma'_3}{2} + \frac{\sigma'_1 - \sigma'_3}{2} \cos 2\theta \right) \quad \text{(A.55)}$$

Desenvolvendo-se a Eq. A.55:

$$(\sigma'_1 - \sigma'_3) \operatorname{sen} 2\theta = \mu[(\sigma'_1 + \sigma'_3) + (\sigma'_1 - \sigma'_3) \cos 2\theta] \quad \text{(A.56)}$$

Da equação acima, obtém-se:

$$\frac{\sigma'_1}{\sigma'_3} = \frac{\operatorname{sen} 2\theta + \mu_s (1 - \cos 2\theta)}{\operatorname{sen} 2\theta - \mu_s (1 + \cos 2\theta)} \quad \text{(A.57)}$$

Dividindo-se agora o numerador e o denominador do segundo membro da Eq. A.57 por sen2θ, tem-se:

$$\frac{\sigma'_1}{\sigma'_3} = \frac{1 + \mu_s \left(\dfrac{1 - \cos 2\theta}{\operatorname{sen} 2\theta} \right)}{1 - \mu_s \left(\dfrac{1 + \cos 2\theta}{\operatorname{sen} 2\theta} \right)} \quad \text{(A.58)}$$

No entanto, sabe-se das relações trigonométricas (ângulos duplos) que:

$$1 + \cos 2\theta = 2\cos^2 \theta$$
$$1 - \cos 2\theta = 2\operatorname{sen}^2 \theta$$
$$\operatorname{sen} 2\theta = 2\operatorname{sen}\theta \cos\theta$$

Substituindo-se as equações anteriores na Eq. A.58:

$$\frac{\sigma'_1}{\sigma'_3} = \frac{1+\mu_s\left(\dfrac{2\mathrm{sen}^2\theta}{2\mathrm{sen}\,2\theta\cos\theta}\right)}{1-\mu_s\left(\dfrac{2\mathrm{sen}^2\theta}{2\mathrm{sen}\,2\theta\cos\theta}\right)}$$

Logo:

$$\frac{\sigma'_1}{\sigma'_3} = \frac{1+\mu_s\,\mathrm{tg}\,\theta}{1-\mu_s\,\mathrm{cotg}\,\theta} \qquad \textbf{(A.59)}$$

Sabe-se também que:

$$\sigma'_1 = \sigma_1 - P_f$$
$$\sigma'_3 = \sigma_3 - P_f$$

E dessa forma, substituídas na Eq. A.59:

$$\sigma'_1 = \sigma_1 - P_f = \frac{1+\mu_s\,\mathrm{tg}\,\theta}{1-\mu_s\,\mathrm{cotg}\,\theta}\sigma'_3$$

$$\sigma_1 - \sigma_3 + \sigma'_3 = \frac{1+\mu_s\,\mathrm{tg}\,\theta}{1-\mu_s\,\mathrm{cotg}\,\theta}\sigma'_3$$

$$(\sigma_1 - \sigma_3) = \frac{1+\mu_s\,\mathrm{tg}\,\theta}{1-\mu_s\,\mathrm{cotg}\,\theta}\sigma'_3 - \sigma'_3$$

Logo, colocando-se em evidência σ'_3 e após o rearranjo do segundo termo da equação, obtém-se a Eq. 5.12:

$$(\sigma_1 - \sigma_3) = \frac{\mu_s(\mathrm{tg}\,\theta + \mathrm{cotg}\,\theta)}{1-\mu_s\,\mathrm{cotg}\,\theta}\sigma'_3 \qquad \textbf{(A.60)}$$

Considerando-se agora que:

$$2\theta' + 2\theta = \pi \rightarrow \theta' + \theta = \frac{\pi}{2} \rightarrow \theta = \frac{\pi}{2} - \theta' \qquad \textbf{(A.61)}$$

Lembrando-se ainda das relações de arcos complementares que:

$$\mathrm{tg}\,\theta = \mathrm{tg}(90-\theta') = \mathrm{cotg}\,\theta'$$
$$\mathrm{cotg}\,\theta = \mathrm{cotg}(90-\theta') = \mathrm{tg}\,\theta'$$

Agora, substituindo-se essas equações na Eq. A.60, obtém-se:

$$(\sigma_1 - \sigma_3) = \frac{\mu_s(\mathrm{tg}\,\theta' + \mathrm{cotg}\,\theta')}{1-\mu_s\,\mathrm{cotg}\,\theta'}\sigma'_3 \qquad \textbf{(A.62)}$$

Para um regime tracional, partindo-se da Eq. A.59, tem-se:

$$\sigma'_3 = \frac{1-\mu_s\,\mathrm{cotg}\,\theta_r}{1+\mu_s\,\mathrm{tg}\,\theta_r}\sigma'_1$$

Sabe-se também que:

$$\sigma'_1 = \sigma_1 - P_f$$
$$\sigma'_3 = \sigma_3 - P_f$$

E, dessa forma:

$$\sigma'_3 = \sigma_3 - \sigma_1 + \sigma'_1$$

Substituindo-se na equação acima:

$$\sigma_3 - \sigma_1 + \sigma'_1 = \frac{1 - \mu_s \cotg \theta_r}{1 + \mu_s \tg \theta_r} \sigma'_1$$

$$(\sigma_3 - \sigma_1) = \frac{1 - \mu_s \cotg \theta_r}{1 + \mu_s \tg \theta_r} \sigma'_1 - \sigma'_1$$

Multiplicando-se ambos os termos por –1 e colocando-se em evidência σ'_1:

$$(\sigma_1 - \sigma_3) = \sigma'_1 \left(1 - \frac{1 - \mu_s \cotg \theta_r}{1 + \mu_s \tg \theta_r}\right)$$

$$(\sigma_1 - \sigma_3) = \left(\frac{1 + \mu_s \tg \theta_r - 1 + \mu_s \cotg \theta_r}{1 + \mu_s \tg \theta_r}\right) \sigma'_1$$

E, finalmente, obtém-se:

$$(\sigma_1 - \sigma_3) = \left[\frac{\mu_s(\tg \theta_r + \cotg \theta_r)}{1 + \mu_s \tg \theta_r}\right] \sigma'_1 \qquad \textbf{(A.63)}$$

Essa equação corresponde à Eq. 5.14.

Referências Bibliográficas

ANDERSON, E. M. *The dynamics of faulting and dyke formation with application to britain.* 2. ed. Edinburgh: Oliver and Boyd, 1951.

BARR, M.; COWARD, M. P. A method for the measurement of volume change. *Geological Magazine*, v. 111, n. 1-4, p. 293-296, 1974.

BEACH, A. The measurements and significance of displacements on Haxfordian shear zones, north-west Scotland. *Proc. Geol. Ass.*, v. 85, n. 1, p. 13-21, 1974.

BEAR, J. *Dynamics of fluids in porous media.* New York: Elsevier, 1972. 764 p.

BELAYNEH, M.; COSGROVE, J. W. Hybrid veins from the southern margin of the Bristol Channel Basin, UK. *Journal of Structural Geology*, v. 32, p. 192-201, 2010.

BELL, T. H. Progressive deformation and reorientation of fold axes in a ductile mylonite zone: the Woodroffe Thrust. *Tectonophysics*, v. 44, n. 1-4, p. 285-320, 1978.

BERTHE, D.; CHOUKROUNE, P.; JEGOUZO, P. Ortogneiss, mylonite and non coaxial deformation of granites: the example of South Armorican Shear Zone. *Journal of Structural Geology*, v. 1, p. 31-42, 1979.

BLYTH, F. G. H.; FREITAS, M. H. de. *A geology for engineers.* 6. ed. London: Edward Arnold, 1974.

BRACE, W. F. An extension of the Griffith theory of fracture to rocks. *Journal of Geophysical Research*, v. 65, p. 3477-3480, 1960.

BYERLEE, J. D. Friction of rocks. *Pure and Applied Geophysics*, v. 116, p. 615-626, 1978.

CABRAL, J. Movimentos das águas subterrâneas. In: FEITOSA, A. C. F.; MANOEL FILHO, J. *Hidrogeologia*: conceitos e aplicações. Fortaleza: LCR, 1997. 389 p.

CARRERAS, J.; DRUGUET, E.; GRIERA, A. A Shear zone-related folds. *Journal of Structural Geology*, v. 27, p. 1229-1251, 2005.

CAVINATO, G. P.; DE CELLES, P. G. Extensional basins in the tectonically bimodal central Apennines fold-thrust belt, Italy: response to corner flow above a subducting slab in retrogrademotion. *Geology*, v. 27, p. 955-958, 1999.

COBBOLD, P. R. Description and origin of banded deformation structures II. Rheology and the growth of banded perturbations. *Canadian Journal or Earth Sciences*, v. 14, n. 11, p. 2510-2523, 1976.

COBBOLD, P. R. Description and origin of banded deformation structures I. Regional strain, local perturbations, and deformation bands. *Canadian Journal or Earth Sciences*, v. 14, p. 1721-1731, 1977.

COLBACK, S.; WILD, B. The influence of moisture content on the compressive strength of rocks. *Proc. Symp. on Rock Mech.*, Ottawa, p. 66-83, 1965.

COOPER, H. H., Jr. The equation of groundwater flow in fixed and deforming coordinates. *Journal of Geophysical Research*, v. 71, n. 20, p. 4785-4790, 1966.

COULOMB, C. A. Essai sur une application des règles des maximis et minimis à quelques problèmes de statique relatifs à l'Arquitecture (An attempt to apply the rules of maxima and minima to several problems of stability related to architecture). *Mém. Acad. Roy. des Sciences*, Paris, v. 3, 1776. 38 p.

COX, S. F. Faulting processes at high fluid pressures: an example from the Wattle Gully Fault, Victoria, Australia. *J. Geophys. Res.*, v. 100, p. 12841-12859, 1995.

COX, S. F.; ETHERIDGE, M. A.; WALL, V. J. Fluid pressure regimes and fluid dynamics during deformation of low-grade metamorphic terranes: implications for the genesis of mesothermal gold deposits. In: ROBERT, F.; SHEAHAN, P. A.; GREEN, S. B. (Ed.). *Greenstone gold and crustal evolution.* Geol. Assoc. Can. NUNA Conf. Proc., Val d'Or, Quebec, May 24-27 (1990), p. 46-53, 1991.

D'ANDREA, D. V.; FISHER, R. L.; FOGELSON, D. E. Prediction of compressive strength from other rock properties. *U. S. Bur. Mines Rep. Invest.* 6702, 1965. 23 p.

DARCY, H. *Les fontaines publiques de la ville de Dijon.* The water supply of the city of Dijon. Paris: Dalmont, 1856. 674 p.

DAVIS, R. O.; SELVADURAI, A. P. S. *Elasticity and Geomechanics.* Cambridge: Cambridge University Press, 1996.

DUCKER, D. C. *Introduction to mechanics of deformable solids.* New York: McGraw-Hill, 1967. 445 p.

ENGELDER, T. Transitional-tensile fracture propagation: a status report. *Journal of Structural Geology*, v. 21, p. 1049-1055, 1999.

ETHERIDGE, M. A. Differential stress magnitudes during regional deformation and metamorphism: Upper bound imposedby tensile fracturing. *Geology*, v. 11, p. 231-234, 1983.

ETHERIDGE, M. A.; WALL, V. J.; COX, S. F.; VERNON, R. H. High fluid pressures during regional metamorphism and deformation: implications for mass transport and deformation mechanisms. *J. Geophys. Res.*, v. 89, p. 4344-4358, 1984.

FARMER, I. *Engineering behavior of rocks.* London: Chapman and Hall, 1983. 208 p.

FERGUSON, J. *Mathematics in geology.* London: Allen Unwin, 1988. 299 p.

FERRILL, D. A.; WYRICK, D.; MORRIS, A. P.; SIMS, D. W.; FRANKLIN, N. M. Dilational fault slip and pit chain formation on Mars. *GSA Today*, v. 14, n. 10, 2004. doi:10.1130/1052-5173(2004)014<4:DFSAPC>2.0.CO:2.

FIORI, A. P. Avaliação preliminar do deslocamento dúctil das falhas da Lancinha e de Morro Agudo no Estado do Paraná. *Bol. Paran. Geoc.*, v. 36, p. 31-40, 1985.

FIORI, A. P. *Introdução à análise da deformação*. Curitiba: Editora UFPR, 1997. 249 p.

FIORI, A. P. *Análise da dinâmica do sistema de transcorrência Lancinha – Cubatão – Paraíba do Sul*. Projeto: Falhas, campo de esforços e fluxo de fluidos. Capítulo 9, Relatório final, Convênio UFPR-Petrobras. 2012. 734 p., inédito.

FOSSEN, H. *Geologia estrutural*. Tradução: Fábio R. D. de Andrade. São Paulo: Oficina de Textos, 2012. 584 p.

FREEZE, R. A.; CHERRY, J. A. *Groundwater*. Englewood Cliffs: Prentice-Hall, 1979. 640 p.

FYFE, W. S.; PRICE, N. J.; THOMPSON, A. B. *Fluids in the Earth's crust*. Amsterdam: Elsevier, 1978.

GHISETTI, F.; KIRSCHNER, D.; VEZZANI, L. Tectonic controls onlarge-scale fluid circulation in the Apennines (Italy). *Journal of Geochemical Exploration*, v. 69-70, p. 533-537, 2000.

GILES, R. V. *Fluid mechanics and hydraulics*. New York: McGraw-Hill, 1977. 275 p.

GOODMAN, R. E. *Introduction to rock mechanics*. 2. ed. New York: John Wiley & Sons, 1989. 562 p.

GOULD, P. R. On the geographic interpretation of eigenvalues: an initial exploration. *Transactions or the Institute or British Geographers*, v. 42, p. 53-86, 1967.

GRAY, D. R. Some parameters which affect the morphology of crenulation cleavages. *Journal or Geology*, v. 85, p. 763-780, 1977.

GRAY, D. R. Microstructure of crenulation cleavages: an indicator of cleavage origin. *American Journal Science*, v. 279, n. 2, p. 97-128, 1979.

GRAY, D. R.; DURNEY, D. W. Investigations on the mechanical significance of crenulation cleavage. *Tectonophysics*, v. 58, n. 1-2, p. 35-79, 1979.

GRIFFITH, A. A. The phenomena of rupture and flow in solids. *Royal Soc. (London) Philos. Trans., Ser. A*, v. 221, p. 163-198, 1920.

GRIFFITH, A. A. The teory of rupture. *Pro. 1st Intern. Congr. Appl. Mech.*, p. 55-63, 1924.

GRIGGS, D. T.; TURNER, F. J.; HEARD, H. C. Deformation of rocks at 5000 to 800°C. *Geol. Soc. Am. Mem.*, v. 79, p. 39-104, 1960.

GRIGULL, S.; LITTLE, T. A. A graphical-algebraic method for analysing shear zone displacements from observations on arbitrarily oriented outcrop surfaces. *Journal of Structural Geology*, v. 30, p. 868-875, 2008.

GROSS, M. R.; ENGELDER, T. Strain accommodated by brittle failure in adjacent units of the Monterey Formation, U.S.A.: scale effects and evidence for uniform displacement boundary conditions. *J. Struct. Geol.*, v. 17, p. 1303-1318, 1995..

GUDMUNDSSON, A. Fracture dimension and fluid transport. *J. Structural Geology*, v. 223, p. 1221-1231, 2000.

GUDMUNDSSON, A. Fluid overpressure and flow in fault zones: field measurements and models. *Tectonophysics*, v. 336, p. 183-197, 2001.

GUDMUNDSSON, A.; BERG, S. S.; LYSLO, K. B.; SKURTVEIT, E. Fracture networks and transport in active fault zones. *J. Structural Geology*, v. 23, p. 343-353, 2001.

HANCOCK, P. L. From joints to palaeostress. In: ROURE, F. (Ed.). *Peri-tethyan platforms*. Paris: Technip Editions, 1994. p. 141-158.

HANDBOOK of chemistry and physics. Cleveland: CRC, 1986.

HEARD, H. Effects of large changes in strain-rate in experimental deformation of Yule Marble. *J. Geol.*, v. 71, p. 162-195, 1963.

HEARD, H. C.; RALEIGH, C. B. Steady-state flow in mantle at 500°C. *Geol. Soc. Am. Bull.*, v. 77, p. 741-760, 1972.

HIBBLER, R. C. *Resistência dos materiais*. 7. ed. Tradução: A. S. Marques. São Paulo: Pearson, 2008. 637 p.

HILL, D. P. A model for earthquake swarms. *J. Geophys. Res.*, v. 82, p. 347-352, 1977.

HOBBS, B. E.; MEANS, W. D.; WILLIAMS, P. F. *An outline of structural geology*. New York: John Wiley & Sons, 1976. 571 p.

HOBBS, D. W. The tensile strength of rocks. *Intl. J. Rock Mech. Min. Sci.*, v. 1, p. 385-396, 1964.

HOEK, E.; BRAY, J. W. *Rock slope engineering*. 3. ed. rev. London: Institution of Mining and Mettalurgy, 1981. 358 p.

HUBBERT, M. K. Mechanical basis for certain familiar geologic structures. *Geol. Soc. America Bull.*, v. 62, n. 4, p. 335-372, 1951.

HUBBERT, M. K.; WILLIS, D. G. Mechanics of hidraulic fracturing. *Trans. AIME*, v. 210, p. 153-168, 1957.

HUBBERT, M. K.; RUBEY, W. W. Role of fluid pressure in mechanics of overthrust faulting 1. Mechanics of fluid-filled porous solids and its applications to overthrust faulting. *Geol. Soc. America Bull.*, v. 70, n. 2, p. 115-166, 1959.

JACOB, C. E. Flow of groundwater. In: ROUSE, H. (Ed.). *Engineering hydraulics*. New York: John Wiley & Sons, 1950. p. 321-386.

JAEGER, J. C.; COOK, N. G. W. *Fundamentals of rock mechanics*. New York: Chapman & Hall, 1969. 515 p.

JAEGER, J. C.; COOK, N. G. W.; ZIMMERMAN, R. W. *Fundamentals of rock mechanics*. 4. ed. Australia: Blackwell, 1979. 475 p.

KULHAWY, F. H. Stress deformation properties of rock and rock discontinuities. *Eng. Geol.*, v. 9, p. 327-350, 1975.

LAMBE, T. W.; WHITMAN, R. V. *Soil mechanics*. New York: John Wiley & Sons, 1979. 553 p.

LEE, C. H.; FARMER, I. *Fluid flow in discontinuous rocks*. London: Chapman & Hall, 1993. 169 p.

LEHMANN, C. H. *Geometria analítica*. 4. ed. Rio de Janeiro: Globo, 1982. 457 p.

LIN, A. S-C fabrics developed in cataclastic rocks from the Nojima fault zone, Japan and their implications for tectonic history. *Journal of Structural Geology*, v. 23, p. 1167-1178, 2001.

LOCKNER, D. A. Rock failure. In: AHRENS, T. J. (Ed.). Rock physics and phase relations: a handbook of physical constants. *American Geophysical Union Reference Shelf*, v. 3, p. 127-147, 1995.

LOCKNER, D. A.; BYERLEE, J. How geometrical constraints contribute to the weakness of mature faults. *Nature*, v. 363, p. 250-252, 1993.

MARÍN-LECHADO, C.; GALINDO-ZALDÍVAR, J.; RODRÍGUEZ-FERNÁNDEZ, L. R.; GONZÁLEZ-LODEIRO, F. Faulted hybrid joints: an example from the Campo de Dalias (Betic Cordilleras, Spain). *Journal of Structural Geology*, v. 26, p. 2025-2037, 2004.

MAZZARINI, F.; ISOLA, I.; RUGGIERI, G.; BOSCHI, C. Fluid circulation in the upper brittle crust: thickness distribution, hydraulic transmissivity fluid inclusion and isotopic data of veins hosted in the Oligocene sandstones of the Macigno Formation in southern Tuscany, Italy. *Tectonophysics*, v. 493, p. 118-138, 2010.

MAZZOLI, S.; DI BUCCI, D. Critical displacement for normal fault nucleation from en-échelon vein arrays in limestones: a case study from the southern Apennines (Italy). *Journal of Structural Geology*, v. 25, p. 1011-1020, 2003.

McCLINTOCK, W. H.; WALSH, J. B. Friction on Griffith cracks in rocks under pressure. *Proc. U. S. Natn. Congr. Appl. Mech.*, 1962. p. 1015-1021.

MEANS, W. D. *Stress and strain*: basic concepts of continuum mechanics for geologists. New York: Springer-Verlag, 1979. 339 p.

MOHR, O. Ueber die Darstellung des Spannungszustandes und des Deformationszustandes eines Körperelements und über die Anwendung derselben in der Festigkeitslehre. *Civilingenieur*, v. 28, p. 113-156, 1882.

NUR, A.; WALDER, J. Time-dependent hydraulics of the Earth's crust. In: *The role of fluids in crustal processes*. Washington, D.C.: National Academy Press, 1990. p. 113-127.

ODONNE, F.; VIALON, P. Analogue models of folds above a Wrench fault. *Tectonophysics*, v. 99, p. 31-46, 1983.

ONASCH, C. M. Application of the Rf/φ technique to elliptical markers deformed by pressure-solution. *Tectonophysics*, v. 110, n. 1-2, p. 157-165, 1984.

OSTAPENKO, N. S.; NERODA, O. N. Fluid pressure and hydraulic fracturing in hydrothermal ore formation at gold deposits. *Russian Journal of Pacific Geology*, v. 1, p. 276-289, 2007.

PARK, R. G. *Foundations of structural geology*. Glasgow: Blackie and Sons, 1983. 135 p.

PHILLIPS, W. J. Hydraulic fracturing and mineralization. *Jl. Geol. Soc. Lond.*, v. 128, p. 337-359, 1972.

PRAKASH, S. *Soil dinamics*. New York: McGraw-Hill, 1981. 426 p.

PRICE, N. J. The compressive strength of coal mesure rocks. *Collery Eng.*, London, p. 106-118, 1960.

PRICE, N. J. *Fault and joint development in brittle and semi-brittle rocks*. Oxford: Pergamon Press, 1966.

PRICE, N. J. Rates of deformation. *Journal of the Geological Society*, v. 131, p. 553-575, 1975.

PRICE, N. J.; COSGROVE, J. W. *Analysis of geological structures*. London: Cambridge University Press, 1994. 502 p.

PUELLES, P.; MULCHRONE, K. F.; ÁBALOS, B.; GIL IBARGUCHI, J. I. Structural analysis of high-pressure shear zones (Bacariza Formation, Cabo Ortegal, NW Spain). *Journal of Structural Geology*, v. 27, p. 1046-1060, 2005.

RAGAN, D. M. *Structural geology*: an introduction to geometrical techniques. 3. ed. New York: John Wiley & Sons, 1985. 393 p.

RAGAN, D. M. *Structural geology*: an introduction to geometrical techniques. 4. ed. Cambridge University Press, 2009. 602 p.

RAMBERG, H. Superposition of homogeneous strain and progressive deformation in rocks. *Bulletin Geological Institutions of the University of Uppsala*, v. 6, p. 35-67, 1975.

RAMSAY, J. G. *Folding and fracturing of rocks*. New York: McGraw-Hill, 1967. 568 p.

RAMSAY, J. G. The measurement of strain and displacement in orogenic belts. In "time and place in orogeny". *Geological Society of London*, Special Publication, v. 3, p. 43-49, 1969.

RAMSAY, J. G. Development of chevron folds. *Geological Society of America Bulletin*, v. 85, p. 1741-1754, 1974.

RAMSAY, J. G. Shear zone geometry: a review. *Journal of Structural Geology*, v. 2, n. 1-2, p. 83-89, 1980.

RAMSAY, J. G.; GRAHAM, R. H. Strain variations in shear belts. *Canadian Journal of Earth Sciences*, v. 7, p. 786-813, 1970.

RAMSAY, J. G.; WOOD, D. The geometric effects of volume change during deformation process. *Tectonophysics*, v. 16, p. 263-277, 1973.

RAMSAY, J. G.; HUBER, M. I. *The techniques of modern structural geology*: strain analysis. London: Academic Press, 1983. v. 1, 307 p.

RAMSAY, J. G.; HUBER, M. I. *The techniques of modern structural geology*: folds and fractures. London: Academic Press, 1987. v. 2, p. 308-700.

RAMSAY, J. G.; LISLE, R. J. *The techniques of modern structural geology*: applications of continuum mechanics in structural geology. Elsevier Academic Press, 2000. v. 3, p. 701-1061.

REHBINDER, P. A.; LICHTMAN, V. Effects of surface active media on strain and rupture in solids. *Proc. 2nd. Int. Cong. on Surface Activity*, v. 3, p. 563, 1957.

RILEY, W. F.; STURGES, L. D.; MORRIS, D. H. *Mecânica dos materiais*. 5. ed. Tradução: A. Kurban. Rio de Janeiro: LTC, 2003. 600 p.

ROBIN, P. Y. E. Theory of metamorphic segregation and related process. *Geochimica et Cosmochimica Acta*, v. 43, p. 1587-1600, 1979.

ROULEAU, A.; GALE, J. E. Stochastic discrete fracture simulation of ground-water flow into an underground excavation in Granite. *Int. J. Rock Mech. Min. Sci. Geomech. Abstr.*, v. 24, p. 99-112, 1987.

SADOWSKI, G. R. *Geologia estrutural de cinturões de cisalhamento continentais*. Tese de Livre Docência, IG-USP, São Paulo, 1983. 108 p.

SADOWSKI, G. R. Estado da arte do tema: geologia estrutural de grandes falhamentos. In: CONGR. BRAS. GEOL., 33., Rio de Janeiro. Anais... 1984. v. 4, p. 1767-1793.

SANDERSON, D. J. Models of strain variations in nappes and thrust sheets: a review. *Tectonophysics*, v. 88, p. 201-233, 1982.

SANDERSON, D. J.; MARCHINI, W. R. D. Transpression. *Journal of Structural Geology*, v. 6, p. 449-458, 1984.

SCHNEIDER, C. L.; HUMMON, C.; YEATS, R. S.; HUFTILE, G. L. Structural evolution of the northern Los Angeles basin, California, based on growth strata. *Tectonics*, v. 15, p. 341-355, 1996.

SCHWERDTNER, W. M. Calculation of volume change in ductile band structures. *Journal of Structural Geology*, v. 4.n. 1, p. 57-62, 1981.

SECOR, D. T. Role of fluid pressure in jointing. *American Journal of Science*, v. 263, p. 633-646, 1965.

SERAFIM, J. L.; DEL CAMPO, A. Interstitial pressures on rock foundation of dams. Proc. ASCE (*Soil Mech. & Found. Div.*), SM 5, n. 65, 1965.

SERONT, B.; WONG, T.-F.; CAINE, J. S.; FORSTER, C. B.; BRUHN, R. L.; FREDRICH, J. T. Laboratory characterization of hydromechanical properties of a seismogenic normal fault system. *Journal of Structural Geology*, v. 20, p. 865-882, 1998.

SIBSON, R. H. Continental fault structure and the shallowearthquake source. *J. Geol. Soc.*, London, v. 140, p. 741-767, 1983.

SIBSON, R. H. A note on fault reactivation. *J. Struct. Geol.*, v. 7, p. 751-754, 1985.

SIBSON, R. H. Crustal stress, faulting and fluid flow. In: PARNELL, J. (Ed.). Geofluids: origin, migration and evolution of fluids in sedimentary basins. *Geol. Soc. London Spec. Publ.*, v. 78, p. 69-84, 1994.

SIBSON, R. H. Structural permeability of fluid-driven fault-fracture meshes. *Journal of Structural Geology*, v. 18, p. 1031-1042, 1996.

SIBSON, R. H. Brittle failure mode plots for compressional and extensional regimes. *Journal of Structural Geology*, v. 20, p. 655-660, 1998.

SIBSON, R. H. Brittle-failure controls on maximum sustainable overpressures in different tectonic regimes. *AAPG Bulletin*, v. 87, p. 901-908, 2003.

SIBSON, R. H.; ROBERT, F.; POULSEN, K. H. High-angle reverse faults, fluid-pressure cycling and mesothermal gold-quartz deposits. *Geology*, v. 16, p. 551-555, 1988.

SNOW, D. T. *A parallel plate model of fractured permeable media*. Thesis (Ph.D.) – University of California, Berkeley, 1965.

SNOW, D. T. Rock fracture spacings, openings, and porosities. *Journal of the Soil Mechanics and Foundations Division*, ASCE, v. 94, p. 73-91, 1968.

SNOW, D. T. Anisotropic permeability of fractured media. *Water Resourc. Res.*, v. 5, p. 1273-1289, 1969.

SNOW, D. T. The frequency and apertures of fractures in rocks. *J. Rock Mech. Min. Sci.*, v. 70, p. 23-40, 1970.

SRIVASTAVA, H. B.; HUDLESTON, P.; EARLEY III, D. Strain and possible volume loss in high-grade ductile shear zone. *J. Struct. Geol.*, v. 17, p. 1217-1231, 1995.

SUPPE, J. *Principles of structural geology*. Englewood Cliffs: Prentice-Hall, 1985. 537 p.

SYKES, L. R. Earthquake swarms and sea-floor spreading. *J. Geophys. Res.*, v. 75, p. 6598-6611, 1970.

TCHALENKO, J. S. Similarities between shear zones of different magnitudes. *Bull. Geol. Sot. Am.*, v. 81, p. 1625-1640, 1970.

THOMSON, W.; TAIT, P. G. *Treatise on natural philosophy*. Oxford, 1867. v. 1.

TIAB, D.; DONALDSON, E. C. *Theory and practice of measuring reservois rocks and fluid transport properties*. 2. ed. Elsevier, 2004. 889 p.

TIMOSHENKO, S. P. *Resistência dos materiais*. Tradução de José Rodrigues de Carvalho. Rio de Janeiro: Livros Técnicos e Científicos, 1985. 449 p.

TIMOSHENKO, S. P.; GERE, J. E. *Mecânica dos sólidos*. Tradução de José Rodrigues de Carvalho. Rio de Janeiro: Livros Técnicos e Científicos, 1982. 256 p.

TREAGUS, S. H. Simple-shear construction from Thomson e Tait (1867). *Journal of Structural Geology*, v. 3, p. 291-293, 1981.

TURNER, F. J.; WEISS, L. E. *Structural analysis of metamorphic tectonites*. New York: McGraw-Hill, 1963. 545 p.

TWISS, R. J.; MOORES, E. M. *Structural geology*. New York: W. H. Freeman & Company, 1992. 532 p.

VALLEJO, L. I. G.; FERRER, M.; ORTUÑO, L.; OTEO, C. *Ingeniería geológica*. Madrid: Prentice Hall, 2002.

VAN DER PLUIJM, B. A.; MARSHAK, S. *Earth structure*: an introduction to structural geology and tectonics. New York: McGraw-Hill, 1997.

VITALE, S.; MAZZOLI, S. Finite strain analysis of a natural ductile shear zone in limestones: Insights into 3-D coaxial vs. non-coaxial deformation partitioning. *Journal of Structural Geology*, v. 31, p. 104-113, 2009.

WALDER, J.; NUR, A. Porosity reduction and crustal pore pressure development. *J. Geophys. Res.*, v. 89, n. 11, p. 539-548, 1984.

WILKINSON, J. J.; JOHNSTON, J. D. Pressure fluctuations, phase separation and gold precipitation during seismic fracture propagation. *Geology*, v. 24, p. 395-398, 1996.

WITTKE, W. Percolation through fissured rock. *Bull. of the Inter. Assoc. of Engineering Geology*, v. 7, n. 7, p. 3-28, 1973.

YEATS, R. S.; HUFTILE, G. J.; STIRR, L. T. Late Cenozoic tectonics of the east Ventura basin, Transverse Ranges, California. *Am. Assoc. Petrol. Geol. Bull.*, v. 78, p. 1040-1074, 1994.

YOUNGER, P. L. Simple generalized methods for estimating aquifer storage parameters. *Quarterly Journal Engineering Geology*, v. 29, p. 93-96, 1993.

YOUNGER, P. L.; ELLIOT, T. Chalk fracture system characteristics: implications for flow and solute transport. *Quartely Journal Engineering Geology*, v. 28, p. S39-S50, 1995.

YOUNGER, P. L.; ELLIOT, T. Discussion on "Chalk fracture system characteristics: implications for flow and solute transport". *Quartely Journal Engineering Geology*, v. 26, p. 127-135, 1996.

ZHANG, S.; COX, S. F.; PATERSON, M. S. The influence of room temperature deformation on porosity and permeability in calcite aggregates. *J. Geophys. Res.*, v. 89, p. 15761-15775, 1994.

Índice remissivo

A

análise da deformação 14, 123, 146, 178
análise das tensões 13, 19, 223
ângulo de atrito interno 71, 97, 98
armazenamento específico 118

C

campos de fraturamento 57, 65, 66, 69, 71, 77, 78, 86, 87, 88, 89, 90, 94
cedência específica 118, 119
círculo de Mohr 60, 65, 68, 69, 70, 71, 72, 77, 78, 82, 83, 84, 85, 91, 93, 95, 96, 97, 98, 101, 103, 104, 105, 237, 238, 239, 243, 244
cisalhamento angular 17, 133, 139
cisalhamento compressional 62, 65, 67, 71, 77, 78, 85, 86, 87, 89, 102
cisalhamento puro 17, 124, 125, 129, 131, 133, 155, 156, 163, 164, 166, 167, 169, 170, 171, 172, 173, 180, 181, 185, 187, 188, 189, 190, 191, 192, 193, 212, 214, 222
cisalhamento simples 17, 124, 125, 133, 135, 136, 139, 140, 142, 143, 146, 147, 148, 149, 151, 155, 157, 163, 164, 165, 166, 169, 170, 171, 172, 173, 180, 181, 183, 184, 185, 187, 188, 189, 190, 191, 192, 193
cisalhamento simples linear 133, 139, 155, 163, 181, 184
cisalhamento tracional 57, 65, 66, 67, 69, 70, 71, 72, 73, 77, 78, 82, 83, 84, 86, 87, 88, 89, 90, 93, 94, 102, 241
coeficiente angular da reta 134, 235
coeficiente de armazenamento 118
coeficiente de Muskhelishvili 224
coeficiente de permeabilidade 109, 110, 116
coeficiente de Poisson 19, 202, 207, 208, 209, 210, 213, 214, 219, 226
compressibilidade 20, 118, 210, 216, 219, 220
condutividade hidráulica 109, 110, 111, 116, 119

D

deformação dúctil 14
deformação elástica 18, 19, 23, 201, 202, 230
deformação frágil ou rúptil 17
deformação heterogênea 17, 124, 164, 167
deformação homogênea 17, 124, 125, 131, 139, 175
deformação longitudinal nula 132
deformação natural ou logarítmica 126
deformação plana 16, 123, 124, 129, 136, 150, 215, 222, 223, 224, 225
deformação plástica 18, 19, 21, 23
deformação rúptil 13, 14, 18
deformações transversais e longitudinais 207
descarga por unidade de tempo 109

E

eixo de tensão principal intermediária 15
eixo de tensão principal máxima 15
eixo de tensão principal mínima 15
elongações 16, 125, 126, 130, 132, 149, 158, 159, 181, 185, 203, 204, 207, 213, 229
elongações quadráticas 16, 126, 130, 158, 159, 181, 185, 203
encurtamento 16, 57, 123, 124, 126, 129, 130, 132, 147, 149, 155, 163, 166, 167, 170, 171, 185, 186, 188, 201, 202, 207, 213, 229
ensaios de compressão 18, 24
ensaios de tração 18, 23, 24
envoltória de Mohr 96, 97, 98
envoltória de ruptura composta 57, 59, 60, 61, 62, 69, 71, 93
equações gerais de deformação 218, 221
esforço deviatórico 20
esforço médio 20, 108, 210
esforço total 20
estruturas híbridas 66, 73, 74, 75, 76, 90, 91, 92, 98, 99, 108
extensão 17, 67, 68, 91, 92, 105, 123, 124, 126, 131, 140, 142, 143, 144, 145, 147, 149, 150, 158, 159, 160, 167, 176, 177, 185, 195, 203, 204, 209, 210, 212, 214, 222, 228, 229

F

falhas de cavalgamento 65, 73, 80, 81, 83, 84, 86, 87, 92, 108
falhas normais 63, 72, 73, 75, 77, 78, 79, 82, 84, 85, 86, 88, 90, 92, 94, 105
falhas transcorrentes 74, 79, 80, 83, 85, 87, 89, 92, 103, 152, 184
fator de capacidade de suporte 46
fator de esforço triaxial ou fator de fluxo 46
fator de poropressão 63, 77, 78, 79, 81, 86, 89, 91, 101, 102, 103, 107
força 13, 14, 15, 19, 24, 27, 28, 29, 31, 33, 35, 36, 41, 42, 44, 45, 201, 202, 203, 205, 210, 230
força cisalhante 14, 27, 36
força normal 27, 35
fraturamento hidráulico 57, 62, 64, 65, 66, 67, 68, 69, 70, 71, 73, 77, 78, 79, 80, 81, 82, 86, 88, 89, 90, 91, 92, 93, 94, 98, 99, 101, 102, 237
fraturas abertas 72, 73, 76, 77, 84, 85, 86, 87, 89, 90
fraturas de cisalhamento tracional 94
fraturas por cisalhamento compressivo 65
fraturas puramente tracionais ou hidráulicas 73

I

integração da deformação 151
inversão negativa 105
inversão positiva 108

L

lei de Hooke 19, 202, 203, 213, 215, 217, 223, 224
lei de Hooke para deformação triaxial 215
limite de elasticidade 16, 17, 19, 20, 21
linha de ruptura 46

M

matriz de deformação 169, 174, 184, 185, 186, 187
matriz recíproca de deformação 174
matriz rotação anti-horária e horária 164
módulo de cisalhamento 19, 213, 219, 226, 228
módulo de dilatação volumétrica 19
módulo de elasticidade 15, 19, 202, 207, 208, 209, 210, 213, 214, 217, 218, 219, 226
Módulo de elasticidade 209
módulo de rigidez 19, 213, 214, 226
módulo de Young 19, 202, 203, 226, 228

P

parâmetros de Lamé 216, 217
permeabilidade específica 109
permeabilidade primária 110
permeabilidade secundária 109
porosidade total 118, 119
planos de cisalhamento 45, 47, 50, 71, 72, 73, 88, 139, 142, 145, 146, 155, 170, 171, 184, 185, 188
polo do círculo de Mohr 27, 50, 51
pressão confinante 20, 21, 22
pressão de fluidos 18, 22, 24, 52, 53, 55, 92, 96, 97, 98, 99, 101, 105, 107, 108, 113
pressão de soterramento 63
pressão efetiva 22, 52, 61, 65, 73, 91, 92, 101
pressão hidrostática 18, 19, 20, 52, 53, 54
pressão litostática 20, 22
pressão neutra 52, 53
pressão vertical 63, 229, 230

R

razão de deformação 131, 151, 163, 178
reativação da falha 18, 47, 93, 95, 96, 98, 99, 100, 101, 102, 103, 104, 105, 106, 247
resistência ao cisalhamento 46, 47, 53, 59, 60, 61, 62, 65, 69, 108
resistência à tração uniaxial 21, 58, 59, 60, 62, 65, 68, 87, 101, 102, 113, 203
resistências compressivas e tracionais 18, 103, 107
reta de Coulomb 46, 57, 60, 61, 62, 71, 95, 100, 235, 236, 243, 244
rotação interna 129, 133

S

sobrepressão hidráulica 76
superposição de deformações 163, 171

T

tensão biaxial 31, 37, 58, 215, 221
tensão cisalhante 14, 15, 16, 28, 33, 34, 35, 39, 42, 44, 46, 47, 52, 53, 62, 65, 77, 78, 95, 96, 105, 204, 213
tensão-deformação 14, 18, 19, 24, 224
tensão diferencial máxima 15, 91
tensão máxima de cisalhamento 27, 40, 41
tensão normal 14, 15, 16, 28, 30, 32, 33, 34, 35, 41, 42, 44, 52, 53, 59, 61, 62, 65, 68, 71, 72, 89, 92, 96, 204, 205, 206, 212, 221, 226
tensão normal média 42
tensão uniaxial 29, 31, 220
tensor de tensão tridimensional 35
transmissividade 111, 112
transpressão 92, 147, 155, 156, 157, 170, 171, 188, 189
transtração 155, 156, 157, 170, 171, 188, 189